어떤 아이들의
전생 기억에 관하여

어떤 아이들의 전생 기억에 관하여

1판 1쇄 발행 2015. 11. 20.
1판 2쇄 발행 2021. 10. 26.

지은이 짐 터커
옮긴이 박인수

발행인 김강유
편집 강미선 디자인 안희정
발행처 김영사

등록 1979년 5월 17일 (제406-2003-036호)
주소 경기도 파주시 문발로 197(문발동) 우편번호 10881
전화 마케팅부 031)955-3100, 편집부 031)955-3200 | 팩스 031)955-3111

값은 뒤표지에 있습니다.
ISBN 978-89-349-7260-0 03400

홈페이지 www.gimmyoung.com 블로그 blog.naver.com/gybook
인스타그램 instagram.com/gimmyoung 이메일 bestbook@gimmyoung.com

좋은 독자가 좋은 책을 만듭니다.
김영사는 독자 여러분의 의견에 항상 귀 기울이고 있습니다.

이 도서의 국립중앙도서관 출판시도서목록(CIP)은 서지정보유통지원시스템 홈페이지(http://seoji.nl.go.kr)와 국가자료공동목록시스템(http://www.nl.go.kr/kolisnet)에서 이용하실 수 있습니다.(CIP제어번호 : CIP2015029861)

어떤 아이들의 전생 기억에 관하여

짐 터커
박인수 옮김

A Scientific Investigation of
Children's Memories of Previous Lives

Life before Life

김영사

| 차례 |

| **서문** |

환생의 실재를 밝힌 가장 탁월한 통찰력

환생에 대해 글을 썼던 저자들은 수없이 많았다. 그들은 거의 언제나 확신에 차서 얘기하며, 그중에는 환생의 과정들을 기술한다고 주장하는 사람도 있다. 소수의 저자만이 환생을 불합리한 개념으로 치부한다. 이들은 환생에 대해 동의하거나 반박할 증거를 찾는 데에만 관심을 두는 듯하다.

짐 터커는 전혀 새로운 책을 썼다. 그에게는 명백한 증거만이 중요했다. 짐 터커는 이렇게 질문한다.

"이 증거가 환생을 믿을 수 있게 할 만한 것인가? 아니면 믿을 수밖에 없도록 만드는 강력한 것인가?"

환생에 대해 반대 의견을 갖기는 쉽다. 기억력 부실, 인구 폭발, 심신 문제, 기만…. 게다가 전생을 기억한다고 실제로 주장하는 사람은 소수다. 짐 터커는 이 문제들을 하나하나 철저히 다루었다. 그의 책은 그 형식이 독보적이라는 점에서 매우 독특하다.

특히 나는 짐 터커가 환생의 실재함을 밝혀나가는 데 독자들을 잘 안내하는 것에 감명을 받았다. 그는 독자들이 자신과 더불어 환생의 개념에 대한 다양한 이의를 논하고 설명하여 결론을 내리도록 요구한다. 아니 꼼짝없이 그렇게 하도록 이끈다. 그는 아주 설득력이 있어서 평범한 독자로 하여금 더 이상의 증거는 필요 없다고 여기게 할지도 모른다.

"죽은 다음에는 무슨 일이 일어날까?"

우리가 기대한 것보다 가장 빠르게, 이 책에서 그 단서를 얻게 될 것이다.

이안 스티븐슨

이안 스티븐슨(Ian Stevenson, 1918–2007)
미국 버지니아 의과대학의 정신과 의사와 인지연구소장을 역임. 최초로 환생을 과학적으로 입증한 것으로 유명하다.

| 들어가는 말 |

아이들은 정말로 돌아온 것일까

전에 여기 왔었다고 말하는 아이들이 있다. 아이들은 전생에 대해 다양하고 세세하게 묘사하는데, 자신들이 어떻게 죽었는지도 말하곤 한다. 물론 어린아이들이란 말이 많은 법이어서, 그저 환상에 빠져 있는 것으로 단순히 생각하고 지나칠 수도 있다. 그러나 만약, 아이들이 묘사한 전생 이야기를 듣고 실제로 그 일이 일어났는지 알아본다면? 또 아이가 지적한 이름의 장소로 가서 아이가 말한 그대로 과거의 사건이 일어났음을 확인한다면? 그렇다면?

케말 아타소이의 사례

호주의 심리학자인 유르겐 케일Jürgen Keil 박사는, 터키에 사는 여섯 살 난 소년인 케말 아타소이에 대해 들었다. 케말은 전생을 기억한다고 주장하는데, 세부 사항까지 명확하게 열거하는 것으로 알려졌다. 케일 박사는 터키의 중상류층이 사는 동네에 있는 안락한 아이의 집에서 케일 박사의 통역사와 케말의 교양 있는 부모와 함께 만났다. 케말의 부모는 아이가 전생의 경험을 얘기할 때 보이는 열정에 즐거워하는 듯했다.

아이는 전생에서 지금 사는 동네에서 500마일이나 떨어진 이스탄불에서 살았었고, 가족의 성은 카라카스이며 3층짜리 저택에 사는 부유한 아르메니아 기독교도라고 설명했다. 이웃에는 터키의 유명 인사인 아이세굴이라는 이름의 여인이 살았는데, 그녀는 법적인 문제로 그곳을 떠났다고 했다. 또한 이전 생의 집은 물가에 있어서 보트가 매여 있고, 뒤에 교회가 있었다고 한다. 부인과 아이들은 그리스 이름을 가졌고, 자신은 커다란 가죽 가방을 들고 다녔으며, 연중 얼마 동안만 집에서 살았을 뿐이라고도 했다.

1997년 케말이 케일 박사와 만날 때까지 그 얘기의 진위를 어느 누구도 알지 못했다. 이스탄불에는 소년의 부모가 아는 사람이 아무도 없었다. 케말과 엄마는 이스탄불에 가본 적이 없었고 아빠는 사업차 그 도시를 두 번 방문했을 뿐이다. 게다가 그 가족은 아르메니아인이라고는 아무도 몰랐다. 아이의 부모는 환생을 믿는 알레비파 무슬림 Alevi Muslims이지만, 걸음마를 막 시작한 두 살배기 아이였을 때부터 해온 케말의 얘기를 특별히 중요하게 여기지는 않는 듯했다.

케일 박사는 케말의 얘기가 사실인지 알아보기 위해 실제로 이웃에 살았던 사람의 말과 비교해보기로 했다. 케일 박사는 케말의 이야기를 우연으로 넘겨짚지 않고 실재하는지 알아보기 위해 작업을 수행했다.

케일 박사와 통역사가 이스탄불에 갔을 때, 케말이 말한 아이세굴이라는 여인의 집을 찾아냈다. 그 옆에는 케말의 묘사와 정확히 들어맞는 물가에 위치한 3층짜리 빈 저택이 있었는데, 보트가 매여 있었으며 뒤에는 교회도 있었다. 그런데 케일 박사는 케말의 묘사와 일치하는 사람이 거기에 살았었다는 어떠한 증거도 찾아내기가 어려웠다. 케일 박사가 방문했을 당시 이스탄불의 그 지역에는 아르메니아인들이 살고 있지 않았고, 아르메니아인들이 거기에 산 적이 있는지 기억하는 사람조차 찾아낼 수 없었다. 그해 말, 다시 이스탄불을 찾은 박사는 아르메니아 교회의 사무관과 대화를 나눴는데, 아르메니아인이 그 집에 살았었는지 알 수 없다고 했다. 불이 나서 많은 기록이 소실되었고 아르메니아인이 살았다는 교회의 기록은 찾을 수 없었다. 그러나 마을에 사는 노인의 이야기는 달랐다. 노인은 케일 박사에게 아르메니아인이 수년 전에 분명히 거기에 살았었다고 말했다. 노인은 교회 사무관이 그렇게 오래전 일을 기억하기에는 너무 젊다고 했다.

보고서를 토대로 케일 박사는 정보를 계속 찾아보기로 했다. 다음 해에 세 번째로 이스탄불의 그 지역을 방문하여 존경받는 지방 사학자를 취재했다. 취재 도중 케일 박사는 사학자에게 모종의 답변을 끌어낼 만한 어떠한 실마리나 암시도 주지 않도록 주의했다. 사학자는 케말이 얘기한 것과 절묘하게 들어맞는 이야기를 하나 해주었다. 그 지역의 유일한 아르메니아인으로 성이 카라카스였던 부유한 아르메니아 기독교인이 살았었다는 것이다. 부인은 그리스 정교회인Greek Orthodox이어서 집안으로부터 결혼을 인정받지 못했으며, 슬하에 세 명의 자식을 두었다고 했다. 사학자는 가족의 이름은 알고 있지 않았으나 카라카스 가문이 이스탄불의 그 지역에 살았고 가죽 제품을 취급했으며 문제의 고인이 가끔 커다란 가죽 가방을 가지고 다녔다고 했다. 사학자는 고인이 연중 여름에만 그 집에 머물렀으며 1940년이나 1941년에 죽었다고 기억했다.

케일 박사는 부인과 아이들이 그리스 이름을 갖고 있었다는 케말의 진술을 확인할 수는 없었지만, 그 부인이 그리스계 가문 출신임은 확인할 수 있었다. 케말이 남자의 이름으로 제시한 이름은 아르메니아어로 '좋은 사람'이라는 것이 밝혀졌다. 케일 박사는 사람들이 카라카스를 실제로 그 이름으로 불렀는지는 확인할 수 없었으나, 주위 사람들이 아무도 그런 말을 알고 있지 않았는데도 카라카스의 이름으로 사용되었을 법한 아르메니아어 이름을 케말이 제시했다는 데 충격을 받았다.

이스탄불에서 500마일이나 떨어진 동네에 사는 이 어린아이가 자신이 태어나기 50년 전에 죽은 한 남자에 대해서 어떻게 그렇게 많은 사실을 알 수 있었을까? 케말은 케일 박사가 단서를 찾기 위해 힘들게 노력해야만 했던 고인에 대해 들어봤을 리가 없다. 도대체 어떤 설명이 가능하겠는가? 케말은 아주 간단히 대답한다. 전생에 자신이 그 남자였다고.

케말만 그렇게 주장하는 것이 아니다. 전 세계적으로 전생의 기억에 대해 진술하는 아이들이 있다. 40년이 넘도록 연구자들의 보고가 이어지고 있다. 버지니아 대학의 인지연구소에 2,500건이 넘는 논문이 등록되었다.

몇몇 아이들은 가족의 일원으로 죽었다고 했고, 또 다른 아이들은 이방인으로서의 전생을 묘사했다. 전형적인 예로, 아주 어린아이가 다른 생의 기억을 묘사하기 시작한다. 아이는 끈덕지게 다른 장소에 사는 다른 가족에게 데려다줄 것을 요구하기도 한다. 아이가 이름을 지적하거나 다른 장소에 대해 충분한 실마리를 주면 가족은 그곳에 가서 아이의 진술과 가까운 고민이 있었는지, 아이가 말한 삶과 일치하는지 알아내곤 한다.

케말과 다른 2,500명의 아이가 그들이 기억하고 있다고 생각하는 전생에서 나온 사건들을 정말로 기억하는 것인가? 그 질문은 오랫동안 우리 연구자들을 사로잡아왔고, 이 책은 그에 대해 답하고자 한다. 전에는 소수의 학술인을 대상으로 했으나, 지금은 40년 동안 축적된 자료를 바탕으로 일반인도 그 증거를 평가할 기회를 갖게 되었다.

나는 이 책을 읽는 독자가 스스로 판단할 수 있도록 가능한 한 정확하게 설명하고자 한다. 어린아이들이 전생의 기억을 보고하는 현상은 그 자체로 매혹적이다. 이 책을 통해 그것에 대해 알아감에 따라 점점 그것이 무엇을 의미하는지 독자 스스로의 견해를 갖게 될 것이다. 케말과 같은 아이들이 정말로 다시 돌아온 것인지, 다른 사람들도 모두 전생을 살았을 가능성이 있는 것인지 판단하는 일은 점점 더 쉬워질 것이다.

chapter

I

전에 여기 왔었다고 말하는 아이들이 있다

A Scientific Investigation of
Children's Memories of Previous Lives

Life before Life

1992년 어느 날 밤 존 맥코넬은 일을 마치고 집으로 향하고 있었다. 전직 뉴욕 경찰관이었던 그는 퇴직 후 사설보안요원으로 일하고 있었다. 전자제품 상점 앞에서 그의 발걸음이 멎었다. 두 남자가 상점을 털고 있는 것을 보고 우뚝 멈춰 선 그는 권총을 뽑아 들었다. 그때 계산대 뒤에 있던 다른 강도 한 명이 존을 향해 총을 쏘기 시작했다. 존은 응사를 시도하다가 강도의 총에 맞아 쓰러졌으나 다시 일어나 방아쇠를 당겼다. 그러는 사이 그는 여섯 발의 총상을 입고 말았다. 총탄 하나는 등을 뚫고 들어가 왼쪽 폐와 심장, 폐동맥을 관통했다. 폐동맥은 우심방에서 폐로 혈액을 보내어 산소를 공급받는 중요한 혈관이다. 그는 병원으로 급히 옮겨졌지만 끝내 사망하고 말았다.

존은 가족들과 친밀하게 지냈는데 특히 딸, 도린에게는 종종 이런 말을 건네곤 했다. "무슨 일이 있어도 내가 늘 네 곁에서 돌봐줄 거야." 존이 죽고 난 후 5년이 지나서 도린은 아들을 낳았고, 이름을 윌리엄이라 지었다. 윌리엄은 태어난 지 얼마 되지 않았을 때부터 의식을 잃고 쓰러지기를 반복했다. 의사들은 폐동맥판막 폐쇄증이라는 진단을 내렸다. 폐동맥의 판막이 정상적으로 형성되지 않아서 혈액이 동맥을 지나 폐로 들어가지 못하는 증상으로, 이 판막 이상 때문에 심장 우심실마저 기형이 되었다. 윌리엄은 몇 번이나 수술을 받아야 했다. 그 뒤로도 무기한의 치료가 계속 필요하긴 했지만 다행히도 수술은 성공적이었다.

윌리엄은 할아버지의 목숨을 앗아갔던 치명적인 상처와 아주 유사한 선천적 장애를 갖고 태어났다. 게다가 말을 할 수 있을 만큼 자라자 할아버지의 삶에 대해서 이야기하기 시작했다. 윌리엄이 세 살 되던 해의 어느 날, 집에서 공부에 매달리는 도린의 옆에서 윌리엄은 계속 까불거리며 신경을 건드렸다. 참다못한 도린이 "가만 앉아 있어. 안 그러면 엄마가 때려줄 거야"라며 화를 내자, 윌리엄은 이렇게 답했다. "엄마, 엄마가 어렸고 내가 엄마의 아빠였을 때, 엄마도 못된 짓 많이 했지만 나는 한 번도 안 때렸어!"

이 말에 도린은 당황할 수밖에 없었다. 윌리엄이 할아버지의 생애에 대해 더 많은 이야기를 전했을 때에야 비로소 편안함을 느끼기 시작했다. 도린은 아빠가 다시 태어났다고 생각한 것이다. 윌리엄은 여러 번에 걸쳐 자기가 할아버지였을 때의 일을 이야기했고, 죽음에 대해서도 말했다. 윌리엄은 자기가 죽임을 당했을 때 여러 명이 총을 쐈었다고 했다. 그리고 존만이 알고 있을 사실을 말하기도 했다.

한번은 윌리엄이 이렇게 물었다.

"엄마가 어린아이였고 내가 아빠였을 때, 그 고양이 이름이 뭐였죠?"

"매니악 말이니?" 하고 도린이 대꾸하자, "아뇨, 그 녀석 말고 하얀 애 말이에요."

"보스턴?" 도린이 다시 물었다.

"네, 맞아요. 난 그냥 보스라고 불렀죠. 그렇죠?"

맞았다. 그들 가족은 매니악과 보스턴으로 불리는 고양이 두 마리를 갖고 있었다. 하얀 고양이를 보스라고 부른 사람은 존뿐이었다.

어느 날 도린은 윌리엄에게 태어나기 전에 겪은 일이 기억나느냐고 물었다. 윌리엄은 목요일에 자기가 죽었고 천국으로 올라갔다고 했다. 천국에서 동물들을 보고 신과 대화도 나누었다고 말했다. "나는 신에게 다시 돌아갈 준비가 됐다고 말했었죠. 그러곤 화요일에 태어났어요." 요일의 이름도 아직 잘 몰랐던 윌리엄이 정확히 구분하는 것을 듣고 도린은 깜짝 놀랐다. 도린은 시험 삼아 고쳐 물었다. "네가 목요일에 태어나고 화요일에 죽었단 말이지?" 그러자 윌리엄은 재빨리 응답했다. "아뇨, 목요일 밤에 죽었고 화요일 아침에 태어났어요." 둘 다 정확히 맞았다. 존은 어느 목요일에 숨을 거두었고, 5년 후 어느 화요일에 윌리엄이 태어났던 것이다.

윌리엄은 삶과 삶 사이의 기간에 대해서도 이야기한 적이 몇 번 있었다. "죽으면 바로 천국에 가는 게 아니에요. 여러 다른 차원으로 가죠. 여기, 그리고 여기, 그다음엔 여기"라며 윌리엄은 매번 손을 더 높이 올려 보였다. 동물들도 사람처럼 다시 태어나며 천국에서 본 동물들은 물거나 할퀴지 않았다고도 말했다.

존은 천주교 신자였으나 환생을 믿었으며, 다음 생에서는 동물들을 돌보겠다고 말했다. 그런데 그의 손자 윌리엄 또한 앞으로 수의사가 되어 동물원에서 몸집 큰 동물들을 돌보겠다고 말한다.

몇 가지 점에서 윌리엄은 도린에게 아빠를 떠올리게 만들었다. 윌리엄은 할아버지가 그랬듯이 책을 좋아한다. 도린과 함께 할머니 댁을 찾아갔을 때 할아버지인 존의 서재에서 책들을 읽으며 몇 시간이고 보냈다. 윌리엄은 오래전 할아버지가 했던 행동을 그대로 보여주었다. 할아버지처럼 뭔가를 조립하는 데 선수이고, 또 쉴 새 없이 말하는 이야기꾼이다.

그중에서도 특히 도린이 아빠를 떠올리게 되는 순간은 윌리엄이 이렇게 말할 때다.

"엄마, 걱정 말아요. 내가 늘 돌봐줄 거니까."

과학적인 연구 결과가 환생이라는 개념을 뒷받침해줄 수 있다는 생각은 많은 서양인들에게 놀라운 것이다. 그들에게는 환생이란 말이 낯설고, 심지어는 얼토당토않은 것이기 때문이다. 때로 사람들은 전생이나 후생을 농담거리로 생각한다. 다큐멘터리 방송에서는 최면에 걸린 채 전생을 극적으로 묘사하는 사람들을 보여준다. 환생은 물질세계가 유일한 실재라고 보는 대다수 과학자의 관점과 충돌한다. 또한 많은 이들의 종교적 신념과도 배치된다.

환생의 개념이 터무니없거나 모욕적이라고 보는 사람들이 있는가 하면, 다른 한편에서는 그것을 신앙으로 받아들이는 사람들도 있다. 환생에 대한 생각은 고대로부터 현대에 이르기까지 인류 역사를 통틀어 많은 이들에게 호소력이 있었다. 그 사람들 가운데는 플라톤과 고대 그리스인들, 아시아의 힌두교도와 불교도, 다양한 서아프리카 부족들과 북아메리카의 많은 원주민, 심지어는 초기 기독교의 몇몇 그룹도 포함된다. 오늘날 전 세계에서 환생을 믿는 사람의 수는 믿지 않는 이들의 수를 넘어설 정도다.

환생에 대한 믿음은 미국에서 멀리 떨어진 나라에만 있는 것이 아니다. 미국에서도 놀랄 만한 수의 사람들이 환생을 믿는다. 조사 기관에 따라 차이가 있지만 그 비율이 미국 인구의 20~27퍼센트에 이른다. 유럽도 이와 비슷한 비율을 보인다. 대다수는 버지니아 대학의 환생 연구에 대해 모르기 때문에, 사람들이 환생의 증거 때문에 그것을 믿는다고 볼 수는 없다. 또 환생을 믿는 많은 사람들이 환생을 인정하지 않는 교회에 다니므로, 그 믿음의 기반이 종교 교리에 있는 것도 아니다. 실제로 2003년의 해리스 여론조사에 따르면 미국 기독교인의 21퍼센트가 환생을 믿는 것으로 나타났다. 이 책에 기술되는 우리의 연구가 그런 사람들에게 믿음의 근거를 제공해줄 수도 있겠으나, 우리 연구원들은 특정 종교의 교리나 편견에 따른 시각을 가지고 실험에 임하지 않았음을 미리 밝혀둔다. 우리의 목표는 전생을 기억하는 아이들이 진술한 내용을 가장 잘 해명하는 방법을 찾는 것이며, 과학이 환생을 가능성 있는 것으로 간주할 수 있을지 조사하는 일이다.

대부분의 사람은 아마도 환생이 가능하기를 바랄 것이다. 죽음과 동시에 우리의 존재가 끝난다는 사실은 불안한 일이다. 미국인 다수가 환생의 개념에 대해 불편한 생각을 하고 있더라도, 우리가 죽어도 일부분이 계승된다는 개념은 분명 매혹적이다. 만약 우리가 죽더라도 우리의 일부가 어떤 형태로든 살아남아서 다시 태어날 수 있다면, 이는 우리가 계속 사는 것을 뜻한다. 아마도 우리는 사랑하는 이들과 가까이에서 삶을 이어가거나 천국에 가거나 다른 차원으로 가거나 혹은 누구도 상상할 수 없는 곳으로 갈 수 있을 것이다. 전생이 있다는 이 아이들의 진술이 맞는다면, 우리의 일부는 몸이 죽더라도 살아남을 수 있다.

더 자세히 얘기하면, 죽음에서 돌아와 다시 삶을 시작할 수 있다는 관념은 수많은 사람의 마음을 사로잡는다. 환생의 개념은 그만큼 저항하기 어려울 정도로 강렬하다. 과거에 저지른 잘못을 바꿀 수는 없지만, 다음번에 더 잘해볼 수 있다면 위안이 되지 않을까? 만약 삶이 되풀이된다면, 아마도 우리는 생을 넘나들며 더욱 나은 사람으로 진보할 수 있으리라.

우리가 다시 우리 자신으로 돌아오기를 바라는 만큼, 사랑하는 이들도 똑같이 돌아올 수 있기를 바란다. 도린 또한 사랑하는 아빠가 저세상에서 살아와 아들로 다시 태어난 것이라는 느낌 때문에 전율하고 위안을 받았음이 틀림없다. 아빠가 살해된 사실을 알고 공포와 싸워야 했지만, 아들로 다시 태어났다는 생각으로 도린은 슬픔을 이기고 받아들일 수 있었으리라. 우리는 비슷한 상실감을 이겨낸 사람들을 이 책에서 더 만나게 될 것이다. 예를 들어, 걸음마하는 아기를 암으로 잃은 엄마와 아이들과 헤어져 죽음을 맞이해야만 했던 아빠가 있다. 우리가 사랑하는 사람과의 사별로 슬퍼할 때, 그들이 어떤 모습으로든 우리의 삶으로 다시 돌아올 것을 안다면 우리는 확실히 위안을 얻으리라.

그런 가능성을 믿는다는 것은 부질없는 기대일 뿐인지도 모른다. 정말 죽음 뒤의 삶이 부질없는 기대이기만 할까?

믿기 어렵겠지만, 죽음 뒤의 삶이 실제로 사실이라는 증거를 제시할 수 있을지도 모른다. 이 책이 그런 사례를 보여줄 것이다. 연구자들은 어떤 사람들이 죽은 뒤 살아남아 다른 생명으로 환생한다는 암시를 뒷받침할 수 있는 사례를 수집했다. 이는 가볍게 보고 넘길 일이 아니다. 우리 연구자들은 편견이 없는 분석적 접근으로 이 논제를 파고들었다. 감성은 배제한 이성적이고 비판적인 관점으로 이 논제에 접근했다. 또한 종교적 열의가 아니라 명료한 주의를 기울여 연구했다. 물론 많은 사람이 순수한 종교적 신념으로 죽음 뒤의 삶을 믿는다. 신앙을 완벽히 배제하려는 것은 아니지만, 종교적 신념이 우리의 생각을 뒷받침할 만한 증거를 찾는 데에서 걸림돌이 될 필요는 없다. 신앙은 삶의 본질을 더 잘 이해하려는 우리의 시도를 가로막아서는 안 된다. 우리의 연구는 종교적인 것이 아니라 과학적인 시도다.

그러므로 이 책은 환생의 증거를 객관적이고 과학적인 시선으로 살펴본 분석서이지 감상적인 산문이거나 종교적인 책이 아니다. 이 책을 읽는 독자들을 설득하고자, 이론을 보강해 환생이 일어났다는 사실을 증명하려는 것도 아니다. 대신에 사례들을 제공함으로써 독자 스스로 그것을 평가하여 결론에 다다를 수 있도록 하겠다. 그 사례가 무엇을 뜻하는지 나의 분석 결과를 제공하겠지만, 그 과정에서 독자 자신의 견해도 형성할 수 있을 것이다. 이제 이 책을 읽는 독자는 전생을 기억하는 아이들의 사례들이 터무니없다거나 환생에 대한 결정적 증거라고 섣부른 판단을 내리지 않게 될 것이다. 대신 우리가 연구 과정에서 취했던 동일한 분석적 접근법으로 다가갈 수 있을 것이다.

이 사례들은 "입증"을 위한 것이 아니라 근거자료다. 이 작업은 철저히 통제되는 실험실이 아닌, 혼란스러운 현실 세계에서 이루어진 것이어서 증명할 수 있지는 않다. 과학계나 의학계에서는 이런 경우가 많다. 예를 들어, 많은 약물이 치료를 돕는다는 확증이 없더라도 근거만 제시되면 치료제로 판정을 받는다. 우리의 작업도 연구하기가 대단히 까다로운, 죽음 이후의 삶의 가능성이라는 분야를 포함한다. 보통의 경험적 탐구 분야에서 너무 벗어나 있기 때문에, 죽음 뒤의 삶이라는 주제가 과학적 연구 대상이 될 수 없다고 말하는 사람들도 있다. 그럼에도 죽음으로부터 살아남을 수 있는가보다 더 큰 물음은 세상에 없을 것이다. 연구자들은 그 물음에 대답 가능한 최상의 증거를 수집하려고 애썼다. 그 자료를 독자와 나누고자 한다.

각각의 사례는 독특한 양상을 보여준다. 그러나 우리는 많은 사례에서 발견되는 전형적인 특징들을 연구할 수 있다. 뒷장에서, 우리는 이러한 각각의 특징을 포함하여 다수의 사례를 깊이 살펴볼 것이다.

예언, 시험 모반, 태몽

때로는, 사례의 주인공인 아이가 태어나기도 전에 이야기가 시작되는 경우가 있다. 나이 든 혹은 죽어가는 '전생의 인물'이 자신의 다음 생을 예언하는 경우가 그 한 예다. 물론 그런 예는 드물다. 그러나 두 집단에서 드물게 일어난다. 하나는 티베트의 라마승이다. 그들의 예언이 모호하고 분명하지 않을 수 있지만, 예언을 토대로 어린아이가 라마승의 환생인지를 확인한다. 현재 달라이 라마 경우, 선대 달라이 라마가 어떠한 예언도 분명히 하지 않아서 승려들의 명상 중에 나타난 환시와 같은 다른 실마리로 환생으로 확인된 소년을 찾아냈다.

틀링깃족The Tlingits은 알래스카의 부족인데, 재탄생에 관련된 예언을 자주 한다. 그곳에서의 46건이나 되는 사례 중 10건에서, 이전 생 인물이 자신의 뒤를 이을 재탄생에 관한 예언을 하였다. 10건 중 8건에서, 주인공은 자식으로 재탄생하고 싶은 부모의 이름을 댔다. 예를 들면, 빅터 빈센트라는 이름의 남자는 조카에게 아들로 돌아올 거라고 말했다. 빅터는 작은 수술로 생긴 상처 두 개를 보여주며 다음 생에 그 자국을 가져오겠다고 예언했다. 조카는 빅터가 죽은 후 열여덟 달 만에 같은 자리에 모반(birthmark, 母斑: 태어날 때부터 몸에 있는 반점)이 있는 남자아이를 낳았다. 모반 중 하나는 직선의 흉터자국 양 옆으로 둥그스름한 점 같은 자국들이 줄지어 있는 모양이라서 수술 후에 꿰맨 자리처럼 보였다. 그 남자아이는 나중에 자신이 빅터라고 말했다. 아이는 빅터로 살았을 때 알았던 몇몇 사람을 알아보는 듯했다.

몇몇 아시아 국가에서는 죽어가는, 혹은 죽은 사람의 몸에 가족의 일원이나 친구가 상처를 내어 표시한다. 그 사람이 다시 태어났을 때 표시된 자국과 일치하는 모반을 갖기 바라는 마음으로 그렇게 하는 것이다. 이 관습은 시험 모반(experimental birthmark)이라 알려졌다. 우리는 4장에서 이에 대해 자세히 살펴보려 한다.

아이가 태어나기 전에 태몽을 꿀 수도 있다. 이 경우에는 가족 구성원, 보통 주인공의 엄마가 임신 전이나 도중에 꿈을 꾼다. 이전 생 인물이 임신한 엄마에게 자기가 곧 간다는 것을 알리거나 들어가게 해달라고 부탁한다. 이런 꿈은 보통 '한 가족' 사이에 일어난다. 어떤 사례에서는 이전 생 인물이 주인공(피험자)의 사별한 가족 구성원이었고, 또 어떤 사례에서는 이전 생 인물을 적어도 주인공의 엄마는 알고 있었다. 예외는 항상 있기 마련인데 나중에 다시 살펴보기로 하겠다. 다양한 문화에 기반을 둔 태몽을 포함하는 사례들은, 우리 연구진들의 컴퓨터에 저장된 첫 데이터베이스에 있는 1,100개의 사례 중 거의 22퍼센트를 차지한다. 그런 경우는 어떤 곳에서는 훨씬 일반적이고, 또한 여러 다양한 시대와 장소에서 일어나는 경향이 있다. 미얀마에서는 임신 전에 가족들이 태몽을 꾸는 게 일반적인 데 비하여, 북미의 북서쪽에 있는 부족들은 임신 말기에 태몽을 꾸는 경향이 있다.

모반과 선천적 결함

우리가 연구한 주인공 대다수가 이전의 인물이 몸에 지녔던 상처, 보통 치명적인 상처와 닮은 모반이나 선천적 결함을 가지고 태어난다. 한 예로, 터키의 슐레이만 카퍼는 태몽과 선천적 결함을 다 갖춘 경우다. 아이의 엄마가 임신 중에 꿈을 꾸었는데 알 수 없는 한 남자가 그녀에게 "나는 삽에 맞아 죽었다. 나는 다른 누구도 아닌 당신과 있고 싶다"라고 말했다. 슐레이만이 태어났을 때, 머리뼈 뒷부분이 우묵하게 들어가고 거기에 모반이 있었다. 슐레이만은 말을 할 수 있는 나이가 되자, 자신이 이전 생에 제분업자였는데 화가 난 손님이 삽으로 머리를 쳐서 죽었다고 말했다. 다른 세부 사항과 함께, 슐레이만은 제분업자의 이름과 살았던 마을 이름까지 정확하게 말했다. 실제로 그 마을에서 그 이름을 가진 제분업자가 화난 손님이 휘두른 삽에 뒷머리를 맞아 죽었다는 것이 밝혀졌다.

모반의 대부분은 작은 얼룩이 아니다. 형태나 크기가 비정상적이고 또한 단순히 편평하지 않고 주름이 있거나 두두룩하다. 어떤 모반은 모양이 유별나고 꽤 극적이라고 할 수 있다. 4장에서 미시간에 사는 남자아이인 패트릭의 사례를 다룰 텐데, 그 아이는 이전 생 인물과 맞아떨어지는 세 개의 뚜렷한 상처를 가지고 있다. 총알이 뚫고 들어갈 때의 전형적인 총상과 일치하는 작고 동그란 모반과 총알이 뚫고 나올 때 전형적으로 일어나는 총상과 일치하는 더 크고 더 불규칙하게 생긴 모반이 모두 있는 사례도 몇 건 있다. 발목 주위를 감고 있는 것과 같이 색다른 곳에 모반이 있다든지, 손발이나 손가락이 없거나 기형인 신체장애를 수반한 경우를 포함한 사례들도 보고되었다.

이런 사례들은 주인공과 이전 생 인물 사이의 구체적인 연관성을 입증할 수 있는 모반이나 선천적 결함이 있는 경우다. 몸에 남아 있는 모반과 선천적 결함은 실제 확인이 가능하기 때문에 증인들의 기억과 상관없이 사례로 채택 가능하다. 숄레이만의 경우처럼, 이전 생 인물의 부검 보고서나 의료 기록을 입수할 수 있으면, 연구자들은 그것이 모반과 얼마나 일치하는지 객관적으로 비교할 수 있다.

우리가 연구한 사례 중에는 그러한 모반이나 신체적 결함이 드물지 않다. 인도에서 수집한 사례 중 3분의 1에 해당하는 주인공이 이전 생 인물이 가진 상처와 일치하는 듯한 모반이나 신체적 결함을 보여준다. 그중 18퍼센트는 입증 가능한 의료 기록이 첨부되어 있다. 나는 전생을 기억하는 아이 중 모반이 있는 비율이 실제로는 훨씬 낮을 것이라고 본다. 우리는 때때로 어떤 사례들을 조사할 것인지 결정해야 했다. 다른 유형의 사례보다 모반이 있는 사례들이 특히 우리의 흥미를 끌었기 때문에, 그런 사례를 더 추적하고 더 많이 기록했다.

전생에 대한 진술

우리가 연구한 가장 중요한 요소는 물론 전생에 관한 아이들의 진술이다. 예를 들면, 레바논의 수잔 가넴은 한 살이 되기도 전에 했던 첫말이 "레일라"였는데, 전화 수화기를 들 때마다 "여보세요, 레일라"라고 말하곤 했다. 수잔은 가족들에게 심장 수술을 하러 간 미국에서 끝이 난 전생에 대해 아주 많은 이야기를 했지만 가족들은 수잔이 다섯 살이 될 때까지는 그 인물을 추적할 수 없었다. 그 무렵 수잔은 이전 생에 자신의 가족이었다고 여겨지는 가족과 실제로 만났다. 그리고 그 가족은 수잔의 전생에 대한 세부 사항을 듣고 이전 생 인물이 다시 태어났다고 확신했다. 이전 생 인물은 미국의 한 병원에서 심장 수술을 받은 후 죽었고 레일라라는 이름을 가진 딸을 둔 것으로 밝혀졌다. 레일라는 여권에 문제가 있어 임종을 지킬 수 없었다. 여자가 죽기 전에 병원에 있던 오빠가 레일라에게 전화를 시도했으나 성공하지 못했다. 수잔은 전생에 대해서 40가지를 정확하게 입증했는데 거기에는 25명의 이름도 포함되어 있었다.

아이들은 아주 어린 나이에 그러한 진술을 시작한다. 전생을 진술하는 아이들 대부분이 두 살에서 네 살 사이에 이야기를 꺼내기 시작한다. 어떤 부모들은 아이들이 놀라울 정도로 어린 나이에 전생에 관한 자세한 진술을 한다고 말한다. 나중에 다루겠지만, 이런 아이들의 대다수가 매우 명석하다는 심리학적 검사 결과가 있다. 그러한 진술을 할 정도로 일찍 발달한 언어능력은 대단히 명석하다는 검사 결과와 일치한다. 아이들은 거의 여섯 살이나 일곱 살 정도에 전생에 관하여 말하는 것을 중단한다. 그 후로는 평범한 삶을 살아가는 것 같다.

아이들이 전생을 말할 때에, 어떤 아이들은 별일 아니란 듯이 얘기하는 반면에 어떤 아이들은 강렬한 감정을 보여주기도 한다. 강렬한 감정을 보여주는 아이의 예를 하나 들자면, 조이라는 이름의 시애틀에 사는 남자아이가 있다. 아이는 자동차 사고로 죽은 전생의 엄마에 관해 여러 번 말했다. 네 살 생일을 앞둔 어느 날 저녁을 먹고 있을 때, 아이는 의자에서 일어나 창백한 얼굴을 하고는, 엄마를 골똘히 쳐다보며 말했다. "당신은 우리 가족이 아니야. 우리 가족은 죽었어." 조이는 잠깐 눈물 한 방울이 뺨을 타고 내려올 때까지 조용히 울었다. 그러고는 다시 앉아 저녁을 먹었다. 그날 저녁 엄마가 식사에 초대한 손님이 있었지만 그 어색한 상황은 어찌할 도리가 없었다.

어떤 아이들은 전생에 관하여 몇 마디밖에 하지 않는다. 그것도 특정한 때에, 대개는 편안한 시간대에만 말한다. 반면에 다른 아이들은 거의 끊임없이 많은 말을 한다. 일반적으로, 아이들은 전생의 끝 지점에 만난 지인이나 사건에 대해서 말하는 경향이 있다. 성인기에 죽은 전생을 설명하는 아이는 부모에 대해 말하기보다는 배우자나 자녀에 대해 이야기할 가능성이 있다. 78퍼센트의 아이들이 전생에 어떻게 죽었는지 묘사하는데, 죽음을 맞은 경위가 폭력스럽거나 갑작스러운 경우가 많다.

아이들이 묘사한 전생은 아주 최근의 것일 확률이 높다. 그리고 사실 이전 생 인물의 죽음과 주인공의 탄생 사이의 시간 차는 단지 열다섯 달이나 열여섯 달 정도밖에 안 된다. 서두에서 보여준 케말의 사례처럼 물론 예외는 있다. 그러나 대부분의 아이가 매우 최근의 삶을 묘사한다. 거의 모두가 평범한 삶을 묘사하고 유명 인사로 살았다는 보고를 하는 아이들은 아주 적은데, 그들의 삶은 종종 매우 좋지 않은 결말로 끝난다.

아이들이 작고한 특정인이 이전 생 인물임을 확인할 수 있을 만큼 충분한 정보를 주면 우리는 그 사례가 "해결"됐다고 말한다. 이전 생 인물이 확인되지 않으면 "미결"이라고 한다. 한 동료가 이 경우에는 미결이라는 용어에 반대한다고 말했다. 자기만의 고유한 전생을 실제로 기억하고 있는데도, 그 사례가 해결되어야만 실제 사례로 확인된다는 것을 의미하기 때문이다. 우리 연구원은 그런 의미로 미결이라는 용어를 사용하는 것은 아니다. 우리는 모두 이 문제에 있어서 미결 사례 혹은 해결 사례가, 자동적으로 환생의 사례를 가리키는 것은 아니라는 데 동의한다.

아주 드문 예외의 경우만 빼고 거의 모든 아이가 하나의 전생만 이야기한다. 대부분의 아이가 삶과 삶 사이의 시간대에 대해 말하지 않지만, 어떤 아이들은 간혹 얘기한다. 아이들의 진술은 예를 들어 이전 인물의 장례식과 같이 지구에서 일어난 것일 수도 있고, 다른 영역에 대한 것일 수도 있다. 케니라는 이름의 남자아이가 후자의 사례에 속한다. 아이의 사례가 미결이긴 하지만, 자동차 사고로 죽은 한 남자의 삶에 관한 수많은 세부 사항을 제공했다. 그가 죽자 다른 영혼, 아마도 그 차량의 운전자가 손을 잡고 커다란 강당으로 보이는 곳에 데려갔고 다른 영혼들과 함께 있었다. 케니가 말하기를, 신이라고 여겼던 또 하나의 영혼이, 아이를 갖고 싶어 하는 사람들이 있으니 내려가서 태어나라고 알려주었다고 말한다.

전생의 습관

진술에 덧붙여서, 많은 아이가 그들이 전하고 있는 전생의 습관과 관련되어 보이는 태도를 보인다. 또 그들의 기억과 관련하여 강한 감정을 나타낸다. 어떤 경우, 아이들은 부모가 마음이 약해질 때까지 전생의 가족에게 데려다 달라고 울부짖으며 사정한다. 이전 생 인물이 살해된 사례라면, 그 주인공은 살해자를 향해 큰 분노를 표출할지도 모른다. 뒤에서 아장아장 걷는 아기가, 전생에서 자신을 살해한 남자를 목 졸라 죽이려고 한 사례를 보도록 하겠다.

전생을 기억하는 아이들은 가끔 이상한 놀이를 한다. 예를 들어, 인도의 파르모드 샤르마는 네 살부터 일곱 살이 될 때까지 놀이를 할 때면, 이전 생 인물의 직업인 비스킷과 소다수를 파는 상인 역할을 했다. 이는 아이가 학교에 다니게 되었을 때 숙제를 소홀히 하게 되는 원인이 되기도 했는데, 결코 그 놀이를 그만둘 것 같지 않았다. 아이의 엄마는 아이의 부진한 학교 성적과 뒤이은 제한된 직업적 성공 가능성을 전생 기억과 어린아이 때의 상인 놀이 탓으로 돌렸다. 이 사례처럼 놀이는 과도한 것이 될 수도 있다. 아이들은 같은 놀이를 하고 또 한다. 그런 놀이는 다른 형제들은 하지 않으며 집안의 어른이나 가까운 친구를 따라 하는 놀이도 아닌 경우가 많다. 가장 일반적으로, 파르모드가 그랬던 것처럼 이전 생 인물이 종사했던 직업을 아이가 흉내 내면, 이런 아이들이 놀이에서 되풀이하여 나타내는 욕구는 아주 충격적일 수 있다. 또 다른 아이들은 전생의 죽는 장면을 연기해낸다. 이것은 힘든 경험을 통과해온 아이들의 포스트-트라우마 연극(외상 후 연극)과 비슷하다. 오직 이런 경우에만, 그 트라우마는 현생의 것이라기보다는 전생에서 비롯된 것이라 여겨진다.

공포증은 때때로 전생의 기억과 연관된다. 많은 아이가 이전 생 인물의 사인과 관련하여 강한 두려움을 나타낸다. 가끔 이런 두려움은 아이가 전생의 기억에 관하여 말하기 시작하기 전부터 나타난다. 예를 들어, 아주 어린아이가 물에 대한 강한 두려움을 나타내기도 한다. 스리랑카의 아기인 샴리니 프레마는 항상 목욕하려면 세 명의 성인이 잡아 누르고 있어야 했는데, 훗날 전생에 물에 빠져 죽었다는 말을 했다.

또한 어떤 아이들은 특정한 물건을 지나치게 좋아하는 경향이 있다. 여기에는 이전 생 인물이 특별히 좋아했던 음식이나 심지어 술이나 담배도 포함된다. 음주나 흡연은 여러 문화에서 일반적이지만, 세 살배기 아이들에게는 적합하지 않다. 부모들은 술을 마시려고 하는 아이의 시도에 놀라 당황해하고 얼이 빠진다. 음식을 예로 들면, 특별히 눈에 띄는 점이 없는 미얀마의 아이들이 일본군으로 살았던 전생을 기억한다면서 생선회를 먹겠다고 요구하는 경우도 있다.

이상한 놀이, 공포증, 그리고 비상한 취향이 전생에 대한 진술과 모반, 다른 특징들과 함께 제시되었을 때 주인공과 이전 생 인물 사이의 고리는 더 강화된다. 이런 경우는 전생에 대한 기억이나 단순한 진술을 넘어서 태도나 감정도 계승될 수 있다는 것을 암시한다.

전생 기억하기

주인공들은 전생과 관련하여 사람들이나 장소를 알아본다고 여겨진다. 주인공의 가족이 이전 생 인물의 집에 주인공을 데려가면, 전생의 식구들을 알아보는 일은 자주 일어난다. 때때로, 전생의 가족은 사별한 사랑하는 사람이 돌아오기를 기다린다. 그래서 그들은 아이가 하는 어떤 행동을 그들을 알아본다는 증거로 해석하는 데 관대할지도 모른다. 훨씬 의심이 많은 어떤 이들은 (비록 거의 그럴 리는 없어 보이지만) 주인공의 가족이 전생 기억을 주장함으로써, 재정적인 이득을 취하고자 하지 않을까 의심한다. 어떤 이들은 주장을 받아들일지 말지 결정하기 전에, 아이에게 이전 생 인물이 소유했던 물건이 무엇인지 맞추도록 하는 것과 같은 비형식적인 시험을 꾀하기도 한다.

훨씬 소수의 사례에서, 주인공들은 더욱 통제된 조건의 시험을 받았다. 7장에서 그런 사례를 조금 살펴보겠다. 가장 강력한 사례들은 단순히 부질없는 생각이라거나 소아기적 환상이라고 치부해버릴 수 없는 어떤 일이 일어나고 있다는 것을 더욱더 강하게 느끼도록 만들어준다.

요약하면, 세계 각지에서 수집한 사례들은 다음의 특징을 보인다. 즉, 이전 생 인물에게 있던 상처들과 들어맞는 모반, 그 인물의 삶을 정확히 묘사하는 진술, 그 인물과 관련되어 보이는 강한 감정들, 이상한 놀이, 공포증, 별난 취향 등의 습관들, 아이가 전생의 물건이나 사람을 알아보는 것으로 판단되는 상황들과 같은 특징들을 엿볼 수 있다.

chapter

2

이안 스티븐슨과 사례 연구

A Scientific Investigation of
Children's Memories of Previous Lives

Life before Life

이 연구에 관한 이야기는 1958년 버지니아 대학에서 시작된다. 여러모로 이안 스티븐슨Ian Stevenson 박사는, 그 당시 학문적으로 성공 가도를 달리고 있었다. 맥길 대학 의학부를 수석으로 졸업한 뒤, 생화학을 전공하게 된 그는 감정과 건강의 상관관계를 연구하는 정신신체의학Psychosomatic Medicine에 흥미를 느끼기 시작했다. 〈하퍼즈〉(미국의 대표적인 문예 평론지, 1850년 창간)와 〈더 뉴 리퍼블릭〉에도 몇 차례 기고하는 등 의학 학술지에 광범위한 저술 활동도 하고 있었다. 1958년까지 자신의 이름으로 70종의 간행물을 냈다. 1년 전에는 39세의 아주 젊은 나이에 버지니아 대학 정신의학과의 주임교수가 되었다.

이런 성과와 병행하여, 스티븐슨 박사는 현대 과학으로 설명할 수 없는 초자연적 현상에도 관심이 있었다. 1958년 심령연구 미국협회가 초자연적 정신 현상과 죽음 이후 삶과의 관계에 대한 논문을 공모했을 때, 그는 "전생 기억 주장에서 나온 환생의 증거"라는 제목으로 논문을 제출하여 당선되었다. 그는 이 논문에서 이미 출판된 보고서에 있는 전생의 기억을 기술한 세계 각지의 사람들에 대한 44건의 사례를 검토했다. 그 보고서들은 책, 학술지, 신문 등 여러 자료에서 뽑은 내용이었다. 가장 인상적인 사례들에서 처음 전생의 기억을 보고한 나이가 대개 열 살 미만인 아이들이라는 점을 찾을 수 있었다. 그리고 그들 중 다수가, 세 살 미만이거나 더 어린아이들이었다. 스티븐슨 박사는 아주 다른 지역에 살면서도 전생의 기억에 대해 비슷한 진술을 하는 아이들의 패턴을 보고 충격을 받았다. 그는 "이 44건의 사례를 모두 종합해보면 거기에 뭔가 의미가 있다는 것을 인정할 수밖에 없는 것 같다"라고 말했다. 그는 제출한 증거로 환생에 관해 명확한 결론을 내릴 수는 없지만, 더 광범위한 연구가 필요한 것 같다며 논문을 끝맺었다.

1960년에 논문이 간행된 뒤에 스티븐슨 박사는 새로운 사례들을 듣기 시작했다. 인도에 네다섯 건의 사례와 스리랑카에 한 건의 사례가 있다는 것을 알게 되었고 바로 그 지역으로 떠났다. 일단 인도에 도착하자 알고 있는 것보다 더 많은 사례를 찾을 수 있어서 놀랐다. 4주 만에 25건의 사례를 조사했다. 게다가 1주일을 스리랑카에 머물면서 대여섯 건의 사례를 더 찾아냈다. 그는 전생을 기억한다고 알려진 이들의 연령대에서 아이들이 더 빈번하게 전생을 기억한다고 결론을 내렸다.

스티븐슨 박사의 논문을 읽은 사람 중에 체스터 칼슨Chester Carlson

이라는, 제록스 회사의 기반이 된 복사 기술을 고안한 사람이 있었다. 부인인 도리스 칼슨Dorris Carlson은 칼슨에게 초심리학에 관심을 두도록 권유했다. 체스터 칼슨은 스티븐슨의 논문을 읽고 그에게 연락해 재정 지원을 제안했다. 스티븐슨 박사는 처음에는 다른 업무 때문에 바빠서 거절했으나, 사례를 더 수집하면서 점점 호기심이 더해져 칼슨의 재정 지원을 받아들였다.

1966년, 스티븐슨 박사는 같은 주제로 펴낸 첫 번째 책인 《환생을 암시하는 20가지 사례》를 썼다. 그는 20명의 아이들이 말한 것을 하나하나 확인하는 데 몰두했다. 아이들의 진술과 아이들이 기억한다고 여기는 인물들의 삶이 실제로 얼마나 잘 들어맞는지 확인했다. 그 책은 인도, 스리랑카, 브라질, 레바논에서 수집한 매우 상세한 보고서로 이루어졌는데, 스티븐슨 박사가 각각의 사례를 위해 취재한 모든 사람의 목록이 들어 있다. 또한 전생에 대한 아이들 각자의 진술과 그 진술에 대한 정보 제공자, 아이들의 진술이 작고한 고인의 삶과 일치하는지 확인해준 사람들이 기록된 긴 목록도 있다. 스티븐슨 박사는 사례를 객관적이고 공정한 방식으로 기술했으며, 강점과 더불어 약점도 검토했다.

〈미국 정신의학〉을 포함한 수많은 학술지가 그 책에 대한 긍정적인 평론을 실었는데, 평론가들은 스티븐슨 박사의 수고를 아끼지 않는 연구와 객관성을 자주 언급했다.

스티븐슨 박사는 조수들의 도움을 받아 여러 나라에서 사례들을 금방 찾을 수 있었으며 인도, 스리랑카, 터키, 레바논, 태국, 미얀마, 나이지리아, 브라질, 알래스카 등지로 여행했다. 《환생을 암시하는 20가지 사례》를 출간한 뒤에는 미국 내에서도 때때로 사례들을 접할 수 있었다.

1967년, 칼슨의 재정 지원에 힘입은 스티븐슨 박사는 정신의학과 주임교수직을 사임하고 연구에만 정진하게 된다. 그의 작업을 인가하지 않았던 의학부 학장은 스티븐슨 박사가 사임하는 것에 만족했다. 그리고 학장은 지금은 인지연구소로 알려진 작은 연구 분과를 설립하도록 승인했고, 스티븐슨은 그곳에서 연구를 계속했다.

다음 해, 체스터 칼슨이 심장마비로 갑자기 세상을 떠났다. 칼슨의 재정 지원으로 분과가 운영되고 있었기에, 스티븐슨 박사는 연구를 포기하고 더 통상적인 연구로 돌아가야 하지 않을까 생각했다. 그때 스티븐슨 박사의 연구를 위해 버지니아 대학에 일백만 달러를 기증한다는 칼슨의 유서가 공개되었다.

대학에서는 비상식적인 성격의 연구를 지원하는 돈을 받을 것인가에 대한 논쟁이 터져 나왔다. 대학이 백만 불짜리 기부금을 거부하는 일은 없었으나, 어떤 사람들은 그 상황을 명백히 불편하게 받아들였다. 결국 대학 측에서는 학술 연구 지원금으로 주어진 칼슨의 돈을 받기로 결정했고, 그 덕에 연구가 계속되었다.

스티븐슨 박사는 전생 기억의 사례들에 관한 책을 더 썼으며, 지속적인 인정을 받았다. 〈미국의사협회지〉의 서평 편집자인 레스터 킹Lester S. King은 그중 한 권에 대한 서평에 다음과 같이 썼다. "환생에 관해서, 스티븐슨 박사는 인도에서 일어난 자세한 사례들을 수고를 아끼지 않고 수집했으며, 그 과정에서 객관성 또한 잃지 않았다. 그 증거들은 어떤 다른 근거로는 설명하기 어렵다." 또 이렇게 덧붙였다. "그는 무시할 수 없는 많은 양의 자료를 기록했다."

1977년에 〈신경 정신장애 학술지〉는 대부분의 지면을 스티븐슨 박사의 환생 연구에 할애했다. 스티븐슨 박사의 논문을 하나 싣고, 그 논문에 대한 몇몇 사람들의 논평을 곁들였다. 정신의학계의 저명인사인 해롤드 리프Harold Lief 박사도 논평을 썼다. "스티븐슨 박사는 꼼꼼하고, 조심스러우며, 신중하기까지 한 수사관이다. 그의 성격은 강박적인 편이다"라고 했으며, "그는 어마어마한 실수를 하고 있거나… '20세기의 갈릴레오'라고 할 만하다"라고 썼다.

스티븐슨 박사는 더 많은 이들이 사례 조사에 점점 흥미를 느끼도록 자극했다. 인도의 심리학자인 사트완트 파스리차Satwant Pasricha는 인도에서의 사례 연구를 돕고 있으며 지금도 계속해서 연구 중이다. 아이슬란드 대학의 심리학자인 에를렌두르 해럴드슨Erlendur Haraldsson은 실험심리학 분야에 오래 종사해왔는데, 1970년대에 사례들에 흥미를 느끼게 되어 그때부터 계속 연구해오고 있다. 하버드 대학에서 박사 학위를 받은 인류학자인 안토니아 밀스Antonia Mills는 스티븐슨 박사를 도와 북미의 북서쪽에서 나온 사례들을 연구하기 시작했으며 북미와 인도의 사례들을 독립적으로 연구하고 있다. 서두에서 케말의 사례를 연구했던 유르겐 케일은 태즈메이니아 대학의 심리학자로 터키, 태국, 미얀마에 사례 연구를 위한 새로운 거점을 구축했다. 게다가 그와 나는 공동 연구를 위해 태국과 미얀마로 두 차례 여행을 갔다. 그 건에 대해서는 이 책의 뒷부분에서 조금 논의할 것이다. 스티븐슨 박사는 내가 다루고자 하는 아시아의 사례들을 거의 모두 조사했다. 이 책 뒤에 그의 자세한 사례 연구 보고서에 대한 참고문헌을 수록했다.

이안 스티븐슨 박사는 특히 작고한 인물에게 있던 상처와 들어맞는 모반을 갖고 태어난 아이들에게 관심을 두었다. 그는 사례들의 수가 갖는 힘을 믿기 때문에 수많은 사례들을 책 한 권에 발표할 수 있을 때까지 이러한 사례들의 어떤 것도 출판하기를 보류했다. 1997년, 몇 번의 지연 끝에 그는《환생과 생물학》이라는 책을 출판했다. 이 연구는 두 권 합쳐 2,200쪽으로 분량이 매우 많다. 다양한 모반 사진들과 함께 225건의 사례에 대한 자세한 보고서로 이루어져 있다. 스티븐슨 박사는 여든 번째 생일이 돌아올 무렵 그 책을 출간했다.《환생과 생물학》이 여러 가지 면에서 그의 수십 년 연구의 정점을 보여주었지만, 만족하지 않고 이후로도 사례 연구와 집필을 계속했다.

나는 1996년에 이 연구에 관심을 갖기 시작했고 더 헌신하기 위해 정신의학에 대한 기존의 연구 활동을 접었다. 최근에는 미국 내 사례들을 집중적으로 연구했다. 미국에서는 사례들을 찾아보기가 더 어려운데, 미국의 사례들은 일부 비평가들이 다른 지역에서 일어나는 사례의 원인으로 간주하는 문화적 요인들 없이 일어난다. 나는 수많은 미국 내 사례들을 체험의 여러 양상을 설명하는 데 이용할 것이다. 그리고 아이들에 대해서 가명을 쓰고 신원이 드러나지 않도록 다른 세부 사항들도 바꿀 것이다. 또한 이미 출판된 보고서에 아이의 실명이 거론되었을 경우만 빼고, 다른 나라의 사례들 또한 그렇게 하려고 한다.

스티븐슨 박사는 2002년, 집필 활동에 집중하며 부인인 마가렛과 더 많은 시간을 보내기 위하여 은퇴했는데, 아마도 80대 노인의 마지못한 선택이 아니었을까 싶다. 그는 수년간 연구 여행을 줄이겠다고 말했지만 그렇게 하지 못했다. 은퇴한 뒤에도 한 번의 "마지막 여행"을 인도로 떠났다. 마가렛은 여행을 다니는 것은 괜찮은데, 그 여행들을 모두 마지막이라고 말하는 것만은 그만뒀으면 좋겠다고 말했다. 스티븐슨 박사는 2003년에 《유럽형 환생 사례들》이라는 또 하나의 책을 썼고, 2007년 작고하기 전까지 논문과 책 출간을 위해 힘을 아끼지 않았다. 그의 간행물은 290권을 넘는 숫자를 헤아린다.

어떻게 조사할 것인가

사례 연구에 들어가기 전에, 우리는 그 사례들을 찾아내야만 한다. 어디에서든 연구 전에 우리는 먼저 사례를 찾아냈다. 환생을 일반적으로 믿는 인도나 스리랑카에서 사례를 찾기가 가장 쉬웠다. 스티븐슨 박사는 그곳으로 최초의 여행을 했으며, 태국, 미얀마(버마), 터키, 레바논의 드루즈파 지역 같은 비슷한 믿음을 가진 다른 나라들로 여행했다. 어느 정도는 사례들을 찾아주는 사람들을 어디에서 구하는가에 따라 사례들의 지리적 패턴이 정해진다. 이 각각의 나라에 사례들을 찾아주는 조수들이 있는 것은 행운이었다. 그들은 여러 방법을 통해 사례들을 찾아낸다. 일부는 신문 기사를 우연히 보고 찾게 되기도 하지만 대부분 입소문을 통해 찾아낸다. 사례를 찾으면 우리는 그곳을 방문한다. 물론 그것이 우리가 방문하지 않은 지역에서는 그런 사례가 없다는 것을 의미하지 않는다. 우리는 태국에서 여러 건을 찾아냈다. 그러나 베트남에서는 한 건도 찾지 못했는데 이는 단순히 베트남에 연고가 없기 때문이다.

사실 우리는 남극대륙을 제외하고 모든 대륙에서 사례를 찾았다. 아무도 남극대륙에서는 사례를 찾지 않았다. 여러 가지 점에서, 다른 나라보다 미국에서 사례를 찾기가 더 어렵다. 태국에서라면, 어느 곳에 가든 멈춰서 길을 묻기만 해도 관련 사례들을 들을 수 있다. 반면에 미국에서는 길을 가다 눈에 띄는 편의점에 들러 전생에 대해 얘기하는 아이를 아느냐고 물어볼 수 없다. 그렇다고 미국에 사례가 없다는 것을 뜻하지는 않는다. 내가 말을 걸면, 사람들은 후에라도 전생에 대해 얘기하는 가족을 알고 있다고 말해준다. 1998년에 우리는 사례 연구 웹사이트를 만들었다(med.virginia.edu/perceptual-studies). 이후 아주 많은 미국인 가족으로부터 전생을 기억한다는 아이를 설명하는 이메일을 받고 있다.

우리는 사례를 연구할 때 똑같이 일반적인 방법을 사용한다. 보통 통역을 통해 취재하는데 미국 외 다른 나라의 사례에서는 영어를 하는 사람이 거의 없기 때문이다. 비록 이것이 취재 과정에서 잠재적인 실수의 원천이 될 수도 있지만, 원주민 통역사는 정보 제공자를 쉽게 이해할 수 있다. 우리는 정보 제공자가 하려는 말이 무엇인지를 완전히 이해한다고 확신할 때까지, 통역과 오해 소지가 있는 어떤 작은 것까지도 분명히 짚고 넘어간다. 우리와 어느 정도 같이 일하면 통역사들은 우리가 무엇을 취재하고자 하는지 이해하게 되어, 전생을 분명히 이해하려면 꼭 알아야 할 내용은 무엇이든 조심스럽게 질문한다. 이 모든 것은 취재가 때때로 매우 느리게 진행된다는 것을 뜻한다. 일어난 일이 정확히 무엇인지 이해하기 위해 우리가 되풀이해 확인하기 때문이다. 그럼에도 가족들은 우리를 꽤 잘 참아준다. 사례를 조작할 가능성이 있기 때문에 우리는 절대 그들에게 대가를 지불하지 않는다. 그래도 그들은 거의 모두가 우리의 방문에 언제나 호의적이다.

우리가 만난 대부분의 사례는 이미 주인공이나 그 가족들이 이전 생을 확인하고 난 후인 경우가 많다. 이는 아이가 가족에게 이전 생 인물의 가족을 찾아서 만나는 게 가능할 만큼 전생에 대해서 충분하고 자세한 정보를 주었다는 것을 뜻한다. 어떤 경우에는 우리가 도착하기 몇 주 전에, 또 어떤 경우에는 몇 년 전에 만남이 이루어졌다. 우리가 도착할 때까지도 사례는 미결 상태이고 두 가족 간에 만남이 이루어지지 않은 경우도 있다. 우리는 이런 사례를 분명히 더 좋아하지만, 대부분은 그렇지 않을 가능성이 많다. 그때는 우리가 도착하기까지 그 사례에 대해서 주인공이 무엇을 말했고 무엇을 했는지를 가능한 한 정확하게 복원하는 것이 우리의 임무가 된다.

우리의 연구는 주인공의 가족 취재로부터 출발한다. 취재와 관련된 모든 사람이 자신의 역할을 잘 수행할 수 있도록 우리의 연구를 설명하는 것으로 모든 취재를 시작한다. 그러고 나서 사례의 역사에 관해 일반적인 개괄적 질문에 나선다. 이러한 취재는 보통 주인공의 부모와 함께 하지만, 조부모나 가족의 다른 구성원 역시 참여할 수 있다. 우리는 주인공(피험자)과 바로 취재를 시작하지 않는다. 주인공들은 종종 자기의 사례에 대해 할 말이 전혀 없거나 거의 없다. 만약 주인공들이 꽤 젊다면, 아마도 우리와 말하기가 너무 부끄러울지도 모른다. 또는 그 사례에 관해 얘기하기에 적당한 기분 상태가 아닐지 모른다. 만일 연로하다면, 사례에 대해 아무것도 기억하지 못할 수도 있다. 우리는 주인공들에게 말을 걸고 대화를 시도하기는 하지만 우리가 가장 역점을 두는 것은, 아이들이 처음 전생에 대해 말하기 시작했을 때의 진술이나 행동에 대해 부모나 다른 이들이 우리에게 무슨 말을 해줄 수 있는가다. 만약 주인공의 가족이 이전 생 인물의 가족을 만났다면, 두 가족이 만나기 전에 주인공이 무슨 말을 했는가가 가장 흥미롭다. 왜냐하면, 가족들이 만나고 나서는 주인공의 진술이 이전 생 인물의 가족들에게 들은 정보로 덧칠될 수 있기 때문이다.

만약 그 사례가 모반을 포함하면, 아이에게 모반을 보여달라고 하는 것은 당연하다. 그리고 모반을 사진 찍고, 인체 모형도에 위치와 모양을 표시한다. 사진이 때때로 실망스러운 결과를 보여줄 수도 있기 때문이다. 때로는 아이의 부모가 아이가 크면서 모반이 옮아갔다고 말하기도 한다. 그래서 우리는 아이가 태어났을 때의 모반의 위치에 대한 그들의 설명을 적는다.

어떤 아이들은 전생 기억에 대해서 부모에게만 말한다. 그러나 많은 아이들이 다른 사람들에게도 얼마든지 말한다. 후자의 경우, 우리는 가능하면 많은 추가 증인들을 취재하려 한다. 우리가 허용하지 않는 것은 소문에 의한 증언이다. 마을 이웃인 누군가가 주인공이 하는 어떤 얘기를 들었다고 말하면, 아이가 실제로 그 말을 직접 들은 사람과 대면하지 않는 이상 우리는 그것을 수용하지 않는다.

우리는 이전 생 인물의 삶과 아이의 진술이 얼마나 잘 들어맞는지 이전 생 인물의 가족과 대화하여 확인한다. 또한 이전 생 인물의 가족들이 아이와 처음 만났을 때의 느낌도 알아낸다. 아이가 이 만남에서 이전 생 인물의 가족들이나 이전 생 인물의 소유물을 알아보았다고 말하는 일이 자주 있기 때문에, 거기에 대한 두 가족 모두의 증언을 들으려고 한다.

스티븐슨 박사는 사례 보고서를 책으로 출판할 때에, 아이들이 말한 전생에 대한 모든 진술을 넣었다. 각각의 진술에는 그 진술을 들은 정보 제공자의 이름, 그 진술이 이전 생 인물과 일치한다고 확인됐는지, 그렇다면 누구에 의해서 확인됐는지, 또 추가 사항은 없는지 등이 뒤따랐다. 정확한 것뿐 아니라 부정확한 것을 포함한 모든 진술을 봄으로써, 독자들은 그 아이가 어쩌다 우연히 한두 개를 맞춘 게 아닐까 우려할 것도 없이 온전히 판단할 수 있다.

진술에 덧붙여, 그 사례를 다른 각도로 조사할 필요가 있을 때도 있다. 아이에게 고인의 몸에 있는 상처와 들어맞다고 여겨지는 모반이 있을 때, 우리는 실제로 얼마나 일치하는지 검사한다. 가장 바람직한 상황은, 이전 생 인물의 몸에 있는 상처를 기록한 부검 보고서가 있는 경우다. 만약 모반이 이전 생 인물의 치명적이라고는 할 수 없는 상처와 일치하면, 의료 기록 또한 일치성을 평가하는 데 도움이 된다고 할 것이다. 폭력에 의한 죽음의 경우에는, 부검 기록이 없다 해도 경찰의 보고서는 입수할 수 있다. 상처에 대해 기록되어 있을 것이다.

만약 그 상처에 대한 어떤 기록도 입수할 수 없다면, 목격자의 증언이 가장 좋은 증거가 된다. 가족 구성원들이 이전 생 인물이 임종할 때 몸을 보았거나 장례를 치르기 위해 염하는 것을 도왔다면 다수의 사람들이 상처를 주목했을 수 있다. 그러므로 우리는 어떤 상처가 어떤 부위에 있었는지를 가능한 한 확실하게 알 수 있도록 그들과 대화를 시도한다. 케일 박사와 나는 주인공의 손에 선천적 결함이 있는 한 사례를 책에 실었다. 그 사례에서의 주인공 가족들은 주인공의 손에 이전 인물이 낙하산 강하 사고 때 입은 치명적 상처들과 일치하는 선천적 결함이 있다고 생각했다. 지속적인 노력으로, 케일 박사와 나는 결국 이전 생 인물의 손에 실제로는 중요한 상처가 하나도 없었다는 결론을 내렸다.

많은 경우에, 연구자들은 그 지역으로 다시 여행하여 연이어 취재를 수행했다. 이는 몇 가지 목적에 도움이 된다. 그중 하나는 그 사례에 관련하여 어떤 새로운 진전이 있었는지 알게 되는 것이다. 또 하나는 그 증인의 증언이 시간이 가도 그대로인지 아는 것이다. 마지막으로, 그 주인공의 뒤이은 삶과 성장을 평가할 수 있다. 스티븐슨 박사는 수십 년간 어떤 사례를 추적 연구를 했고, 그렇게 함으로써 주인공들의 성장 과정을 지켜볼 수 있었다.

한 사례를 조사하고 나서 일정한 기준을 충족하면, 대학에 있는 파일에 등록된다. 이 기준은 우리가 논의한 여러 가지 경우를 포함한다. 이 기준에 따른 사례는 적어도 다음 중 두 가지 경우를 충족해야 한다.

1. 재탄생에 대한 예언: 단지 "나는 다시 태어날 것이다"와 같은 진술이 아닌 구체적인 세부 사항이 포함된 진술이 필요하다(예를 들어 다음 부모에 대한 선택).
2. 태몽.

3. 전생과 관련된 모반이나 선천적 결함: 아무런 반점이나 손상(흠)은 안 된다. 또한, 모반이나 선천적 결함은 탄생 즉시, 또는 몇 주 후에 바로 알려져야 한다.
4. 주인공이 아이여야 하고 진술은 전생에 관해서 이루어져야 한다: 이러한 것들에 대한 기록은 주인공에게만 의존해서는 안 된다. 적어도 한 사람의 어른(예를 들어, 부모나 손위 형제자매)이 아이인 주인공이 전생에 관해 얘기했다는 사실을 확증해야 한다.
5. 주인공은 이전 생 인물의 개성이나 물건을 익숙하게 알아본다.
6. 주인공에 의해 자행된 이상한 행동: 즉, 주인공이 집안에서 보였던 특이한 행동이나 이전 생 인물이 보여준 유사한 행동과 명백히 일치하는 특이한 행동, 또는 추측할 수 있는 행동(예를 들어, 만약 이전 생 인물이 치명적인 총상을 입은 경우 소형화기에 대한 공포증)을 보여야 한다.

어떤 기준도 모든 상황에 완전히 들어맞을 수는 없다. 내가 염려하는 한 가지는, 아이가 진술한 내용이 충분히 인상적이어서 기준이 되는 다른 특성이 하나도 없는 상황이라도 우리가 그것을 하나의 사례로 인정하고 싶을 때가 있다는 것이다. 물론 반대의 상황도 일어날 수 있겠다. 어떤 사례의 경우에는 이러한 기준을 충족시키는데도, 우리가 그것을 수집 목록에 포함시키고 싶지 않을 수도 있다. 그러나 전반적으로, 이러한 기준은 우리에게 적합하다. 그리고 나는 이 기준이 우리의 사례집에 포함되는 요구 조건을 분명히 해주리라 생각한다.

이러한 기준은 사례들의 강도에 있어서 광범위한 다양성이 존재할 수 있다는 것을 보여준다. 어떤 사례들은 뭔가 이상한 일이 일어났다는 설득력 있는 증거를 제시하는 반면, 다른 경우에는 증거들의 설득력이 훨씬 더 부족하다. 이러한 사례들의 강도는 관찰자의 시각에 의해 좌우되는 경우가 많다. 그러나 우리는 가능한 한 많이 수집하는 것이 중요하다고 생각한다. 그래야 관찰자가 판단의 기반이 되는 최상의 정보를 갖게 된다.

각각의 사례에서, 연구자는 각 사례에 대한 여러 가지 세부 사항을 묻는 8페이지 분량의 등록 양식을 기입한다. 그 등록 양식의 파일에는 또한 다양한 취재 기록과 더불어 입수한 모든 사진과 기록들이 첨부된다. 거기에는 모든 사진과 입수한 모든 기록이 첨부된다. 어떤 시점에서, 이 모든 정보는 컴퓨터 데이터베이스에 입력할 수 있도록 코딩 형식으로 변환된다. 그것은 컴퓨터에 입력될 수 있도록 200개의 변수로 값이 매겨진다. 주인공의 고향에서부터 아이들의 진술에 대한 부모들의 첫 반응, 주인공의 가족과 이전 생 인물 가족 사이의 지역적 거리, 그리고 수십 가지의 다른 사소한 항목에 걸쳐 있다. 이러한 정보를 데이터베이스에 입력함으로써, 각각의 사례들을 개별로 놓고 보았을 때는 관찰되지 않던 사례들의 특징을 그룹으로 발견할 수 있다. 그것을 알 수 있는 이유는 컴퓨터에 421건의 인도의 모든 사례가 입력되어 있고, 나는 단지 그 아이템의 빈도 수만 조사하면 되기 때문이다. 이 과정은 노동집약적이다. 모든 사례를 데이터베이스화하는 것은 몇 년이 소요된다. 지금까지 우리는 2,500건의 사례 중에서 1,100건을 컴퓨터 데이터베이스에 입력했다. 여기에는 인도의 모든 사례가 포함된다. 그러나 태국과 미얀마의 사례들은 두 나라를 합쳐서 수백 건이나 되는데도 아직 거의 입력하지 못했다. 나는 이 1,100건의 사례들을 근거로 때때로 통계 숫자를 제공하겠다. 그러나 우리는 이것들이 2,500건의 사례 모두를 반드시 대표하는 것은 아님을 기억해야 한다. 이후 몇 년에 걸쳐 더 많은 사례의 코드화를 진행함에 따라, 우리는 그 현상에 대해, 심지어 연구자들이 수년 전에 조사한 사례들에 대해서까지도 더 많은 것을 배우게 될 수 있을 것이다.

chapter

3

환생을 믿지 않는 일반론

A Scientific Investigation of
Children's Memories of Previous Lives

Life before Life

오하이오에 사는 네 살배기 여자아이인 애비 스완슨은 어느 날 저녁, 목욕 후에 엄마에게 다음과 같이 말했다. "엄마, 엄마가 아기였을 때 내가 항상 목욕시켜주었지." "정말이니?"라고 엄마가 물었다. "응. 엄마는 울었잖아." 애비는 대답했다. "내가 그랬니?" 엄마가 말했다. "응, 내가 엄마의 할머니였어." 애비가 말했다.

"그래, 이름이 뭐였니?" 엄마가 다시 물었다. 엄마는 애비가 그 물음에 손가락으로 입술을 가볍게 두드리며 생각에 잠기는 것을 보고, 머리카락이 곤두섰던 걸 기억한다.

"루시?…… 루디?…… 루디." 마침내 애비가 말했다. 루디는 애비의 외증조할머니 이름이었기 때문에, 엄마는 좀 더 물어보려 했으나 애비는 그 외의 것은 더 말하지 않았다.

외증조할머니는 애비가 태어나기 9년 전인 1985년에 돌아가셨다. 외증조할머니는 20명의 손자를 두었는데, 애비의 엄마는 다른 손자와 달리 외증조할머니 가까이에서 친밀하게 지내며 살았다. 애비의 엄마가 10대였을 때 약간의 충돌이 있었으나 성인이 된 후로는 별 문제 없이 잘 지냈다.

애비의 엄마는 아이들에게 외증조부모에 대해서 자주 언급했으나, 이름을 말한 적은 없었다. 그리고 그날 저녁 그 일이 있기 전까지 적어도 여섯 달 동안은 외증조부모에 대해 얘기한 적이 없었다. 게다가 애비의 외증조할머니는 웨스트코스트에 살았었고 애비가 외증조할머니에 대해 알 만한 정보의 출처는 없었다. 나중에 엄마는 애비의 외할머니에게 연락해 외증조할머니가 진짜로 자신을 목욕시켜주었는지 확인했다. 애비의 외할머니는 그것이 사실이었다고 확인해주며 애비의 엄마가 아기였을 때 목욕할 때면 크게 울곤 했다고도 말했다.

애비의 엄마는 애비가 외증조할머니의 이름을 결코 들은 적이 없다는 것을 확신했다. 며칠 후에 애비의 엄마가 외증조할머니 이름이 뭐였냐고 다시 물었을 때, 애비는 기억하지 못했다. 그날 저녁 애비에게 찾아왔던 그 기억들이 그날 이후로는 떠오르지 않았다.

이것을 어떻게 해석해야 할까? 더욱 강력한 사례들도 살펴보겠지만, 애비의 사례는 간단명료하여 아이들의 사례에 대해 어떤 설명들이 가능한지를 탐험하는 데 사용할 수 있다. 우리는 과학적 호기심으로 사례들에 접근한다. 우리의 일은 이 현상을 연구하여, 각 사례에 대해 가장 그럴듯한 설명을 해보는 것이다. 특히 한 사례가 초자연적인 사건인지 아닌지에 대한 질문(현대 과학으로는 설명할 수 없는 사건)은 항상 존재하며 그리고 여러모로 우리의 연구에서 가장 중요한 질문이다. 이 질문은 가끔 대답하기가 불가능할 때가 많다. 한 아이가 전생을 기억한다고 주장할지도 모른다. 그러나 자기가 보통의 수단으로는 알 수 없는 그 삶에 대해서 어떠한 정보도 주지 않는다. 그런 경우라면, 우리는 아이가 자기가 기억한다고 주장하는 이전 생 사람의 환생이라고 말할 수 없다. 그렇지만 환생을 뒷받침할 만한 증거가 하나도 없다는 결론에 도달하더라도 우리는 아이의 진술이 거짓이라고 확실히 말할 수는 없다.

우리는 가능한 한 전생 기억에 관해 많은 것을 알고자 하는 자세로 각 사례에 접근한다. 그것이 사실인지 아닌지 마음을 이미 정하고서 사례에 접근하지는 않는다. 우리는 아이와 작고한 인물 사이에 초자연적인 고리가 존재할 수도 있고 어떤 고리도 존재하지 않을 수 있다는 모든 가능성에 열려 있다.

양 극단으로서 차별화되는 이런 태도는 과학적 연구를 하는 데 있어 필수적이다. 환생을 믿는 한쪽 끝의 사람들은 그들의 굳게 움켜쥔 신념을 지지하는 재탄생의 주장을 빨리 받아들일지 모른다. 다른 한쪽 끝에서는, 물질 우주만이 존재 가능하다고 믿는 사람들("전문적인 회의론자"라 불리는 사람들을 포함해서)이 그들의 관점에 도전하는 어떤 주장이든 물리칠 것이다. 과학 분야에 종사하는 많은 사람들이 극도로 종교적인 사람들의 독단만큼이나 굳건한 관점을 견지하더라도, 꽉 움켜쥔 신념으로 판단하는 것은 건전한 과학적 연구에 도움이 되지 않는다.

그러므로 우리는 모든 가능성에 열려 있다. 이는 아이가 전생 기억을 주장할 때, 아이가 진실을 얘기하고 있을지도 모른다고 생각하는 것을 뜻한다. 다른 한편으로는, 아이가 환상에 빠져 있거나 어른들이 아이의 진술을 오해했을지도 모른다. 우리는 어떤 시나리오가 가장 그럴듯한지 결정하려 한다. 이것이 우리의 자세이긴 하지만, 나는 이 책을 쓰면서, 한 아이의 전생 기억이 "가정"이라거나 "주장"이라고 항상 말하지는 않겠다. 이것은 작자나 독자 모두에게 성가시고 화나는 일이 될 것이고 불필요하다. 왜냐하면, 나는 그 사례들에 대한 접근방식을 이미 솔직히 털어놓았기 때문이다. "전생 기억"이라는 용어를 쓸 때마다 특별히 따옴표 안에 넣어 애매함(미확인 사실이라는 점)을 표시할 수도 있겠지만, 그 또한 마찬가지로 피곤을 가중시킬 뿐이리라.

나는 그 기억들이 실제로 전생의 것임을 뜻한다면 어떤 상황이 무얼 뜻하는지에 대해 때로 심사숙고하겠다. 이것은 그 기억들이 실제로 전생에 대한 것이라고 결론지었다는 것을 뜻하는 것은 아니지만, 나는 우리가 흥미라는 매력적인 영역을 피하지 않았으면 한다. 왜냐하면, 우리가 아직은 하나의 또는 다른 가능성에 대한 결정적인 증거에 도달하지 못했기 때문이다.

가능한 설명에는 두 가지 기본 유형이 있다. 즉, 사례들은 일반적인 과정이나 초자연적 현상에 연유한다. 다음의 목록은 우리가 고려해볼 만한 다양한 설명들에 대해 다룬 것이다.

일반적인 설명들

| 기만 |

기만이란 애비의 엄마가 일어난 일에 대해 일부러 거짓말을 했다는 것을 뜻한다. 이론적으로는 가능하다. 애비는 2년이 지난 뒤 우리를 만났을 때, 그날 저녁을 기억하지 못했다. 그 얘기를 입증해줄 다른 증인들도 없었다. 만약 그럴만한 이유가 있다면, 그런 얘기를 지어낼 사람도 있을 것이다. 이것이 가족들을 직접 취재한 사례들만을 우리가 보고하는 이유다. 우리는 취재할 때, 그들의 신뢰도를 판단하려고 노력한다.

방대한 수의 사례들에서 기만이라고 설명할 때의 문제점은, 가족들이 그런 얘기를 지어낼 이유가 전혀 없다는 것이다. 애비의 엄마도 물론 그럴 이유가 없었다. 그녀가 우리에게 연락해 얻는 단 한 가지는 자신의 집에 쳐들어온 정신과 의사와 심리학자에게 수많은 질문을 받는 것이다. 그녀가 이 두 이방인의 관심을 무척이나 끌고 싶었다면 모를까 거짓말을 할 아무런 동기가 없다. 그녀가 환생을 믿었다 해도, 남편은 믿지 않았으며 우리가 방문한 것에 대해 열광하는 것 같지도 않았다. 남편이 속으로 불만을 품고 있었던 것 때문이라도, 그녀는 우리에게 연락했을 때 아마 더욱더 얘기를 지어내고 싶지 않았을 것이다. 비슷하게, 다른 나라에서의 사례들에 연관된 사람들은 아무런 물질적 혜택도 얻지 않는다. 비록 주인공의 가족들이 이전 생 인물의 가족들에게서 선물을 받아내려고 시도하는 경우가 드물게 있긴 하지만, 거의 모두가 평범하고 괜찮은 사람들로 보인다. 가족들은 단지 어떤 기묘한 일들을 얘기한 아이를 두었을 뿐이다.

더구나 애비의 사례는 평범하지 않다. 왜냐하면, 증인이 단 한 사람뿐이기 때문이다. 다른 사례에서는 다수가, 여러 명의 가족 구성원과 친구들이 아이가 전생에 대해서 말하는 것을 들었다. 그뿐만 아니라 이전 생 인물의 몇몇 가족 구성원들 또한 나중에 아이의 진술을 들었다. 기만 판정을 받으려면 어떤 음모가 있어야 할 텐데, 가족들이 사례 덕에 잠시 화제에 오르게 될지라도, 이 공들인 사업에 관련된 모든 사람에게 아무런 이득이 없으므로 기만이라는 시나리오는 매우 가능성이 없어 보인다.

또 다른 기만 가능성은 연구원들이 사례를 조작하는 것이다. 아이들을 만났다는 사실을 우리는 알지만, 이 책을 읽는 독자는 모른다. 그러나 우리 사무실의 서류장에 꽉 찬 현장 기록들이 취재가 이루어진 사실을 입증한다. 게다가, 누구라도 스티븐슨 박사가 쓴 사례들을 읽으면(그는 사례들의 강점과 더불어 약점도 강조했다), 그가 이러한 사례들의 의의를 잘못 판단했을지언정, 기만한 건 아님을 이해할 것이다. 또 하나, 연구원의 기만에 대한 실질적인 이의를 제기하자면, 우리 중 여섯 명의 연구원이 사례 연구서를 출판했다는 것이다. 만약 연구원들이 기만한 것이라면, 연구에 있어서 불성실한 경향이라고는 전혀 보이지 않았던 여러 명의 전문가가 함께 짜고서 조작했다는 말이 될 것이다. 그러므로 이 사례가 기만으로 분류될 가능성은 아주 낮다.

| 환상 |

환상이라는 시나리오에 따르자면, 애비가 엄마를 목욕시켰다는 이야기는 지어낸 것이어야 한다. 우리는 아이의 진술이 증명되지 않은 사례들, 즉 미결 사례들에서 이 가능성을 고려해볼 필요가 있다. 대다수 미국의 사례들에서는 아이들이 이전에 살았던 때에 대해서 말했다. 그러나 이름은 하나도 대지 않았기 때문에, 그들의 진술이 증명되지 않은 채 남아 있다. 어린아이가 이런 식으로 상상에 빠지는 것은 이상하다고 여길 수도 있다. 특히 부모가 환생의 개념에 대해 반감이 있다면 더욱 그렇다. 만약 아이가 이야기에 감정적으로 몰두해 들어가면 더욱 이상하다. 그러나 아이가 정확하다고 입증할 수 있는 정보를 알려주지 않는 한, 환상을 제쳐놓을 수는 없다.

물론 애비를 포함해서 이러한 아이들 다수가, 보통의 수단으로는 입수할 수 없는 정보를 들려주었다. 그래서 설명의 일환으로 환상에 우연함이 더해진다. 애비의 사례를 예로 들면, 순전히 우연하게 외증조할머니의 이름이 아이의 입에서 튀어나왔다는 것을 뜻한다. 아이는 올바른 이름을 대기 위해서 두 번의 시도를 해야 했으니, 성공의 기회가 두 배가 되었다. 그러나 아이가 말할 수 있었던 모든 가능한 이름들을 고려해본다면, 두 배의 기회를 준다 해도 옳은 이름을 성공적으로 고를 확률은 꽤나 승산이 없다.

우연을 지지하는 사람들은 "속단하지 마라"라고 할 것이다. 그들은 정확한 이름을 말하기까지는 수많은 시도가 있었으리라는 사실을 우리가 간과했다고 주장할지 모른다. 이 경우에 애비가 외증조할머니의 이름을 정확히 추측해낼 수 있었다는 생각은 믿기 어려운 일처럼 보인다. 그러나 애비가 정확한 이름을 생각해내지 못했다면 우리는 그 사례를 들을 수 없었으리라. 만약 여러분이 한 번의 성공을 위하여 백만 번의 실패가 있었다는 사실을 알지 못한다면 백만 분의 일 확률의 어림짐작은 단지 놀라운 것으로 보일 것이다. 예를 들어, 전혀 일어날 것 같지 않은 당첨 확률 때문에 누군가가 복권에 당첨된다는 사실은 놀라워 보일지도 모른다. 그러나 아주 많은 사람이 참여하기 때문에 매주 누군가가 당첨된다. 만약 승률이 이백만 분의 일이고 이백만 명 이상의 사람들이 참가한다면, 우리는 어떤 사람이 당첨되는 것에 놀라지 않을 것이다.

어떤 이름을 정확하게 맞출 확률은 그것보다는 확실히 높다. 왜냐하면, 수백만이 아니라 수백 가지의 이름이 있기 때문이다. 그러나 우리가 그것의 궁극적인 결말을 본다면 이 논쟁은 심각한 곤경에 처하게 된다. 수백 명의 미국 아이들이 자신이 본인의 외증조할머니였다고 부모에게 말했으나, 우리 연구진들이 확인한 유일한 사례는 애비네 가족뿐이었다. 왜냐하면, 다른 아이들은 부정확한 이름을 댔기 때문이다.

그밖에 1장에서 언급한 수잔 가넴의 사례가 있다. 아이는 정확하게 전생에 알았던 25명의 이름과 이전 생 인물과의 관계를 지적했다. 반면에 부정확한 이름은 딱 하나였다. 부모에게 전생을 설명하면서 25명의 이름을 정확하게 지적한 아이들이 수백만이나 있다면 모를까, 또 수잔의 운이 좋아서 정확한 이름들을 댈 수 있었을 거라고 생각한다면 모를까, 그렇지 않다면 그렇게 많은 이름을 우연히 알아맞힐 확률은 제로에 가까울 만큼 낮을 것이다.

고유한 이름을 맞히는 사례들은, 우연한 일치 논쟁을 부조리하게 만든다. 그러나 어떤 사례들은 명백히 우연한 일치에 기인해 보인다. 만약 어떤 아이가 전생에 대해서 일반적인 이야기만 하고 전생의 특별한 지역을 언급하지 않는다면, 일치할 가능성은 매우 높을 것이고 아이가 묘사한 전생의 인물과 삶이 비슷하게 보이는 고인이 순전히 우연하게 발견될지도 모른다. 아이가 장소를 지적했다 해도, 만약 구체적인 내용을 거의 주지 않는다면, 여전히 우연은 가능하다. 만약 한 아이가 "나는 캘리포니아에서 죽은 남자였다"고 말한다면, 그때는 수많은 인물이 그 설명에 명백히 들어맞을 것이다.

앞으로 살펴보겠지만, 이 사례들은 그것보다는 훨씬 많은 정보가 필요하다.

| 보통의 수단을 통해 얻어진 정보 |

'보통의 수단을 통해 얻어진 정보'란 아이가 전생의 정보를 보통의 수단을 통해 알았는데, 그 출처를 잊어버렸다는 설명이다. 애비의 사례를 예로 들자면, 애비가 언젠가 외증조할머니의 이름을 들었다가 엄마가 그랬던 것처럼 나중에 그 일은 잊어버렸지만 이름은 잊지 않았다는 것을 뜻한다. 이 주장은 설득력이 있다. 우리는 가끔 어떤 사실들을 알지만, 언제 그것을 알게 됐는지 기억하지 못한다. 그러나 이 사례의 경우, 애비의 엄마는 애비가 외증조할머니의 이름을 듣지 않았다고 확신했고, 또한 애비는 너무 어려서 어떤 관련 문서에서 그 이름을 읽었다고 볼 수는 없었다. 애비가 태어나기 9년 전에 돌아가신 외증조할머니의 이름을 애비가 알고 있으리라는 생각은 그럴듯해 보이지 않는다. 대부분의 네 살배기 아이는 그들의 작고한 외증조할머니의 이름을 알지 못한다. 어른인 우리 대부분도 그 이름을 알지 못한다.

이방인이 포함된 사례들과 비교하면, 아이와 이전 생 인물이 같은 가족인 애비의 사례 같은 경우에는, 보통의 수단을 통해 정보를 얻을 가능성이 더 크다. 이전 생 인물에 관해 뭔가를 우연히 듣지 않았다고 확신하기는 어려울 수 있다. 애비가 어떤 시점에서 외증조할머니의 이름을 들었다고 하더라도, 이 시나리오로는 왜 나중에 자기가 외증조할머니였다고 생각하게 되었는지 그리고 왜 자기가 엄마를 목욕시켰다는 기억이 떠올랐는지 설명이 되지 않는다. 우리는 어린아이들이 공상 놀이에 빠진다는 것을 알지만, 그래도 그 시나리오는 유별난 가상 게임인 것 같다.

더욱 중요하게 이 설명은 수 마일이나 떨어져 살았던 작고한 인물들에 관한 구체적인 내용을 많이 제공한 아이들의 사례들을 설명해야 한다. 그런 사례에서는 그 아이들이 그 정보를 접할 가능성이 있는 기회는 전혀 없어 보인다. 게다가, 무엇이 그들을 사로잡아 전생에 이방인이었다고 생각하게 할 수 있는지 추측해보아야 한다.

애비의 사례에서, 이 시나리오는 그럴듯하지 않지만 가능하다. 왜냐하면, 애비의 엄마가 절대 말하지 않았다고 확신하는데도 불구하고, 아이가 자기의 외증조할머니의 이름을 어느 시점에서 들었을 수 있기 때문이다. 그러나 다른 많은 사례에서는 본질적으로 불가능한 일이다.

| 정보 제공자의 잘못된 기억 |

애비의 엄마는 애비와 그날 저녁에 나눈 대화를 잘못 기억하고 있는지도 모른다. 이에 맞서는 주장은 애비의 엄마가 외증조할머니의 이름을 애비에게 묻고는 대답을 기다렸다 들었을 때, 그것의 의미심장함을 알았다는 사실이다. 이것은 애비의 엄마가 큰 압박 아래 있었을 때, 뜻밖에 일어난 일이 아니다. 범행 현장에서 증인의 경우와 같이, 목격자가 그러한 상황에서는 불완전할 수 있다는 것을 알아차리더라도, 우리는 여전히 그의 증언을 이용하여 사람들에게 유죄를 선고한다. 애비의 엄마는 애비가 방금 한 전생 주장과 관련한 확실한 증거를 정확하게 기억할 기회를 높이면서, 큰 기대를 하고 기다렸다가 들었다.

이처럼 정보 제공자가 잘못 기억했을 가능성이 다수 사례의 일반적인 설명이다. 우리가 나중에 가서야 문제로 떠오른 아시아의 사례들을 아직 참고하지 않았기 때문에 그렇다. 가족들이 다음과 같이 보고했던 수많은 사례가 발견되었다. 즉, 아이가 전생에 대한 다수의 구체적인 내용을 말했는데, 이전 생 인물이 살았던 마을의 이름도 들어 있다. 아이의 가족은 아이와 마을을 찾아갔다. 아이는 이전 생의 가족이나 이전 생 인물이 소유했던 물건을 알아보았다. 어떤 사례에서는, 아이가 한두 사람만이 알고 있는 특별한 물건이 놓인 위치에 대해서도 상세하게 말했다.

비판하는 사람들은 가족들이 사건을 부정확하게 기억하고 있음이 틀림없다고 말했다. 그들의 주장은 이렇다. 환생을 믿는 어떤 문화에 속한 아이가 전생에 사는 공상에 잠긴다. 그리고 거기에 대해 가족에게 이야기한다. 전생이 있음을 입증하고자 갈망하고 있는 부모들은, 아이가 말한 일반적인 특징을 닮은 삶을 살았던 고인이 있는 또 다른 가족을 찾는다. 두 가족은 만나서 정보를 나눈다. 그들은 고인이 다시 태어났다고 확신하게 된다. 그들은 다른 사람들에게 그 일을 이야기한다. 조사원이 사례를 조사하러 왔을 때, 양가의 가족들은 이전 생 인물에 대해 아이가 실제로 말한 것보다 훨씬 더 많은 정보를 말하면서 아이를 보증한다.

그럴 가능성은 있다. 왜냐하면, 연관된 마을 사람들이 아이가 말한 것에 대해 글로 써서 기록을 남기지 않기 때문이다. 그리고 연구원들이 종종 두 가족이 만난 후에만 사례를 접하기 때문이다. 이와 관련하여 많은 예외의 경우가 작성되었다.

예를 들어, 인도의 비센 찬드 카푸어의 사례가 있다. 최초 연구원은 그 사례가 해결되기 전에 남자아이가 말한 것을 기록했다. 비셴은 이전 생 인물의 아빠 이름(비록 비셴은 자기 삼촌이라고 언급했지만), 카스트(계급), 살았던 도시(비셴의 집에서 30마일 떨어진), 미혼이었다는 사실, 6학년까지 강 가까이에 있는 국립고등학교에 다닌 사실, 우르두어, 힌두어, 영어를 알았던 것, 제단이 있는 방과 남녀용으로 분리된 호화로운 방들을 갖춘 2층 건물로 된 집에 대한 묘사, 포도주에 대한 대단한 애호, 로후 물고기, 그리고 춤추는 소녀들, 녹색 대문이 있는 집에 사는 이웃의 이름인 순데르 랄을 포함한 진술들을 했고, 그것들은 들어맞았다. 그러나 이전 생 인물이 죽을 때의 나이가 틀렸다(이전 생 남자는 서른두 살에 죽었는데, 비셴은 스무 살이라고 함). 그리고 이전 생 남자가 살았던 도시의 구역명이 틀렸다. 그 도시에 비셴을 데려갔을 때, 오래된 사진 속에서 이전 생 인물과 아빠를 알아보았고, 또한 일곱 군데의 장소를 식별해냈다. 비셴은 심지어 이전 생 인물의 아빠가 금화를 숨겨놓은 방을 알아냈는데, 그 금화들은 비셴이 위치를 알려줬을 때에야 찾을 수 있었다.

모두 30가지 이상의 사례에서 이전 생 인물이 확인되기 전에 받아쓴 기록이 작성되었다. 우리는 다음 장에서 그중 몇 가지 사례를 살펴보겠다. 이 숫자는 그때까지 수집한 사례 중 2,500분의 1퍼센트를 간신히 넘었다. 잘못된 기억의 시나리오는 우리가 다른 99퍼센트의 사례들을 무시해야 한다는 뜻일까?

앞서 언급했듯이, 우리는 인간의 기억이 절대 틀림없는 것은 아니라는 것을 안다. 그렇다고 그 기억이 가치가 없다는 것을 의미하지는 않다. 반대로, 우리는 많은 상황에서 기억에 큰 가치를 부여한다. 이러한 사례들의 양상이 여기에 가치를 둘 것을 주장한다. 전생을 기억하는 아이들은 부모에게 전생에 대해 애비가 그랬듯이 한 번만 이야기하는 게 아니다. 하고 또 하고 그들의 전생 기억에 관한 주장을 되풀이한다. 부모들은 때로는 아이를 이전 생의 장소에 데려간다. 아이들이 그곳에 가자고 조르고 졸라 지치게 하기 때문이다. 부모들은 이전 생 인물의 가족을 전혀 만나지 않고도 아이가 주장하는 것에 대해 정확히 알 수 있는 많은 기회가 있었다.

다수의 사례에서, 복수의 증인들이 두 가족이 서로 만나기 전에 아이들의 전생 얘기를 들어왔다. 아이들이 몇 년 동안이나 전생 기억에 관해 강조하여 얘기해왔기 때문이다. 정보 제공자의 잘못된 기억이라는 시나리오가 성립하려면, 많은 사람이 아이들의 진술을 잘못 기억하고 있어야 한다.

우리는 또한 아이가 가족이 전혀 모르는 이방인이었다고 주장할 때, 부모가 진술과 들어맞는 삶을 산 고인의 가족을 확인하려면 아이는 부모에게 충분히 세밀한 정보를 제공해야만 한다는 것에 주목해야 한다. 이것은 종종 사람의 이름이나 장소, 상당한 수의 구체적인 내용을 의미한다. 그 가족들이 서로 만나기 전에 아이의 진술에 대해 불완전한 기억이 있을지라도, 그러한 진술은 다수의 특이한 내용을 포함하고 있을 것이다.

잘못된 기억이라는 설명과 크게 관계가 없는 다른 사례들도 존재한다. 예를 들면, 두 가족이 만나기 전에 작성된 진술 기록이 있는 사례들이다. 또한, 아이가 이전 생 인물이 고통받은 상처와 일치하는 모반이나 선천적 결함을 가지고 태어났다는 사실을 부검 보고서로 확증한 사례는 분명 잘못된 기억에 속하지 않는다.

그러한 특징이 아니더라도, 다수의 사례에서 보이는 다른 구성 요소들은 중요하므로 염두에 두어야 한다. 이전 생의 가족에 대한 강렬한 감정적 열망, 이전 생 인물의 사인과 관련이 있는 오랜 공포증, 그리고 별난 취향은 이러한 사례의 일부분이 될 수 있다. 그리고 그것들은 특정한 상황에 대한 가족들의 기억에 의존하지 않는다. 애비의 사례는 이런 특징이 전혀 없으므로, 정보 제공자의 잘못된 기억 가능성이라는 일반적 설명이 다수의 다른 사례에서보다 그럴듯하다. 다른 한편으로, 애비의 사례는 미국 내의 그와 같은 다른 수십 건의 사례들과 함께, 환생에 대해 믿지 않는 문화권에서도 아이들이 전생에 대해 말할 수 있다는 것을 보여준다. 이것이 아시아 문화권에서는 환생에 대한 믿음이 우세하기 때문에 사례가 더 쉽게 만들어진다는 '잘못된 기억'을 주장하는 측의 발판을 잃게 한다. 환생에 대한 엄마의 믿음이 애비에게 영향을 끼쳤을지도 모른다고 생각할 수 있다. 그렇다고 해도 우리는 환생을 믿지 않는 부모를 둔 많은 미국의 아이들이 왜 자신이 환생했다고 생각하는지에 대한 의문을 갖게 된다. 그리고 애비가 환생했다고 생각할 뿐만 아니라 전생으로부터 정보를 가져왔다는 사실을 어떻게 이해해야 할까?

애비의 엄마가 기억을 잘못했다고 생각한다면, 우리는 다른 거의 같은 미국 내 사례들에서의 가족들 또한 그렇다고 추측해야 한다. 최근에 나는 한 엄마와 통신했는데, 두 살 반 된 딸이 어느 날 "내가 너의 엄마야. 너의 엄마 데비란다."라고 말했다고 한다. 그 엄마는 25년 전에 세상을 떠난 자신의 엄마 이름을 이제 걸음마를 시작하는 딸에게, 더구나 성이 아닌 이름을 알려준 적이 있다고는 생각할 수 없었다. 다른 사례에서는, 한 여자아이가 두 살 반, 혹은 세 살 때에 엄마에게 말했다. "내가 너의 할머니란다. 그래 나는 걸을 수가 없구나." 아이의 가족은 아이에게 외증조할머니가 소아마비로 걸을 수 없었다고 결코 말하지 않았다고 했다. 네 번째 사례에서는, 한 세 살배기 여자아이가 세 살 때 입양됐던 할머니에게 "네가 우리 집에 같이 살려고 왔을 때, 너는 지금의 나처럼 아주 어렸단다"라고 말했다. 그 후로도 여러 번 자신이 외증조할머니였다고 말했다. 그 아이의 할머니는 다른 사례들의 증인들처럼 어리벙벙했다. 우리는 그들이 모두 이러한 매우 특별한 얘기에 관해 잘못된 기억을 가졌다고 생각할 수 있을까?

| 유전인자의 기억 |

'유전인자의 기억'이라는 설명은, 단지 설명의 두 카테고리, 즉 보통의 수단과 초자연적인 수단 사이에 다리를 놓아 통합하기 위해서 여기에 포함되었다. 왜냐하면, 그것은 주류 의학계에서 인정하지 않는 '보통의' 과정을 포함하기 때문이다. 유전인자의 기억은 사람들이 받아들인 지식이 자손들에게 유전자를 통해 전해질 수 있다는 개념이다. 정보가 개인의 세포들 안에서 유전적 구조를 어떻게 바꿀 수 있는지는 알려지지 않았고, 의학계 사람들 대부분은 그것이 가능하다고 믿지 않는다. 우리가 그러한 전달이 가능하다고 인정하더라도 유전인자의 기억에 대한 명백한 문제는, 사례의 다수가 전생을 기억하는 아이와 이전 생 인물이 서로 관련이 없다는 것이다. 어떤 사람들은 우리는 모두 어떤 식으로든 약간은 연결이 되어 있다고 생각할 것이다. 그러나 그 사람의 유전자에 존재하는 어떤 기억을 갖기 위해서는 아이가 연결되어 있을 뿐 아니라 이전 생 인물의 직접적인 후손이어야 할 것이다. 많은 사례가 그런 상황을 보여주는 것은 아니다. 그러므로 유전인자의 기억으로는 환생을 설명할 수 없다. 물론 애비의 사례에서 아이는 외증조할머니의 직계 후손이다. 그러나 애비의 엄마를 목욕시켰던 외조증조할머니의 기억은 그녀가 애비의 엄마를 낳고 난 이후의 것이므로 그 기억들은 애비가 받은 유전자에 포함되었을 수 없다.

초자연적인 설명들

초자연적 감각은 일반적인 과학적 해석 너머에 있는 어떤 것을 의미하기 때문에, 어떤 독자들은 이와 관련한 모든 시나리오를 불합리하게 여길 것이다. 그러한 독자들은 초심리학에서 해온 방대한 연구를 알지 못할 것이다. 그 연구는 여기에서 다루지 않겠다. 그러나 우리가 이러한 사례들에 대한 가능한 설명으로 환생을 고려해보려 한다면, 우리는 다른 초자연적인 가능성에 대해서도 고려해야 할 것이다.

| 초감각적 지각 |

이름에서 알 수 있듯이, 초감각적 지각, ESP는 육체적 감각이 아닌 다른 감각에 의한 인식으로, 몇 가지 유형이 알려져 있다. 어떤 사람은 텔레파시라는 초자연적 수단으로 다른 사람의 마음으로부터 정보를 얻는다. 애비의 사례에서는, 애비가 엄마의 마음을 읽어 외증조할머니의 이름을 생각해냈다고 볼 수 있다. 또 하나의 유형은 투시력이다. 어떤 사람은 다른 사람의 마음을 읽지 않고도 초자연적 방법으로 정보를 얻는다. 예를 들면, 차 열쇠와 같은 물건들을 손으로 만진 후에 물건 주인에 관한 세부 사항을 알 수 있는 사람은 그러한 정보들이 대상의 외양으로부터 추론될 수 없는 한, 투시력자다.

수퍼프사이superpsi 개념은 개인이 ESP, 즉 프사이psi(ESP를 프사이라고도 부른다)를 통해, 알 만한 것은 무엇이든 본질적으로 알 수 있음을 뜻한다. 이는 애비가 엄마에 의해서가 아닌 외증조할머니의 이름을 알고 있는 누군가에 의해 이름을 알 수 있었음을 나타낸다. 산 사람이 다 모르더라도 어딘가에 씌어 있기만 하다면, 투시력으로 그 이름을 알 수 있다. 이 개념에 의하면 프사이는 아주 강력해서 육체적인 죽음 뒤에도 살아 있음을 암시하는 모든 증거를 증명한다고 주장한다. 영매가 누군가에게 작고한 수지 아주머니가 말하는데, 뒷마당의 나무 아래 돈이 들어 있는 상자가 묻혀 있다고 한다면, 그리고 그 사람이 상자를 파낸다면, 수퍼프사이 가설은 영매가 수지 아주머니의 영혼과 대화를 해서 그 상자에 대한 정보를 알았다고 설명하는 것이 아닌 투시력을 통해 얻었다고 설명하리라. 나중에 확인될 수 있는 정보는 어떤 것이든 수퍼프사이를 통해서도 얻을 수 있다.

수퍼프사이 논점의 한 가지 문제점은, 그것이 너무 광대하여 어떤 것에 대해서도 설명할 수 있다는 것이다. 수퍼프사이가 사람들이 알 만한 어느 것에든 대입될 수 있기 때문에 실험으로 가설을 반증할 수도, 또한 증명할 수도 없다.

텔레파시, 투시력, 수퍼프사이 등의 가능성을 받아들인다 해도, 프사이 설명은 일반적인 설명 그룹의 여러 갈래처럼, 한 사례의 일부를 설명할 수 있을 뿐이다. 그것은 애비가 외증조할머니의 이름을 어떻게 생각해낼 수 있었을지 설명해줄지도 모른다. 그러나 왜 애비가 외증조할머니였다고 생각했는지는 설명할 수 없다. 이 사례들 다수에서 나타나듯이, 전생을 확인하는 대단히 강렬한 감각은 단지 초자연적 지식이 아닌 그 이상의 것이다. 즉, 정말로 그것은 다른 사람으로 살았었다는 감각을 보여주는 것이다. 아이들이 전생에 대해 표현한 정보는 한 개인, 즉 이전 생 인물의 관점에서 온다.

프사이 설명은 또한 모반의 사례들에는 적용되지 않는다. 사례의 주인공과 고인에게 있던 상처나 모반, 선천적 결함이 일치함을 밝힌 책《환생과 생물학》의 225건의 사례들을 고려한다면, 우리는 모반에 대한 별개의 설명이 필요하다. 만약 우리가 그러한 아이들의 진술이 프사이에 기인한다고 판단한다면 말이다.

아주 드문 예외는 있지만, 이러한 문제점들과 더불어 아이들은 결코 어떤 다른 초자연적 능력을 나타내지는 않는다. 애비는 확실히 그렇지 않았다. 아이들은 전문 초능력자가 되기를 기다리는 어린 신비주의자가 아니다. 아이들은 친구들과 똑같이 평범하게 자라날 어린 아이들이다.

애비의 사례에서, 아이는 전생에서 끄집어낸 하나의 기억과 함께 자신의 외증조할머니의 이름을 말했던, 어떤 초자연적 능력도 갖추지 않은 네 살배기 아이였다. 자신이 외증조할머니였다는 아이의 느낌은 이름의 정보로부터 나오지 않았다. 대신에 이름을 댈 수 있는 그 능력이 전생 일부분을 기억해낸 듯한 상황 뒤에 생겼다. 이는 프사이가 그 사례에 대해서는 약하고 불완전한 설명임을 입증한다.

| 빙의 |

빙의란 한 영혼이 한 개인의 몸과 마음에 깃들어 있다는 개념을 나타낸다. 많은 사람이 빙의라는 용어를 들을 때, 〈엑소시스트〉라는 영화에서처럼 누군가의 몸을 지배하는 악한 영혼을 떠올린다. 빙의라는 말은 죽어서 몸을 잃은 사람의 영혼이 다른 사람의 몸에 들어가서 산다고 하는, 좀 더 부드러운 개념을 뜻할 수도 있다. 이러한 이유로, 빙의와 환생의 주된 차이는 언제 그 영혼이 몸에 들어와서 거주하는가다. 만약 고인의 영혼이 태어나기 전의 새로운 몸에 들어왔다고 볼 때, 그것이 다른 영혼을 몸 밖으로 쫓아내지만 않았다면 환생과 전혀 다를 게 없을 것이다. 우리가 아는 한, 영혼들은 언제나 새로운 몸을 놓고 싸운다.

빙의는 어떤 사람의 큰 성격 변화, 뚜렷해지는 전생의 기억, 그리고 현생에서 과거 기억을 상실하는 상황들에서 재고할 가치가 있다. 그것은 전생을 기억하는 아이들에 대한, 그리고 확실히 애비에 대한 경우가 아니다. 애비는 단지 일시적으로 가물거리는 오래된 기억을 갖고 있었던 것처럼 보인다. 그리고 그것은 외증조할머니의 영혼이 애비의 마음과 몸을 점령한 것과는 거리가 멀다. 더 많은 기억과 진술에 관한 사례에서, 가족들은 진술이 시작될 때 성격과 솜씨에 대한 큰 변화들이 일어난다고 보고하지 않는다. 다만 예를 들어, 이전 생 인물의 사인과 관련된 공포증들은 아이들이 전생에 대해 말하기 시작하기 전에 종종 나타난다.

| 환생 |

이제 마지막 가능성인 환생에 다다랐다. 환생은 개인이 죽어서 다른 몸으로 재탄생한다는 개념이다. 이 시나리오에서라면, 애비의 외증조할머니는 죽을 때 의식이 중지되지 않았다. 의식은 애비의 일부로서 다시 태어났고, 애비는 나중에 전생에 대한 약간의 기억을 갖게 되었다.

이 개념은 애비가 엄마의 할머니로서 엄마를 목욕시킨 것을 기억했다고 생각하는 것에 들어맞는다. 거기에는 적어도 같이 한 일을 기억할 수 있는 두 사람이 있다. 그중 한 명의 이름이 루디였다. 이 설명으로는 주인공이 전생과 현생 사이의 중간 시기에는 어디에 있었는지, 또는 어떻게 애비가 됐는지 드러나지 않는다. 그러나 그것은 프사이나 빙의로 설명하는 것보다 더욱 사실에 들어맞는 것 같다.

환생의 개념으로는 왜 그 기억이 애비에게 덧없이 지나갔는지 설명되지 않는다. 다른 사례에서 어떤 아이들은 어떤 시간대의 기억에 관해서만 얘기한다. 반면에 어떤 아이들은 모든 시간대에 있는 기억에 접근하는 것 같다. 우리는 기억이 갖가지인 것에 놀라워하지 말아야 한다. 어떤 사람들은 그들의 어린 시절에 대해 거의 기억하지 못한다. 반면에 또 어떤 이들은 방대한 양의 기억이 있다. 때로는 우리가 몇 년 동안 생각하지 않았던 기억을 촉발하는 일이 일어난다. 또한 우리는 완전히 파악되기 어려울 만큼 아주 먼 과거의 기억이 있다. 그것에 대한 희미한 감각은 집중하면 더 강해질지도 모른다. 이 상황은 꿈을 기억해내는 것과 비슷할 수 있다. 처음 깨었을 때에는 어떤 꿈들을 기억한다. 그러나 곧 기억이 사라진다. 때로는 일시적으로 기억이 존재하다가 즉시 사라진다. 그래서 이런 기억이 애비에게 나타난 것으로 보인다.

물론, 한 아이가 어떻게든 전생을 기억할 수 있다는 것이 얼마나 범상치 않은 일인지 생각한다면, 기억이 짧다며 투덜대서는 안 될 것이다. 사례의 모든 그룹을 살펴보면, 우리는 아이들 대다수가 적어도 몇 년 동안은 비슷한 기억을 가진 것을 알 수 있다.

환생 개념에서 한 가지 장점은 그것이 사례들의 다양한 면에 대한 설명을 제공한다는 것이다. 이전 생 인물과의 동일시는 존재한다. 아이가 사실은 선행했던 인생에서 살았던 바로 그 인물이었기 때문이다. 기억들은 살아남은 의식에 의해 새로운 인생으로 이월되었을 뿐이다. 상처들을 반영하는 모반들은, 이전 생 인물에게 너무도 깊이 각인되어서 다음 생으로 넘어갈 때 의식에 영향을 주었다. 그래서 상처들이 다음번 몸으로 옮겨졌다.

이 설명의 단점은 환생이라는 용어가 우리가 알고 싶은 모든 것을 말해주지 않는다는 것이다. 의식이 삶과 삶들 사이의 시간에는 어디로 가는지, 언제 새로운 몸 안으로 들어가는지, 이 아이들이 왜 대부분의 사람은 기억하지 못하는 전생을 기억하는지…. 사례들은 이러한 물음들에 약간의 실마리를 제공한다. 앞에서 살펴보겠지만, 완전한 답은 가능하지 않다. 그리고 그중 가장 큰 의문은 이것이다. 만약 이 아이들에게 전생이 있었다면, 그것은 우리가 모두 환생한다는 뜻일까? 우리는 이에 대해서 단지 추측할 수 있을 뿐이다. 이 책의 뒷부분에서 밝히고자 한다.

애비의 사례가 환생의 한 예라는 가능성을 받아들인다면, 우리는 그것으로부터 무엇을 배울 수 있는지 생각할 필요가 있다. 이런 아이들의 대부분처럼 애비도 삶들 사이의 경험에 대해서는 아무 말도 하지 않았다. 또한 어떻게, 왜 돌아왔는지 말하지 않았다. 외증조할머니가 왜 특별히 애비의 엄마에게로 다시 태어났을까 생각하려면, 우리는 엄마와 외증조할머니가 친밀한 관계였다는 것을 알아야 한다. 외증조할머니는 애비의 엄마가 10대였을 때 있었던 작은 충돌을 풀기 위해 돌아왔을지도 모른다. 그러나 애비의 엄마는 외증조할머니가 살아계실 때 이미 화해했다고 말했다. 그들 관계의 긍정적인 면 때문에 애비의 엄마에게 왔다고 보는 게 좀 더 그럴듯해 보인다.

그러나 애비의 사례는 어떻게 환생이 일어났는지에 대해 아무런 단서도 남기지 않는다. 우리는 애비의 외증조할머니가 애비의 엄마에게 태어나기로 선택했는지 또는 전혀 태어나지 않기로 선택했는지 모른다. 돌아오기로 의식적인 결정을 하지 않았는데, 애비의 엄마에게 자기적 끌림과 유사한 감정적 방법으로 끌려왔는지도 모른다. 우리는 추측할 수 있을 뿐이다. 우리는 아이들이 삶과 삶 사이의 사건들에 관한 기억을 묘사했던 사례들을 조사할 것이다. 그러면 우리는 그러한 사례들이 개인이 특정한 부모에게 돌아오도록 안내되는지에 대해 어떠한 실마리를 주는지 살필 수 있다. 당분간은 우리가 한 생애에서 이루어진 관계들이 다음 생으로 이어질 가능성이 있을지도 모른다는 것을 암시함을 인식하는 데 만족해야만 한다.

다시 애비의 사례로 돌아가 보자. 가장 그럴듯한 일반적인 설명은 아마도 정보 제공자에 의한 잘못된 기억일 것이다. 다른 설명들은 합당하지 않아 보인다. 비록 애비의 엄마가 이야기를 꾸며냈을 수 있지만, 기만에 대한 증거도 없고 그럴 만한 명백한 동기도 없다. 애비가 순전히 우연하게 외증조할머니의 이름을 입에서 내뱉었을 것 같지는 않아 보인다. 애비가 외증조할머니의 이름을 들어서 알았다 해도, 그것만으로는 왜 애비가 외증조할머니였다고 생각하는지 그리고 왜 며칠 후에는 엄마에게 그 이름을 말할 수 없었는지 설명할 수 없다. 일반적인 과정들을 설명한 가장 나은 설명은 애비의 엄마가 애비와의 대화를 부정확하게 기억했다는 것이다. 애비가 대답하기 전에 그 대답의 의미심장함을 완전히 인식했음에도 불구하고, 즉 애비가 그것을 정확하게 기억해낼 기회를 높이면서 애비의 대답에 집중했음에도 불구하고 그녀의 기억이 정확하지 못했다는 설명이다.

이 설명을 들으면 이런 느낌이 들 것이다. "그런 일이 일어났을 리 없어. 애비의 엄마가 잘못 기억한 게 틀림없어" 달리 말하면, 애비의 엄마가 그 대화를 정확하게 기억했다면, 우리는 보통의 수단으로는 그 사례를 설명하는 데 문제가 있다. 이것은 우리가 초자연적 수단을 고려할 필요가 있다는 것을 뜻한다. 그러한 가능성 중에서, 프사이나 빙의보다 환생이 더 그럴듯하다.

선택은 환생 또는 애비의 엄마가 그 이야기를 윤색한 경우(의도적이라면 기만의 경우로 또는 뜻하지 않았다면 잘못된 기억의 경우)로 좁혀지는 것 같다. 어느 쪽이 가장 좋은 설명이라고 생각하는가? 이 시점에서 대답은 아직은 충분한 정보를 갖고 있지 않다는 것이어야 한다. 비판하는 사람들은 하나의 호기심을 끄는 대화로는 아무것도 증명되지 않는다고 말할 것이다. 그리고 그것은 확실히 우리의 세계관을 급진적으로 바꾸기에는 충분하지 않다. 우리는 그러나 이 주제가 딱 한 번의 대화 이상을 포함한다는 것을 기억해야 한다. 애비의 사례와 함께, 수십 건의 미국 내의 사례들이 있다. 그 사례 중 다수의 부모들이 아이들이 전생 기억에 대해 말하기 전에는 환생에 대해서 거들떠보지도 않았다. 우리는 또한 수백 건의 다른 문화권 아이들의 사례를 고려해야 한다. 일부는 고인의 상처와 일치하는 모반이, 또 일부는 먼 곳에 사는 이방인에 관한 상세한 정보가, 또 일부는 이전 생의 가족에게 돌아가고자 하는 절망적인 열망이, 또는 이전 생에 들어맞는 극적인 습관 들이 있다. 애비의 사례는 이들 어느 것에도 완벽하게 부합되지는 않는다.

이 문제 전체를 충분히 살펴보기 전에는 이 모든 것을 무시하지 말기로 하자. 아마도 이 현상을 어떻게 설명해야 하는지 묻기에는 때가 아직도 이른지 모른다. 그러나 이 질문이 우리가 탐험하려는 사례들의 모든 양상 뒤에 숨어 있다. 그러므로 우리는 앞으로 각 사례의 유형을 살펴볼 때에 늘 이 질문으로 다시 돌아갈 것이다.

chapter

4

트라우마는 어떻게 기억되는가

A Scientific Investigation of
Children's Memories of Previous Lives

Life before Life

패트릭 크리스틴슨은 1991년에 미시간의 시저리언 섹션 가까이에서 태어난 남자아이다. 패트릭을 처음 본 엄마는 첫 아들과 관련이 있다는 것을 느꼈다. 첫 아들은 12년 전인 1979년, 두 살의 나이에 암으로 죽었다. 엄마는 패트릭에게서 첫 아들이 죽을 때 갖고 있던 것과 일치하는 눈에 띄는 세 군데의 결함을 바로 알아보았다.

첫 아들 케빈은, 한 살 반일 때부터 절뚝거리기 시작했다. 어느 날은 넘어져서 왼쪽 다리가 부러졌다. 그로 인해 오른쪽 귀 위쪽 머리에 생긴 혹의 생체검사를 포함한 일련의 의학적 정밀검사를 받게 되었다. 의사들은 케빈이 암에 전이됐다고 진단했다. 케빈의 왼쪽 눈은 종양으로 돌출되고 멍이 들었다. 케빈은 목 오른쪽 중심 정맥을 통해 항암 화학치료를 받았다. 화학치료 약액이 몸에 주입되었을 때, 목에 주사를 맞은 자리가 몇 차례 붉어지고 약간 부어올랐지만, 치료에 큰 문제는 없어서 퇴원해 집으로 돌아왔다. 그후 케빈은 외래 진료를 받았으나 다섯 달 후에 다시 입원해야 했다. 그때 왼쪽 눈이 보이지 않게 되었다. 케빈은 열병으로 판정되어 항생제 치료를 받다가 퇴원했고, 이틀 뒤에 죽었다. 케빈의 두 번째 생일이 3주 지난 뒤였다.

케빈의 부모는 케빈이 죽기 전에 이혼했고 그의 엄마는 나중에 재혼했다. 엄마는 패트릭을 낳기 전에 딸과 아들을 낳았다. 패트릭은 목 오른쪽(케빈의 중심 정맥과 같은 자리)에 작은 칼자국 모양 같은 사선의 모반과 케빈의 종양이 있던 오른쪽 귀 위쪽 머리에 있는 혹, 각막 백반으로 진단된 불투명한 왼쪽 눈을 갖고 태어났다. 걷기 시작했을 때 아이는 왼쪽 다리를 지지하면서 절뚝거렸다.

패트릭은 네 살이나 네 살 반쯤 됐을 때, 엄마에게 케빈의 삶과 관련되어 보이는 일들을 말하기 시작했다. 꽤 오랫동안 패트릭은 엄마와 전에 살았던 집으로 돌아가고 싶다고 말했고, 그곳에서 엄마를 떠났다고 했다. 패트릭은 그 집이 주황색과 갈색이었다고 했는데, 그것은 옳았다. 패트릭은 엄마에게 자신이 수술받은 것을 기억하느냐고 물었다. 엄마는 아무 수술도 받지 않았다고 대답하자, 케빈은 수술을 받았었다고 말하면서 생체검사를 받은 혹이 있었던 오른쪽 귀 위쪽 부위를 가리켰다. 패트릭은 또한 수술 중에 자고 있었기 때문에 실제 수술 장면은 기억할 수 없다고도 했다. 어떤 때에는 케빈의 사진을 보고는 자신을 찍은 사진이라고 말했다.

패트릭이 이러한 진술을 시작하고부터, 엄마는 전생을 이야기하는 아이들에 관한 책 두 권(《아이들의 전생》《천국에서 돌아오다》)을 집필한 작가인 캐롤 바우먼Carol Bowman에게 연락했다. 그들은 여러 번 전화 통화를 했는데, 캐롤은 전생에 관련한 문제를 다루는 법을 안내해주었다. 캐롤은 나중에 우리에게 조사를 제의하기에 이르렀다. 스티븐슨 박사와 내가 패트릭의 가족을 방문했을 때 패트릭은 다섯 살이었다.

우리는 그곳에 있는 동안 패트릭의 목에 있는 모반을 찍은 사진을 보았다. 목 오른쪽 아래 4밀리미터 길이의 짙은 색 사선은 칼로 베인 상처가 아문 자국 같아 보였다. 머리에 있는 혹은 육안으로는 잘 안 보이지만 손으로는 확실히 만져졌다. 우리는 만져진 작은 덩어리에 대해서 기록했다. 우리는 패트릭의 불투명한 왼쪽 눈을 볼 수 있었고 패트릭이 받았던 안과 진료 기록의 복사본을 얻었다. 또한 패트릭이 의학적으로는 아무 이상이 없음에도 약간 다리를 저는 것을 쉽게 관찰할 수 있었다. 우리는 케빈의 진료 기록을 확보했는데, 거기에는 이미 얘기한 바 있는 패트릭의 모반들과 일치하는 것으로 보이는 병소(상처)들도 포함되어 있었다. 우리는 패트릭을 케빈이 엄마와 살았던 집으로 데려갔다. 패트릭이 불행히도 발음이 썩 좋은 것이 아니어서 때때로 이해하기가 어려웠지만, 그 집을 알아본다는 것을 나타내는 확실한 진술은 전혀 하지 않았다.

요약하면 패트릭은 태어나면서부터 세 가지의 유별난 병소가 있었는데, 그것은 이부형제인 케빈이 앓았던 병소와 일치하는 듯하다. 케빈은 걷기 시작했을 때 다리를 절었으며, 엄마에게 케빈과 관련한 사건을 암시하는 이야기들을 종종 했었다.

패트릭의 사례는 모반과 선천적 결함 사례의 본보기로, 스티븐슨 박사는 《환생과 생물학》에서 이에 관해 썼다. 스티븐슨 박사는 그 책에서 전생 기억들을 보고할 뿐 아니라 이전 생 인물의 몸에 있던 상처와 일치해 보이는 모반이나 선천적 결함을 가진 수많은 아이의 사례를 제공했다. 세계 각지에서 수집한 사례들은 매우 다양한 모반과 선천적 결함을 보여준다. 그 책에 있는 225건의 사례들 모두를 요약하기는 어렵지만 어떤 사례들은 특히 강조할 가치가 있다고 여겨진다.

차나이 추말라이웡의 사례

차나이 추말라이웡은 1967년 타이의 중심부에서 두 개의 모반을 가지고 태어났다. 하나는 뒷머리에 있고 또 하나는 왼쪽 눈 위에 있다. 차나이가 태어났을 때 가족들은 그 모반들이 특별히 중요하다고 여기지 않았다. 차나이는 세 살이 되었을 때 전생에 관해 이야기하기 시작했다. 자신이 부아 카이라는 이름의 학교 선생이었으며 출근길에 총에 맞아 죽었다고 말했다. 차나이는 이전 생의 부모와 아내, 두 자녀의 이름을 댔다. 그러고는 같이 살고 있던 할머니에게 카오 프라라는 곳에 있는 전생의 부모 집으로 데려다 달라고 끈덕지게 졸랐다.

결국 할머니는 차나이의 말을 들어주었다. 할머니와 차나이는 버스를 타고 그들이 살고 있던 고향 마을에서 15마일 떨어진 카오 프라 근처에 있는 읍내로 갔다. 버스에서 내린 후, 차나이는 그의 부모가 살던 집으로 가는 길을 할머니에게 안내했다. 그 집에는 노부부가 살고 있었고, 그들의 아들 부아 카이 로낙은 선생이었는데 차나이가 태어나기 5년 전에 살해되었다. 나중에 밝혀졌지만 차나이의 할머니는 예전에 그곳에서 3마일 떨어진 곳에 살았었다. 당시 할머니는 매점을 운영했고 주변 사람들이 물건을 사가곤 했다. 할머니는 어렴풋이 부아 카이와 그의 아내를 알고 있었다. 그러나 할머니는 그들의 집에는 가본 적이 없었기에 차나이가 누구의 집으로 안내하는지 전혀 알지 못했다. 그곳에 도착하자, 차나이는 다른 여러 가족들 중에서 부아 카이의 부모를 바로 알아보았다. 부아 카이의 가족들은 차나이의 진술과 모반들에 깊은 감명을 받았고, 얼마 후 다시 방문해달라며 아이를 초대했다. 차나이가 다시 왔을 때, 가족들은 부아 카이의 소유물과 아닌 것들을 섞어 보여주며 고르라고 부탁했다. 차나이는 부아 카이의 소유물을 정확히 알아맞혔다. 아이는 부아 카이의 딸 중 한 명을 알아보았고 또 다른 딸의 이름을 말했다. 부아 카이의 가족은 차나이를 부아 카이의 환생으로 받아들였으며, 차나이는 부아 카이의 가족들을 여러 번 방문했다. 차나이는 부아 카이의 딸들에게 자신을 "아빠"라고 부르기를 고집했고, 그렇지 않으면 이야기하기를 거부했다.

부아 카이의 상처에 대해서는 부검 보고서를 입수할 수 없었다. 그러나 스티븐슨 박사는 부아 카이의 상처들에 대해 다수의 가족 구성원들과 이야기를 나누었고 총상으로 머리에 두 군데의 상처가 났음을 확인할 수 있었다. 부아 카이의 부인은 시신을 부검했던 의사가 다음과 같이 말한 것을 기억했다. "총알이 들어온 상처는 그의 뒷머리다. 이마에 있는 상처보다 훨씬 작았으니까. 이마에 있는 상처는 총알이 뚫고 나온 흔적일 것이다." 이 말은 작고 둥근 것은 뒷머리에 있고 더 크고 부정형인 것은 이마에 있는 차나이의 모반과 일치한다. 두 곳 모두 머리카락이 나지 않았고 주름져 있다. 아무도 차나이가 열한 살 중반이 될 때까지 모반의 사진을 찍지 않았다. 그래서 태어날 때 그의 머리 어디에 모반이 있었는지 정확히 측정하는 것은 어렵다. 사진에서는 둘 중 더 큰 모반은 앞에서 머리 위쪽을 향해 왼쪽에 있는데, 가족들은 차나이가 더 어렸을 때에는 모반이 이마 더 아래쪽에 있었다고 했다.

이 사례에서 다수의 증인이 입을 모아 말하는 것은, 고인이 입은 총상의 양쪽(총알이 들어간 곳과 나온 곳) 모두와 일치하는 모반이 있는 어린아이가 보통의 수단으로는 얻을 수 없는 고인의 삶에 대해 알고 있고, 아이가 고인의 가족이 고안해낸 시험을 통과했다는 점이다.

네칩 윈뤼타시키란의 사례

《환생과 생물학》에 있는 다른 사례는 터키의 네칩 윈뤼타시키란이다. 아기가 태어났을 때, 머리, 얼굴, 몸통에 많은 모반이 눈에 띄었다. 부모는 아기를 말릭이라고 이름 지었다. 태어난 지 사흘째 되던 날, 엄마는 아기가 꿈속에 나타나 자신이 네칩이라고 불렸었다고 말하는 꿈을 꾸었다. 그래서 부모는 아기의 이름을 네칩이 아니라 네차티라고 바꾸기로 했다. 왜냐하면, 이름이 비슷하고 가족 중의 다른 아이가 네칩이라는 이름을 이미 갖고 있어서였다. 아이가 자라서 말을 할 수 있게 되자 자기 이름이 정말 네칩이었다고 우겼고 다른 이름에는 대답하기를 거부했다. 결국 부모는 아이를 네칩이라고 부르기로 했다.

네칩은 말이 늦게 터졌고 전생에 관해 말하는 것도 늦었으나 여섯 살이 됐을 때 자기에게 자녀가 있었다고 말하기 시작했다. 네칩은 칼에 여러 번 찔렸던 사실을 포함해서 점점 다른 자세한 내용을 말했다. 아이는 지금의 집에서 50마일 떨어진 메르신 시에 살았다고 했다. 가족은 아이가 말하는 것에 별 흥미를 느끼지 않았을 뿐만 아니라 갈 형편이 되지 않아 바로 그곳으로 데려갈 수 없었다.

네칩이 열두 살 되었을 때, 엄마는 네칩을 아버지와 그의 부인(네칩도 그의 엄마도 전혀 만난 적이 없던)이 살고 있는 메르신 가까운 읍내로 데려갔다. 네칩은 할아버지의 부인을 만나서 과거에는 자기에게 할머니 같은 사람이었는데 이제는 정말 자기 할머니가 됐다고 말했다. 네칩이 전생의 기억을 말하자, 할머니는 그 말이 모두 사실이라고 확인해주었다. 할머니는 전에 메르신에 살았었고, 거기에서 "할머니"로 통했다. 그곳에 살 때 이웃이었던 네칩 부닥이라는 사람이 칼에 찔려 살해되었는데, 네칩이 태어나기 바로 얼마 전이었다. 할머니를 만난 날 이후 네칩의 외할아버지가 아이를 메르신으로 데려갔다. 그곳에서 네칩은 네칩 부닥의 가족들을 여러 명 알아보았다. 또 네칩 부닥의 소유물 중 두 가지 물건을 식별했다. 그리고 네칩은 네칩 부닥이 아내와 싸우다가 칼로 그녀의 다리에 상처를 낸 적이 있다고 정확히 말했다. 스티븐슨 박사의 여자 연구원이 아내였던 여자의 다리를 살펴보았고 여자는 남편이 입힌 상처라고 하며 그곳을 보여주었다.

스티븐슨 박사는 네칩 부닥의 부검 보고서 사본을 구할 수 있었고, 네칩이 태어났을 때 세 개의 모반이 있었다는 사실을 알아냈다. 스티븐슨 박사가 열세 살의 네칩을 검사했을 때에도 알아볼 수 있었던 모반으로 부검 보고서에 묘사된 상처들과 일치했다. 덧붙이면, 네칩이 태어날 때 가족들이 확인했던 세 개의 모반이 열세 살 이후에는 더는 (육안으로는) 보이지 않았다. 스티븐슨 박사는 또한 네칩에게서 보고서의 상처들과 일치하는 두 개의 반점을 찾아냈다. 그의 부모는 이전에는 그 반점들을 눈치 채지 못했었다. 마지막으로 부검 보고서는 네칩 부닥의 왼팔에 있는 다수의 상처를 묘사했는데 소년 네칩의 모반과는 일치하지 않았다.

요약하면, 네칩은 50마일 떨어진 곳에서 살해됐던 네칩 부닥의 상처들과 일치하는 최대 여덟 군데의 모반이 있었다. 그리고 네칩은 네칩 부닥의 삶에 대해서 정확한 상세 정보를 주었고 이전 생 가족 구성원들도 알아보았다.

위에서 설명한 두 사례에서, 주인공들은 이전 생 인물과 매우 약한 연결 고리를 가졌다. 차나이의 할머니는 이전 생 인물을 약간 알고 있었고, 네칩의 의붓할머니는 이전 생 인물을 잘 알고 있었다.《환생과 생물학》에 나온 대부분의 사례들은 이들보다 연결 고리가 훨씬 강하다. 많은 수가 가족 관계였거나, 같은 마을이거나 적어도 서로 가까운 마을에 살았다.

우리는 이러한 연결 고리를 다른 각도로 볼 수 있다. 이 사례들 다수에 적용할 수 있는 하나의 설명은, 아이의 모반이 비슷한 상처를 입고 죽은 가까운 거리에 살았던 이전 생 인물일 것으로 추정되는 사람을 가리킨다는 것이다. 그 상처와 모반이 일치하는지 확인하기 위해 아이로부터 상대적으로 적은 진술이 요구됐다. 예를 들어, 어떤 사례에서는 같은 마을에 사는 한 남자가 가슴 아래쪽에 엽총상을 입고 죽었다. 그리고 나중에 같은 마을에서 한 아이가 가슴 아래에 정확히 엽총상처럼 보이는 모반을 가지고 태어났다. 그 결과, 아이의 가족은 고인이 다시 돌아온 것이 아닌가 의심했다. 아이는 단지 자신이 전생에 바로 그 인물이었으며, 가슴에 총상을 입었었다는 것을 포함하여 전생에 대해 몇 마디 진술만 하면 고인의 환생으로 받아들여질 수 있었다.

한편 한 아이가 비슷한 모반을 가지고 태어났는데 그런 상처로 죽은 사람이 근경에 없다면, 아이는 그 사례가 해결될 수 있도록 더 상세한 정보를 내놓아야 한다. 특히 아이는 이전 생 인물이 살던 곳을 지적해야만 한다. 그리고 부모들이 사례에 충분히 흥미를 느껴 그것을 풀기 위해 다른 장소에 가게 해야 한다. 확실히 근처에 고인이 있는 모반 사례는 먼 거리에 있는 사례들보다 확인 과정이 훨씬 쉽게 진전된다.

차나이와 네칩의 사례는 이전 생 인물과의 약한 고리에도 이 패턴에 특별히 들어맞지는 않는다. 왜냐하면 그들의 모반은 부모들이 한 사람의 특정한 이전 생 인물을 생각하도록 이끌지 못했기 때문이다. 차나이의 사례에서 할머니는 차나이가 이전 생 부모의 집을 찾기 전까지, 아이를 이전 생 인물과 연결짓지 못했다. 네칩의 사례에서는, 아이가 할아버지의 아내를 전생에서 만나본 적 있는 사람이라고 알아차리지 못했다면 이전 생 인물로 확인되지 않았을 것이다.

의심스러운 독자라면 이 사례들의 경우 연결 고리 때문에 사람들이 아이들을 재탄생한 사례로 쉽게 인정해버린다고 결론 지을지도 모른다. 그리고 가족들이 이전 생 인물에 대해 충분히 많이 알고 있어서, 그 아이들과 그런 정보를 나누었거나, 혹은 실제로는 그렇지 않은데도 아이들이 고인에 관해 이야기하고 있다고 추정할 수 있다. 그렇다면 두 가족이 전혀 관계가 없는 다음의 두 사례를 보자.

인디카 이시와라의 사례

인디카 이시와라는 1972년에 스리랑카에서 일란성 쌍둥이로 태어났다. 그의 형은 어렸을 때 전생에 관해서 말했다. 그에 관해서는 6장에서 더 다루겠다. 인디카 또한 세 살이었을 때, 전생에 관해 얘기하기 시작했다. 아이는 자신이 고향에서 거의 30마일 떨어진 발라피티야Balapitiya에서 왔다고 했다. 이전 생의 부모에 대해서 말했다. 이름을 말하진 않았지만 암발란고다 엄마와 암발란고다 아빠라고 불렀다. 인디카는 발라피티야에서 가까운 더 큰 소도시인 암발란고다에 있는 큰 학교에 다녔고, 기차로 통학했다고 말했다. 또 자신이 "마하타야 아가"라고 불렸다고 한다. '마하타야Mahattaya'는 신할라어(스리랑카 말)로 '마스터' 또는 '보스'라는 뜻이다. 마하타야 아가는 스리랑카에서는 아주 흔한 별명이다. 인디카는 이전 생에 말칸티에라는 이름의 누나가 있었는데 같이 자전거를 탔다고 주장했다. 또 프레마시리라는 이름의 삼촌뿐만 아니라 "무달랄리 바파"를 묘사했다. 무달랄리mudalali는 재력이 있는 사업가를 뜻하고, 바파bappa는 아버지 같은 삼촌을 뜻한다. 인디카는 가족이 송아지와 개를 기르고 있었고 승용차와 트럭이 있었다고 말했다.

덧붙여, 인디카는 이전 생에 누나와 절에 간 일을 말했는데, 불상 앞에 붉은 커튼이 드리워져 있는 절이었다고 말했다. 아이는 전생의 아빠가 바지를 입었다고 말했다. 지금의 아빠는 사롱(미얀마·인도·말레이 반도 등에서 남녀가 스커트처럼 허리에 두르는 옷－옮긴이)을 입었다. 전생의 집에서는 결혼식도 있었고, 전기도 들어왔다. 현재 가족의 집은 전기 시설이 없었다. 아이는 이전 엄마가 현재 엄마보다 좀 더 피부가 어둡고 키가 더 크며 더 뚱뚱했다고 묘사했다. 또 학교에 4학년까지 다녔고 세팔리라는 반 친구가 있었다고 말했다.

인디카의 가족은 암발란고다에 아는 사람이 아무도 없었다. 아빠는 친구 중 한 명이 암발란고다에서 일한다는 것을 알아내고 친구에게 인디카가 말한 내용을 토대로 이전 생 인물의 가족을 찾아달라고 부탁했다. 친구는 발라피티야에서 인디카의 진술과 들어맞는 듯한 한 가족을 금세 찾았다. 그들의 큰아들은 다르샤나인데, 인디카가 태어나기 4년 전인 열 살에 바이러스성 뇌염으로 죽었다.

그 친구는 다르샤나의 아빠가 부재중이어서 엄마와 인디카에 대해서 얘기를 나누었다. 그 후 인디카 소식을 들은 다르샤나의 아빠는 큰 관심을 보이며 얼마 지나지 않아 인디카의 집으로 예고 없는 방문을 하였다. 그는 인디카의 아빠가 운영하는 가게로 갔다. 인디카의 집으로 안내해줄 사람을 기다리는 동안, 한 점원이 그에게 인디카가 말해온 형제들의 이름인 말칸티에라는 이름의 딸과 마하트마야라는 아들이 있는지 물었다. 그는 맞다고 했다. 이윽고 다르샤나의 아빠는 아직 네 살이 채 안 됐던 인디카를 만나러 갔다. 사람들은 인디카가 그를 알아보았다고 여겼다. 아이가 이름을 직접 부르진 않았지만, 엄마에게 "아빠가 오셨다"라고 말했기 때문이었다.

그 일이 있은 지 얼마 후 다르샤나의 여러 가족 구성원들이 인디카를 만나러 두 번의 여행을 했다. 인디카가 그들 중 몇몇은 알아봤다고 여겨졌는데, 그들의 교류는 많은 사람에게 둘러싸인 채 무절제한 상태로 이루어졌다. 스리랑카에서의 스티븐슨 박사의 오랜 조수인 고드윈 사마라라트네는 나중에 인디카를 발라피티야와 암발란고다로 데려갔다. 그러나 인디카는 자신이 어떤 것을 알아보았는지 암시하는 말은 전혀 하지 않았다. 당시에 다르샤나의 가족 구성원들 대부분은 인디카를 이미 만났으나, 사마라라트네는 인디카가 추가된 삼촌과 사촌까지 알아볼 수 있는지를 확인할 수 있었다. 인디카는 알아보지 못했다. 다르샤나의 가족에게 간 두 번째 방문에서, 인디카는 이전 생 가족의 소유지 안에 있는 한 건물 바깥에서 뭔가를 찾고 있는 것처럼 보였다. 인디카는 사마라라트네에게 콘크리트가 다 마르기 전에 다르샤나가 벽을 긁어서 새긴 이름과 1965년이라는 날짜를 가리켰다. 인디카가 그것을 가리키기 전에 다르샤나의 가족들은 그에 대해 알았거나 그 글자를 눈여겨본 사람이 아무도 없었다.

스티븐슨 박사의 조수인 사마라라트네는, 인디카의 사례가 진전되기 전인 초반에 전해들었으며, 인디카와 다르샤나의 아빠가 처음 만난 3주 후에 인디카의 부모를 만나 취재했고, 다르샤나의 아빠와는 1주일 후에 만나 취재를 진행했다. 인디카의 전생에 관한 모든 진술은 가족들이 처음 만난 뒤 곧바로 진행된 첫 번째 취재다. 다르샤나의 아빠가 인디카 아빠의 가게에서 두 자녀의 이름을 들었던 기억은 특히 충격이었다. 내 생각으로는 인디카가 가족들이 서로 만나기 전에 두 자녀의 이름을 먼저 말한 것이라고 결론 지어야 한다.

인디카가 한 거의 모든 진술은 다르샤나의 삶과 비교해 맞다고 증명되었다. 다르샤나의 가족은 발라피티야에서 확실히 살았었다. 다르샤나는 암발란고다에 있는 학교에 다녔고 "마하타야 아가"라는 별명으로 불렸다. 누나는 말칸티에였고, 그들은 같이 자전거를 탔다. 삼촌 중 한 분은 프레마시리(삼촌의 전체 이름은 상가마 프레마시리 드 실바)라는 이름이었다. 그리고 아버지 같은 삼촌은 건축 청부업자이고 목재상이어서 '무달랄리'가 맞았다. 다르샤나의 가족은 자동차와 개가 있었다. 트럭은 소유하고 있지 않았지만 한 대가 가족의 소유지에 주차되어 있었다. 가족에게는 송아지가 없었지만 다른 사람이 풀을 먹이려고 그들의 송아지들을 가족의 소유지에 갖다놓았다.

인디카의 가족이 다녔던 절은 부처상 앞에 하얀 휘장이 있었지만 다르샤나의 가족이 다닌 절에는 빨간 커튼이 있었다. 다르샤나의 아빠는 바지를 입었고 집에는 전기가 들어왔다. 다르샤나가 가족의 집에서 직접 결혼식을 보지는 않았을지 모르지만 다르샤나가 죽기 몇 주 전에 이웃집에서의 결혼식을 포함해서 근처에서 몇 번의 식이 치러졌었다. 다르샤나는 결혼식이 진행되는 동안 담장에서 떨어졌고, 의사는 나중에 지속된 머리 부상이 후에 뇌염으로 연결됐을지도 모른다고 생각했다. 다르샤나의 엄마에 대한 인디카의 묘사는 정확했다. 다르샤나는 4학년까지 학교에 다녔다. 막 5학년을 시작하였을 때

병에 걸리게 되었다. 다르샤나의 가족과 그의 반 친구 중 한 명이 기억할 수 있는 바로는, 세팔리라는 이름의 반 친구는 없었다.

어떻게 인디카는 거의 30마일이나 떨어진 다른 마을에서 죽은 평범한 소년에 관해서 이러한 세부 사항을 알 수 있었을까. 이는 정말 놀랄 만하다. 인디카가 한 살이었을 때 부모의 눈에 유난히 띄는 코의 폴립이 있었다. 코의 폴립은 나이가 들면 유별난 게 아니지만, 유년기에는 아주 드물고, 인디카의 일란성 쌍둥이는 갖고 있지 않았다. 그런데 왜 인디카는 폴립이 있을까? 우리가 어떤 모반이나 흠(결함)이 환생의 과정에서 생길지도 모른다는 가능성을 받아들인다면, 이렇게 생각해볼 수 있다. 이전 생 인물인 다르샤나가 병 중에 코로 튜브를 통해 산소와 음식물을 취했다면 그에 비롯한 과민증이 인디카에게 이어져 폴립을 만들었다. 다르샤나가 가졌던 코의 튜브로부터 온 과민증을 반영하는 것 같다는 설명은 인디카가 진술한 다르샤나의 삶과 일치한다.

푸르니마 에카나야케의 사례

소개하고 싶은 이 유형의 마지막 사례는《환생과 생물학》에 실려 있지 않다. 대신에 동료 연구원인 얼렌더 해럴드슨Erlendur Haraldsson 박사가 이 사례를 연구하고 출판했다. 푸르니마 에카나야케는 스리랑카의 아이로 왼쪽 가슴과 갈비뼈 아래쪽에 군집을 이루는 밝은 색깔의 모반을 갖고 태어났다. 아이는 세 살이 되기 전에 전생에 관해 말문을 열었다. 그러나 부모는 그 말에 처음에는 별다른 관심을 두지 않았다. 아이가 네 살이 되었을 때, 텔레비전에서 켈라니야Kelaniya 사원에 관한 프로그램이 방영되고 있었다. 푸르니마는 집에서 145마일이나 떨어진 그 절을 알고 있다고 말했다. 나중에 학교 교장인 아빠와 선생인 엄마는 켈라니야 사원에 푸르니마를 포함하여 학생들을 단체로 데려갔다. 아이는 그 절을 둘러보며 자신이 절의 부지 옆으로 흐르는 강의 저쪽 편에서 살았었다고 말했다.

푸르니마는 여섯 살이 되었을 때 향을 만드는 남자가 교통사고로 죽었다고 설명하면서 전생에 관한 약 20가지의 진술을 했다. 아이는 향의 두 가지 상표, 암비가와 게타 피치차에 대해서 언급했다. 부모는 그런 향수에 대해 들은 적이 없었다. 나중에 해럴드슨 박사가 그들이 사는 읍내에 있는 가게를 확인했는데, 이 상표의 향을 파는 가게는 한 군데도 없었다.

아빠의 학교에 새로 선생이 부임해왔는데, 그는 주말을 아내가 사는 켈라니야에서 보냈다. 아빠는 푸르니마가 말한 것을 선생에게 말했고, 선생은 푸르니마의 진술과 일치하는 사람이 그곳에서 죽었는지 알아보기로 했다. 선생은 푸르니마의 아빠가 다음과 같은 항목을 포함하는 사람이 살았었는지 확인해보기를 요청했다고 말했다.

- 켈라니야 사원의 강 건너편에 살았다.
- 암비가와 게타 피치차 막대 향을 만들었다.
- 자전거를 타고 막대 향을 팔러 다녔다.
- 교통사고로 사망했다.

선생은 환생을 믿지 않는 처남과 함께, 그 진술과 일치하는 사람을 찾을 수 있는지 알아보았다. 그들은 켈라니야 사원에 가서 강을 건너는 나룻배를 탔다. 그곳에서 향 제조업자에 관해 수소문했고 그 지역에서 소규모 향 제조 수공업을 하는 세 가족을 알아냈다. 그중 한 곳의 주인이 자신의 상표가 암비가와 게타 피치차라고 말했다. 그 수공업자의 처남이자 사업 동료인 지나다사 페레라가 푸르니마가 태어나기 2년 전에 자전거에 막대 향을 싣고 시장에 가다 버스에 치여 죽었다.

푸르니마의 가족이 곧 그 주인의 집을 방문했다. 그곳에서 푸르니마는 지나다사의 가족 구성원들과 그들의 사업에 대해서 여러 가지 설명을 했는데 모두 일치했다. 가족은 지나다사가 푸르니마로 재탄생한 것이라며 인정했다. 해럴드슨 박사는 푸르니마가 아홉 살일 때 그 사례를 연구하기 시작했다. 그는 두 가족이 만나기 전에 푸르니마가 자신의 부모에게 말했다는 20가지 진술을 기록했다. 이미 언급한 것에 덧붙여 지나다사의 엄마와 부인의 이름과 지나다사가 다녔던 학교명을 포함한 내용이었다. 해럴드슨 박사는 14가지 진술이 지나다사의 삶과 일치한다고 확인했다. 세 가지는 틀렸고, 또 세 가지는 정확하다고 단정할 수 없었다. 그는 또한 지나다사의 부검 기록을 구했는데, 거기에는 왼쪽 갈비뼈의 골절과 비장 파열, 오른쪽 어깨에서부터 가슴을 지나 왼쪽 하복부까지 대각선을 이룬 찰과상이 기록돼 있었다. 이것들은 푸르니마의 가슴과 갈비뼈 위에 있는 모반과 일치했다.

이 사례에는 평범한 설명으로 재빨리 결론을 내버리기에는 어려운 점이 있다. 140마일이나 떨어져 사는 두 가족들은 서로에게 완벽히 낯선 이방인들이었다. 푸르니마는 그들이 만나기 이전에는 지나다사의 죽음에 관해 알 길이 없었다. 푸르니마의 진술의 중요성을 두고 보면, 향의 상표까지 포함해서 우연한 일치라고는 믿기지 않는다. 다양한 정보 제공자들이 아마도 다 똑같이 잘못된 기억을 가질 수 있다면 모를까, 이 사례는 중간의 존재, 그들이 만나기 전에 이전 생 인물을 찾았던 선생에 의해서 강화되었다. 모반 또한 크고 눈에 띄고, 이전 생 인물의 부상과 꼭 들어맞았다.

모반 사례를 이해하는 길

이 책을 읽는 독자를 포함해 많은 이들이 어쩌면 미심쩍어할지 모른다. 환생을 믿는다 해도, 어떻게 전생의 몸에 있던 상처가 다음 생의 몸에 나타날 수 있는지를 말이다. 어떻게 이것이 가능한지, 정신적 그리고 신체적 문제들 사이의 상호작용을 살펴보는 연구를 통해 이해할 수 있다.

가장 먼저, 정신적 요소가 신체에 큰 변화를 가져올 수 있다는 것이 밝혀졌다. 예를 들면, 스트레스는 병을 부를 수 있다. 스트레스는 면역 조직이 감염을 떨쳐버릴 힘을 약화시키는 원인이 되어 호르몬과 신경 경로를 변화시키기 때문이다. 더욱이, 절망은 심장마비와 암의 위험을 증가시키는 것처럼 보인다. 훨씬 받아들이기 어렵고, 전혀 이해할 수 없는 것은, 개인의 정신적 이미지가 신체에 매우 특정한 변화를 초래할 수 있다는 생각이다. 그리고 이것이 모반이 있는 사례들을 이해하기 위해 우리가 고려해야 할 것이다.

스티븐슨 박사는《환생과 생물학》의 서두에서 증거를 제시한다. 그는 성흔stigmata으로 시작한다. 이것은 보통 아주 독실한 사람들이 성경에 쓰인 대로 예수의 십자가형 상처들과 일치하도록 만들어낸 피부의 상처다. 아시시의 성 프란시스는 성흔이 있는 최초의 사람일 것이다. 그의 시대 이래로 350명이 넘는 사람들이 보고됐다. 이 사례들은 처음에는 기적이 발현된 거라고 여겨졌으나, 성인으로 묘사될 수 없는 사람들에게서도 관찰되었다. 개인이 특히 강렬한 종교적 의식에 함몰되어 있을 때 종종 발생했는데, 그들은 본래 심신증 환자로 간주되어 왔다. 한편으로 약간의 기만의 사례들(화학적 자극물이나 심지어 안료를 사용해서 상처들을 의도적으로 창조했던 사람들)이 드러났고, 또 한편으로는 인공적인 상처일 가능성이 있는 것을 배제할 수 있었다. 그러므로 특히 영향받기 쉬운 사람들의 마음에 있는 예수의 상처들에 대한 정신적 이미지는, 그와 일치하는 피부의 아주 특정한 변화들을 초래할 수 있다.

마음이 초래할 수 있는 신체 변화의 또 한 가지 예는, 최면 상태에 있는 어떤 개인들에게 일어난다. 스티븐슨 박사가 설명했듯이, 최면 상태에서 받은 암시로 신체에 여러 변화가 일어날 수 있다. 예를 들어, 목마름의 감각뿐 아니라 탈수증 상태에서 발생할 수 있는 신장에서의 변화, 심장 박동수의 변화, 출혈의 조절, 여자의 월경 주기와 심지어 유방의 확대까지도 가능하다.

이것에 덧붙여서, 최면술사들이 피험자에게 불에 타고 있다고 말하고 그들에게 손가락 끝에 차가운 물건을 댐으로써 물집을 만들어 냈던 다수의 사례가 책으로 출판되었다. 어떤 사례들에서는 최면술사가 글자나 알아볼 수 있는 상징의 형태로 된 물건을 사용하기도 하는데, 그렇게 초래된 상처들은 비슷한 형태를 띠고 있다. 성흔과 최면 둘 다 포함된 한 사례에서는, 피험자가 최면 상태에 빠져듦에 따라 마치 가시관 때문에 생긴 것처럼 보이는 앞이마의 삼각으로 된 상처들 다수와 발과 손바닥에 피 흘리는 상처들을 만들었다.

다른 유형의 사례에서는 피험자가 최면이나 마약의 도움을 받아 충격적인 체험(트라우마 체험)을 "소생"시킨다. 그리고 원래original의 체험 중에 경험한 그것들과 일치하는 피부 현시를 나타낸다. 한 가지 주목할 만한 사례에서는, 한 남자가 팔을 뒤로 하고 밧줄로 묶여 있는 상태를 포함한 사건을 다시 경험했다. 그의 팔 앞쪽에 밧줄 자국들로 보이는 들쭉날쭉한 자국이 깊이 새겨졌다. 주류 과학은 이러한 사례들을 설명하는 메커니즘을 규정하는 데 어려움이 있어서 주로 그것들을 무시해왔다.

우리는 최면이 특정인들에게 최소한의 생리적 변화들을 가져오기 위해 정신적 이미지들을 사용할 수 있다는 데 동의할 수 있다. 예를 들어 한 사람이 최면 상태에서 끔찍한 사건을 다시 체험하고 있으면, 심장 박동수가 증가할 것이다. 사실 많은 개인이 심지어 최면 상태가 아니더라도 끔찍한 사건을 되새기는 것만으로도 심박수가 증가할 것이다. 그런 경우, 누군가가 두렵거나 위험한 현실의 경험을 직면했을 때 나타내는 "싸움 혹은 도주(fight or flight: 투쟁-도피 반응이라고도 부른다. 교감신경계의 활성화로 인해 스트레스에 대처하는 데 필요한 반응과 에너지공급이 나타나서 혈압과 심장박동수가 높아지고 동공이 확대되며 소름이 돋는 교감신경계의 준비동작-옮긴이)" 반응과 유사한 메커니즘을 밝혀내는 일은 그다지 어렵지 않다. 아직 우리는 불에 타고 있다고 생각하는 동안 물집이 생기거나, 몸이 묶여 있는 사건을 다시 겪는다고 생각하는 동안 밧줄 자국들이 생기는 원인을 설명하는 메커니즘을 밝혀낼 수는 없다. 그러나 우리는 그러한 사례들이 유사한 정신적 이미지 자극들에 의해 생리적인 변화가 만들어지는 사례들과 크게 다르지 않다는 것을 알 수 있다. 그런 생리적인 변화는 우리가 쉽사리 설명할 수 있는 것이다.

이 모든 것의 요점은 마음이 우리의 현재 앎의 수준에서는 아직 설명할 수 없는, 신체의 변화를 만들어낼 수 있다는 것이다. 내가 마음이 라고 할 때 꼭 두뇌를 말하진 않는다. 뇌 속에 존재하는 생각, 즉 의식의 세계를 가리키는 것이다. 뒤에 유물론에 관해 얘기할 때 이에 대해서 더 논의하겠다. 만약 이 의식 또는 마음이 뇌가 죽은 후에도 존재한다면(만약 몸이 죽어도 우리의 일부가 살아남는다면), 그리고 재탄생을 위해 태아에게 들어갈 수 있다면, 그것은 살면서 변화시킬 수 있는 만큼 태아의 발달에 영향을 줄 수 있다. 자궁 안에서의 발달기는 태아의 몸이 영향에 쉽게 노출될 수 있는 시기라고 추정할 수 있기 때문에, 만일 이전의 연구들이 보여주었듯이 트라우마의 기억을 가지고 있는 동안 태아를 장악한 마음이 피부에 특별한 병변을 만들 수 있다면 그러한 기억들은 마음이 전생에서 경험했던 상처와 일치하는 모반이나 심지어 선천적 결함도 형성할 수 있다. 만약 마음이 하나의 삶에서 살아남아 다른 삶으로 이동한다면, 그 모반 사례들은 합리적으로 최면의 사례들과 같은 과정으로 포함될 수 있다.

우리의 모반 사례들은 종종 이 유형에 꼭 들어맞는다. 앞서 살펴본 패트릭은 이부형제인 케빈이 경험했던 병소들과 일치하는 듯한 반점들과 결함들이 있었다. 패트릭이 케빈의 재탄생이라고 가정해보면, 그런 병소들이 케빈으로서 원래의 트라우마를 통해 이미 겪은 후에는 불공평해 보일지 모른다. 그러나 몸에 영향을 주는 마음의 자연스러운 과정이 그러한 결함들을 초래할 수 있다. 비록 우리가 그러기를 바라지 않을지라도 말이다. 패트릭의 모반들은 대다수의 모반 사례들과 다르다. 아이의 모반은 이부형제인 케빈의 치명적 상처들과 일치하지 않는다. 케빈은 물론 폭력적으로 죽지는 않았다. 아이의 모반은 그 대신 케빈에게 특히 문제가 되었을 흉터, 결함들과 일치한다. 즉, 종양으로 생체검사를 받느라 생긴 머리의 흉터, 아장아장 걷는 아기가 중심 정맥에 바늘이 꽂혀 생긴 목의 흉터, 볼 수 없었던 불투명한 왼쪽 눈, 결과적으로 케빈의 불편했던 걸음걸이와 일치하는 절름발이. 이 모든 것들은 어린 케빈이 겪기에는 힘겨웠으리라. 그러한 외상성의 기억들이 비록 심한 상처들은 아니었을지라도, 패트릭의 태아 발달기에 흉터를 만들었을 것이다.

똑같은 이론이 인디카의 사례에 적용될 수 있다. 인디카의 코의 폴립은 이전 생 인물이 생의 마지막에 경험했던 코를 통한 튜브들과 일치한다. 차나이의 사례에서, 총탄에 살해된 것이 분명히 마음에 충격적인 경험이 되었을 것이고, 비슷하게 푸르니마의 모반들은 아이의 이전 생 인물이 버스에 치였을 때 육체적·감정적으로 트라우마를 겪었을 부상들과 일치한다.

네칩의 사례는 좀 더 복잡하다. 만약 아이가 네칩 부닥의 환생이라고 가정한다면, 우리는 왜 그가 전부가 아닌, 네칩 부닥의 상처들 일부에만 일치하는 모반들을 가졌는지 의아할 것이다. 스티븐슨 박사는 제안했다. 공격을 당할 때, 처음의 상처들이 다음 생으로 옮겨질 가능성이 더 클 것이다. 희생자가 상처를 입을 때 처음에 의식이 더 온전할 것이기 때문이다. 이 사례에서 네칩의 가장 눈에 띄는 모반들은 머리에 있었고 또한 가슴과 복부에도 모반들이 있었다. 네칩 부닥은 머리에 상처가 있었으나 가슴과 복부의 상처들이 치명적이었다. 스티븐슨 박사는 네칩 부닥이 치명적인 가슴과 복부의 상처들보다 먼저 머리에 상처를 입었다면, 머리의 상처들이 의식을 잃기 전에 그의 마음에 더 오래 머물렀을 것이라고 생각했다.

스티븐슨 박사가 지적하고 싶어 했듯이, 여기에는 어려움이 있다. 왜냐하면 부검하는 사람들이 우리를 위해 일하는 것은 아니기 때문에 그들은 가끔 상처들의 순서를 조사하려 하지 않는다. 이 사례에서, 네칩 부닥은 머리를 치이고 비틀거렸을 것이다. 그래서 다른 상처들은 그의 마음과 뒤이어 새로운 몸에 덜 영향을 주었다. 우리가 알 길은 없다. 그럴듯한 시나리오는 네칩 부닥의 왼팔에 남아 있는 상처들은 자신을 보호하려 했을 때 입었다. 그래서 적어도 조금의 의식적인 자각이 있었을 것이다. 그런데도 소년 네칩은 위에 언급한 것처럼, 팔에는 모반이 하나도 없었다.

또 하나의 가능성으로 고려할 것은 가장 외상이 깊은 감정의 상처들은 다음 생으로 옮겨올 만한 가능성이 크다는 것이다. 이것들은 종종 주인공이 처음 공격을 받았고 완전한 의식 상태였을 때 받은 상처들일 테지만, 항상 그런 것은 아니다. 네칩 부닥은 아마 그의 팔이 베일 때 몸에 상처들을 입을 때만큼 의식이 있었다. 그러나 소년 네칩은 팔에 모반이 하나도 없다. 우리는 네칩 부닥이 온전한 의식 상태에서 머리에 타격을 입은 후, 그가 몸에 입은 베인 상처들은 팔에 베인 상처보다 그에게 더욱 감정적으로 충격적이었으리라고 추측할 수 있다. 왜냐하면, 몸의 상처가 더 치명적이었으니까. 그러므로 네칩의 머리에 가장 두드러지게 모반들이 나타났고 또한 그의 몸에 덜 눈에 띄는 모반들이 나타났다.

또 다른 가능성은, 네칩 부닥의 몸에 있는 상처들이 모반들로 나타났는데, 몸의 상처들이 팔의 베인 상처들보다 더 심각한 부상이었기 때문이다. 스티븐슨 박사는 치명적 손상이 항상 가장 중요한 모반을 초래하지는 않으며, 단순히 심한 상처가 아닌 어떤 요소가 수반되어야 한다고 언급했다. 추측건대, 아마도 다칠 당시의 의식 수준이나 개인의 의식에 가해진 감정적 충격 등의 의식과 관련된 어떤 요소가 있어야 한다.

모반 사례에 관한 질문들

사례를 조사하며 한 가지 의문이 생겼다. 만약 한 삶이 종지부를 찍을 때의 트라우마가 다음 삶에 모반과 선천적 결함을 가져올 수 있다면, 왜 더 많은 아기가 모반과 결함들을 가지고 태어나지 않는 것일까? 이에 대한 하나의 설명에는 앞에서 시사했던 하나의 생각이 연루된다. 최면을 논의할 때, 나는 어떤 개인들에게 변화를 가져올 수 있다고 했다. 어떤 사람들은 다른 사람들보다 최면에 더 강한 반응을 보인다. 또 어떤 사람들은 전혀 최면에 걸리지 않을 수 있다. 재탄생의 경우, 우리는 어떤 개인들이 전생의 트라우마에 의해 새로운 몸에 손상이 있을 정도로 다른 사람들보다 더 민감할 거라고 기대할지도 모른다. 최면은 대부분의 사람들 피부에 반점들을 만들어내지는 못하지만, 어떤 이들은 그것에 특히 영향을 받기 쉽다. 마찬가지로, 죽을 때 입은 부상들은 대부분의 개인에게는 다음 생의 태아에게 영향을 줄 것 같지 않으나 어떤 개인들은 그것에 특히 영향을 받기 쉽다.

우리는 특정한 개인이 얼마나 민감해야 트라우마를 옮길 것인지를 뚜렷이 분별할 수 없지만, 문화적 신념들이 그 한 요소일 것이다. 만약 일반적인 문화적 신념이 전생의 트라우마가 태아기에 영향을 줄 수 있다는 가능성을 지지하면, 그 문화권의 개인들은 다른 문화권의 개인들보다 태아기에 영향을 더 받을 것이다. 최면 상태에서 무엇이 일어날 수 있는지에 대한 피험자의 기대들이 실제로 무엇이 일어나는 데 영향을 줄 수 있다. 또한 한 개인의 삶과 죽음에 대한 신념들이 모반과 같은 뒤이어 일어나는 사건에 영향을 줄 것이다. 이것은 적어도 부분적으로는, 왜 모반들이 다른 데보다 어떤 곳에서는 더 자주 일어나는지 설명이 된다. 패트릭의 사례에도 불구하고 미국 내에서는 모반 사례들이 아주 적다. 그 이유는 다른 문화권보다 미국인이 전생 트라우마가 모반으로 나타난다는 이론을 수용하지 않기 때문이다.

그렇다고 해도 모반 사례들과 그 사례들이 발견된 많은 지역공동체에서 가지고 있는 종교적 신념이 꼭 일치하지는 않는다. 카르마karma의 개념은 힌두교와 불교적 신념의 중심에서, 사람이 태어나는 조건들이 전생의 행위로 결정된다는 신념을 유지하고 있다. 그것을 토대로 우리는 살인이 뒤따르면, 희생자가 아니라 살인자가 업보 때문에 다음 생에서 모반이나 선천적 결함을 가질 것으로 생각할 수 있는데, 우리가 관찰한 바로는 그렇지 않다. 아이가 선천적 결함이 자기가 기억해낸 이전 생 행위의 응보였다고 생각하는 사례는 세 건뿐이다. 스리랑카의 위제라트네라는 소년이 그중 한 명이다. 소년은 자신이 태어나기 18년 전 교수형을 당한 삼촌의 삶을 기억했다. 삼촌은 결혼식을 취소한 여자를 찔러 죽였다. 위제라트네는 보통보다 훨씬 짧은 기형의 오른팔과 손을 갖고 태어났고, 오른쪽 가슴에 흉근이 없다. 위제라트네는 전생에 손으로 여자를 죽였기 때문에 기형의 손을 갖게 됐다고 말했다. 그러나 다른 사례들의 아이들은 모두 전생에서 상처를 입게 된 경위를 설명했다. 사례들의 양상은 정신적 이미지의 생각, 즉 신체적 변화를 가져오는 기억들에 더 밀접해 보인다. 그런데도 이러한 문화들에 속한 사람들은 보통 건강이나 신체에 대한 정신적 영향력에 더 열려 있는 듯하다. 반점들이 비록 카르마의 관념을 따른 것이 아니더라도 그러한 개방성이 그들로 하여금 전생 모반을 갖기 쉽도록 했을 것이다.

문화적 차이를 넘어서, 우리는 개인적 차이 또한 고려해야 한다. 비록 모반과 선천적 결함을 일으키는 전생이 미국보다는 다른 나라에서 훨씬 더 쉽게 받아들여질지라도, 개인들 사이의 기대가 아주 크게 작용할 것이다. 미국에서의 종교적 신념이 각각의 개인들에게 변주되는 것처럼, 대부분의 사례가 발견된 문화에 속한 사람들은 환생에 대한 신념의 정도가 다양하다. 개인의 신념과 기대의 정도는 뒤이은 모반의 가능성에 영향을 줄 것이다. 비슷하게 미국 문화에서의 일반적인 신념은 환생의 신념을 거부하지만, 어떤 개인들은 환생에 대한 기대가 강하다. 1장에서 소개했던 윌리엄이 이에 해당한다. 아이는 할아버지가 총상을 입은 치명적 상처들과 일치하는 심장 장애를 갖고 태어났다. 할아버지는 천주교 신자였으나, 환생의 신념 또한 갖고 있었다. 그 신념은 생각건대 다음 생에 치명적 상처와 관련된 모반을 갖도록 더 영향을 주었을 것이다.

떠오르는 다른 의문은 이것이다. 왜 그 많은 사례가 피부와 관계가 있는가. 손가락이나 손발의 숫자가 부족한 것과 같은 기형을 수반하는 경우도 다소 있으나, 내부 결함을 수반하는 경우는 극히 드물다. 우리는 그 이유를 추측할 수밖에 없지만, 아마도 그 또한 의식 현상과 관계가 있을 것이다. 우리는 내부 장기의 손상보다 피부 손상을 훨씬 더 많이 의식한다. 그래서 피부 손상에 대한 기억을 다음 생으로 옮겨올 가능성이 더 많을 것이다. 비슷하게, 살해당할 때 손가락이 잘려나갔다면 주인공은 확실히 그 일이 일어난 것을 인식하고 있으나, 예를 들어 총알에 찢긴 것에 대해서는 인식하지 못할 수도 있다. 신체장애는 이전 생 인물이 부상을 인식함으로써 일어날 것이고, 내부 장기들은 희생자가 구체적인 부상을 인식하지 못함으로써 보류될 것이다.

윌리엄의 사례는 예외다. 윌리엄의 심장 결함이 할아버지의 부상으로 나타난 것이라면, 우리는 왜 윌리엄의 가슴에 심장 장애에 부응하는 모반을 갖고 있지 않은지 의아할 것이다. 나는 그 의문에 대해 확답하지 못한다. 그러나 할아버지가 자신이 느꼈던 가슴 통증이 가슴에 총상을 입었기 때문이라고 생각하지 않았을까 하는 의심을 해볼 수 있다. 윌리엄의 할아버지는 피부보다 심장에 더 집중했을 것이다. 비록 윌리엄이 가슴 손상과 일치하는 모반이 없다 해도, 목에는 할아버지의 죽음과 관련이 있을지도 모르는 모반이 있었다. 캐롤 바우먼은 나에게 윌리엄과 아이의 엄마에 대해 언급했다. 내가 처음 그들과 만났을 때, 윌리엄의 엄마는 아이가 가진 어떠한 모반에 대해서도 말하지 않았다. 우리의 뒤이은 연락에 엄마는 윌리엄의 왼쪽 귀의 아래쪽의 목에 모반이 하나 있었다고 말했고 사진을 보내왔다. 이 모반은 부검 보고서에 기록된 대로 윌리엄의 할아버지가 목에 타박상을 입었던 부위와 같은 자리에 있다. 타박상은 심했음이 틀림없다. 부검 보고서에 한 단락의 설명으로 기록되었기 때문이다. 윌리엄의 엄마는 사실 자신의 아빠가 그곳에 총상을 입지 않았을까 생각했으나, 부검 보고서에 총알이 들어가고 나온 것에 대해 아무 기록도 없으므로 그 타박상은 총알이 목의 그 언저리를 스쳐 지나가며 생겼을 듯하다. 할아버지가 고통을 겪은 트라우마와 일치하는 심장 장애와 더불어 윌리엄은 타박상과 일치하는 모반은 있지만, 할아버지의 몸에 생긴 가지각색의 총알이 들고 나온 상처들과 일치하는 어떤 모반도 없다. 이에 대해 추측하건대, 아마도 윌리엄의 할아버지는 치명적인 심장의 트라우마에 집중하기 전에 목의 부상에 대해 먼저 의식하고 있었고, 다른 총알들의 충격에 대해서는 특별히 집중하지 않았다.

윌리엄의 사례는 또한 내부 장기의 손상들에 관한 소수의 사례를 산출하는 데 수반될 수 있는 실질적인 요소를 나타낸다. 아시아의 마을에서 태어난 윌리엄과 같이 심장 장애가 있는 아기는, 태어난 후 며칠 만에, 아니면 더 빨리 죽었음이 틀림없다. 아기는 전생에 대해 말할 기회를 결코 얻을 수 없었을 것이고, 우리는 그 사례에 대해 결코 알 수 없었으리라. 아마도 내부 장기 손상이 있는 사례들은 일어나겠지만 아이들이 이른 나이에 죽기 때문에 재탄생의 사례로 알려지지 못할 것이다.

시험 모반

이미 설명했듯이, 시험 모반은 아시아의 몇 나라에서 실행된다. 누군가, 대개는 가족 구성원이나 친한 친구들이, 고인의 사망 전후의 몸에 종종 검댕이나 밀가루 풀로 표시를 한다. 이는 그 인물이 재탄생했을 때, 아기가 고인의 몸에 낸 표시와 일치하는 모반을 갖고 나오리라는 믿음에서 나온 행동이다. 표시하는 사람은 표시하는 동안 죽어가는 사람이 그 표시를 새로운 몸으로 가져가기를 기도한다. 한 아이가 나중에 같은 자리에 모반을 가지고 태어나면, 사람들은 고인의 몸에 했던 표시와 일치한다고 말한다.

스티븐슨 박사는 서양에서 이 관습을 충실하게 처음부터 끝까지 기록한 첫 번째 인물이지만, 다른 글쓴이들도 그것에 관해 공식적으로 언급했다. 예를 들면, 달라이 라마는 자서전에서 자신의 가문에서 일어난 한 사례에 관해 썼다. 달라이 라마의 남동생은 두 살에 죽었다. 남동생의 죽은 몸에 버터 얼룩으로 작은 표시를 새겼다. 엄마는 죽은 남동생에게 표시했던 자리와 같은 자리에 희미한 반점을 가진 다른 아들을 낳았다.

그 사례는 꽤 전형적이다. 스티븐슨 박사는《환생과 생물학》에 그런 사례를 20건이나 다루고 있으며, 유르겐 케일 박사와 나는 타이와 미얀마를 여행하는 중에 18건을 더 발견했다. 이들 사례에서, 표시는 보통 고인이 그 표시를 가지고 같은 가문에서 태어날 거라는 기대로 만들어진다. 18건의 사례 중 15건이 같은 가문에 태어난 경우였다. 표시와 모반이 그 지역의 어떤 아이라도 고인의 재탄생이라고 간주할 수 있는 상황과 비교하면, 단순히 우연한 일치로 들어맞는다고 여길 확률은 줄어드는 듯하다.

덧붙이면, 18건의 사례 중 6건은 아이들이 이전 생과 연관된 진술을 했다. 그리고 다른 아이 중 몇 명은 우리가 만났을 때 너무 어려서 나중에 진술했을 수 있다. 그 사례 중 몇 명의 아이들은 이전 생 인물을 암시하는 진술과 더불어 특이한 행동들을 보인다. 반면에 다른 사례들에서는, 모반이 유일한 연결 고리다.

케일 박사와 내가 연구한 한 사례가 좋은 예다. 클로이 맷위셋은 1990년에 타이에서 태어난 아이다. 아이가 태어나기 열한 달 전에 외할머니가 당뇨로 죽었다. 죽기 전에, 외할머니는 며느리에게 남편이 했던 것과 같이 정부를 가질 수 있는 남자로 다시 태어나고 싶다고 말했다. 며느리는 시어머니가 다시 태어나면 알아볼 수 있도록 하얀 풀로 뒷목 아래쪽에 표시했다.

클로이의 엄마는 임신 세 달째에 태몽을 꾸었다. 꿈속에서 죽은 엄마가 와서 말하기를 그녀에게서 다시 태어나고 싶다고 말했다. 클로이의 엄마는 죽은 엄마의 몸에 표시하는 것을 보았었다. 클로이가 태어나자 그녀는 엄마에게 표시했던 같은 자리인 아이의 목 뒤쪽에 모반이 있는 것을 알았다. 우리는 아이를 만나 목 뒤쪽에서 아래로 손가락으로 만든 표시와 일치하는 모양을 한 아주 눈에 띄는 수직의 희미한 얼룩을 보았다. 표시를 한 고인의 며느리가 유별난 모반이 시어머니의 몸에 표시했던 것과 같은 자리에 있다고 확인했다.

클로이가 꽤 어렸을 때, 아이는 전생에 관해 몇 가지 진술을 했다. 아이는 자신이 외할머니였다고 말했다. 엄마에게는 자신이 엄마였다고 말했다. 또한 외할머니의 논이 자신의 소유라고 말했다. 게다가, 아이는 여성적인 행동을 몇 가지 보였다. 여자가 되고 싶었다고 종종 말했던 아이는 보통 앉아서 소변을 보았다. 또한 여자 옷을 즐겨 입었는데, 여러 번 엄마의 립스틱을 바르고 귀걸이를 하고 옷을 입었다. 학교에서는, 소년들보다는 소녀들과 놀거나 공부하는 것을 즐겼고 나무를 탄다거나 하는 소년들이 하는 전형적인 남자아이들의 놀이에는 관심이 없었다. 부모는 아이의 소녀 취향에 불만이 있어서, 아이에게 외할머니가 재탄생한 것이라는 사실을 절대 말하지 않았다고 했다.

클로이의 성적 취향이 성 정체성 장애를 암시하는데, 6장에서 그러한 행동에 관해 더 다루도록 하겠다. 지금은 모반과 그것들이 어떻게 생기는지에 대해서 초점을 두고 싶다. 하나의 가능성은 물론, 우연한 일치다. 그것으로는 그 사례의 다른 특색은 설명되지 않는다. 게다가 이 유별난 모반이 이전 생 인물의 며느리가 정확히 똑같은 표시를 부탁받은 후에 단지 우연히 생겼다고 말하려면, 합리적인 선 너머로까지 확대하여 해석해야 할 것이다.

환생이 아닌 또 다른 가능성으로 고려해볼 만한 것으로는, 아이가 이전 생 인물의 재탄생이 아닐지라도, 엄마의 소망이나 기대가 어떻게든 그 반점을 만들었다는 것이다. 대부분의 시험 모반 사례들은 같은 가문에서 일어나기 때문에, 주인공의 엄마는 몸에 표시할 때 보았거나 적어도 그에 관해 알고 있다. 엄마의 바람이든 기대든 작고한 가족이 엄마의 아이로서 재탄생하는 것이, 예고된 모반을 가진 아이를 낳도록 이끌 수 있는지는 의문스럽다. 이 가능성을 고려해볼 때, 우리는 다시 최면의 사례들을 기억할 필요가 있다. 만약 마음속의 한 이미지가 사람의 몸에 반점을 만들 수 있다면, 엄마의 마음속에 있는 하나의 이미지가 발달기에 있는 태아의 피부에 반점을 만들어낼 수 있을까? 이것은 신체적 기형인 사람을 보고 불안에 떨었던 임산부가 나중에 같은 장애를 가진 아이를 출산한다는 경우로 묘사되곤 했던, 19세기 말에 유행한 개념인 모성의 영향 사례들과 비슷하다고 하겠다. 사람들은 결국 그 개념이 불합리하다고 결론지었다. 비록 우리가 지금은 태반의 방벽이 이전에 사람들이 생각했던 것보다 훨씬 더 구멍투성이라고 알고 있지만, 그것을 설명하기 위한 메커니즘을 상상할 수 없기 때문이다. 스티븐슨 박사는 《환생과 생물학》에서 모성의 영향에 대해 다양하게 출판된 사례들의 목록을 만들었다. 그 목록에는 분명 약간의 두드러진 우연한 일치 사례들이 포함되는데, 아마도 가장 두드러진 것으로는, 페니스 절단으로 생긴 남동생의 상처에 큰 충격을 받은 후 (전대미문이라 할 정도로 드문 경우이지만) 선천적으로 페니스가 없는 남자아이를 낳았던 임산부의 사례를 들 수 있을 것이다.

어떤 사건에서든, 시험 모반 사례는 최면과 모성의 영향 사례들과 적어도 한 가지 중요한 점에서 다르다. 최면은 분명히 마음의 예외적인 상태이고, 모성의 영향 사례에서는 엄마가 보았던 신체장애로부터 감정적으로 강하게 영향을 받았다. 시험 모반 사례에서 엄마는, 생각건대 가족의 죽음 때문에 불안한 상태지만 표시하는 것을 보았고, 감정적으로 별 영향을 받지 않았다. 게다가 엄마는 임신하기 전에 그 표시 현장을 보았다. 우리는 임신기에 겪는 심적 외상이 태아의 발달에 영향을 줄 만큼 특히 민감한 시기일 것이라는 것을 잘 상상할 수 있다. 엄마가 임신하기 몇 달이나 몇 해 전에 보았던 이미지가 아기의 몸에 반점을 만들어낼 수 있다는 생각은 덜 논리적인 듯하다. 아마도 우리는 아이가 이전 생 인물의 재탄생일 것이라는 기대나 소망이 충분히 강했기 때문에 고인의 몸에 해놓은 표시와 일치하는 모반을 가진 아이를 낳았을지 모른다고 생각해볼 수 있을 것이다. 그러한 모반에 대한 설명은 물론, 어떤 사례들에서는 그 아이들의 진술과 행동을 해명해주지 못할 것이다.

환생의 가능성에 대해서는 몸에 표시하는 시점에 관한 문제점이 있다. 표시하는 것이 때로는 고인이 죽기 전에 행해지기도 하지만, 대체로 사람이 먼저 죽는다. 때로는 그 사람이 죽은 며칠 후에 표시할 수도 있고 화장 절차에 앞서 진행될 수도 있다. 그렇다면 모반을 만드는 데 있어서 단지 몸에 눈에 띄는 표시를 하는 것 이상의 무엇이 개입되어야만 할 것이다. 왜냐하면 표시한 뒤 즉시 이루어지는 화장도 표시가 만들 수 있는 만큼 효과를 가져올 것이라 기대되지만, 실제로 아기는 나중에 아무런 영향도 나타내지 않기 때문이다.(몸 표시 직후의 화장이나 몸의 표시만 가지고는 모반이 만들어지지 않는다는 뜻 - 옮긴이)

적어도 두 가지의 가능성을 고려해봄직하다. 하나는 살아남은 의식이 사망 후에 얼마간 몸 가까이 머물 수 있다는 것이다. 그것은 8장에서 다루게 될 이전 생 인물의 장례식에 대해 아이들이 묘사하는 것을 모은 특별 보고서들과 일치한다. 몸에 만든 표시는 뒤이은 모반의 원인이 될 정도로 감정적 영향을 초래할지도 모른다. 다른 사례들에서의 상처와 마찬가지로 나중에 주인공들의 모반들과 일치할 수 있다. 또 하나의 가능성은 표시자가 말하는 기도가 표시 그 자체보다 더 중요할지도 모른다는 것이다. 그 사람이 고인에게 다음 생으로 그 표시를 가져가도록 부탁할 때, 표시자의 의식이 뒤이은 모반을 만들기 위해 고인의 의식에 연결될 수 있다. 우리는 임종의 시간이 특히 민감한 시간이 될 것으로 추측할 수 있다. 그리고 미래의 아이에게 표시가 나타나도록 유발하는 데 있어서 기도하는 사람은 후최면성암시posthypnotic suggestion와 거의 비슷한 역할을 할 것이다.

어떤 사건에서든 이러한 시험 모반 사례들은 확실히 흥미로울 수 있고, 일반적으로 그런 현상에 관한 실마리를 안겨줄지도 모른다. 그것들은 죽기 전과 마찬가지로 죽음 뒤에 만들어지는 흠들이 포함된 사례들이 일어날 수 있다는 것을 보여준다. 만약 이것들이 환생의 사례들이라면, 이는 의식이 사후 얼마 동안 일어나는 사건에 의해 영향을 받을 수 있다는 것을 가리키는 듯하다. 그것들은 적어도 내게는 모반 사례들이 몸에 있는 눈에 보이는 상처들보다 더한 어떤 것 때문이라는 것을 암시한다. 이는 어떤 면에서는 논리적이다. 어떻게 의식이 실제 육화된 몸이 없이도 신체적 상처를 옮겨올 수 있는지 상상하기 어렵기 때문이다. 만약 신체적 상처가 마음의 이미지를 만들어낸다고 생각한다면, 의식이 태아에 들어갈 때 마음의 이미지가 태아 발달에 영향을 줄 수 있다는 개념은, 다른 특별한 상황에서 마음 이미지가 어떤 영향을 준다는 생각과 다르지 않다.

설명들에 대한 고려

일반적인 모반 사례를 설명하는 데 있어, 다수의 사례에서 주인공의 가족은, 작고한 이전 생 인물이 가족의 구성원이었거나 친구, 또는 적어도 지인이었기 때문에 아이가 태어나기 전에 그 고인의 죽음에 대해 알고 있다는 사실을 우리는 안다. 그럴 때, 일반적 설명으로만 제한하자면, 우리는 그 부모들이 고인의 죽음에 대해 알고 있다는 것이 모반이나 선천적 결함의 원인이 된다고는 추측할 수 없다. 그러나 그 반점이나 결함 때문에 부모들이 아이가 고인의 재탄생이라고 결정하기에 이른다고 추측할 수는 있다. 우리는 그때 다음과 같이, 보통의 수단을 통해 얻어진 정보의 시나리오든 정보 제공자의 잘못된 기억의 시나리오든, 아이의 전생 진술을 설명해볼 수 있다. 아이가 재탄생한 사례라고 결정하고 나면, 부모는 그 생각을 아이의 머리에 심어줄지도 모른다. 아이는 전생 이야기를 믿게 된다. 아이는 그때부터 이전 생 인물이라고 주장하기 시작하고, 또한 그 사람의 삶에 관한 토막들을 골라내어 자기가 기억하는 전생이라고 말할 수 있다. 그 부모가 열광해서, 아이가 한 진술들을 잘못 해석하여 아이가 실제로 가진 것보다 더 많은 전생에 관한 정보를 보여줄 수도 있다. 어떤 경우든 부모의 최초 신념이 아이의 진술로 확고해져서, 관련된 모든 것들이 아이가 이전 생 인물의 재탄생한 것이라고 믿어질 것이다.

가족이 이전 생 인물을 알고 있다 해도, 아이가 이생에서는 알아낼 수 없는 전생에 관한 정보를 가졌다는 가족들의 반복된 증언과 대립한다. 그 문제는 차치하더라도, 우리는 여전히 모반이나 선천적 결함을 설명해야 한다. 그리고 그 사례들 중 일부는 아주 평범하지 않다는 것을 기억해야 한다. 패트릭 크리스틴슨의 사례에서, 아이는 세 가지의 유별난 결함이 있었고 걷기 시작하자 절뚝거리는 게 나타났다. 그러한 조합이 어떤 상황에서든 일반적인 것은 아니다. 그러나 죽은 이부동생의 것들과 일치하는 아이의 모든 결함이 그 상황을 오히려 비상하게 한다. 비슷하게 차나이 추말라이웡은 총알이 뚫고 들어간 듯한 작은 둥근 모반이 아이의 뒷머리에, 그리고 총알이 뚫고 나온 상처인 듯한 큰 부정형의 모반이 앞이마 쪽에 있었다. 그것만으로도 별나지만, 뒤에서 총격을 받은 학교 선생의 삶에 관한 아이의 진술을 고려해볼 때, 그것들은 아주 비상한 것이 된다. 이들 상황에서, 모반에 대해 유일하게 일반적인 설명으로 적용 가능한 것은 우연한 일치의 설명이다. 그런데 그럴듯하지 않은 일치들이 단순히 우연히 일어난 거라면, 이 설명은 만족스럽지 못하다.

그리고 이것들은 설명하기 쉬운 사례들이다. 주인공의 가족들이 이전 생 인물에 대해 들은 적이 없는 사례들을 살펴보면, 일반적인 설명은 훨씬 힘들어진다. 인디카 이시와라와 푸르니마 에카나야케는 모반이 있을 뿐 아니라, 먼 곳에서 죽은 이방인에 관해 셀 수 없이 많은 진술을 했다. 그 진술은 아이의 모반과 일치하는 병소를 가진 특정한 고인과 들어맞는다고 증명됐다.

우리는 모반을 설명하는 한 방편으로 다시 우연한 일치로 돌아갈 수 있다. 그러나 우리는 그 진술들 또한 설명해야 한다. 자전거 사고로 죽은 향 제조업자에 관한 세부 사항을 포함하여 이전 생 인물에 대해 20가지의 진술들을 한, 그리고 그 지역에서는 취급하지 않는 향의 상표까지도 정확히 말한 푸르니마의 사례에서는, 우연한 일치란 정말 사실적인 설명이 아니다. 그런 사례에서 우리는 진술의 정확성을 확인하기 위해 다른 설명들을 사용하는 동시에 모반에 대해서는 우연한 일치로 설명해볼 수도 있겠다.

보통의 수단을 이용하여 얻은 정보는 만약 이전 생 인물이 같은 지역공동체에 살았다면 설명이 될 수 있다. 그러나 이전 생 인물이 주인공의 집에서 145마일 떨어진 곳에 살았던 푸르니마의 사례에서 보았던 진술들을 설명하기에는 꽤 부적절해 보인다. 진술을 설명하는 또 다른 방법은 정보 제공자의 잘못된 기억을 탓하는 것이다. 이 설명으로는 푸르니마와 그 아이와 비슷한 사례의 아이들은 그들이 했다고 믿었던 진술을 실제로는 하지 않은 것이다. 애초에 그 아이들의 진술을 믿지 않기 때문에 정확한 진술이 믿기지 않는 우연한 일치라고 말할 필요도 없다.

그러므로 모반들의 사례와 이전 생 인물이 상당히 먼 곳에 살았던 사례들에 대해서 우리는 기묘한 우연의 일치 때문에 모반들이 생긴다고 말할 수 있고, 그 진술들은 부정확하게 기억됐다고 말할 수 있다. 다른 일반적인 설명은 정말 말이 되지 않는다. 우리는 이 다른 유형의 사례들을 살펴본 뒤에 정보 제공자에 의한 잘못된 기억이라는 의문에 다시 돌아갈 것이다.

초자연적인 설명들에 대해서는, 단순히 초자연적인 정보의 전이 이상이 수반되기 때문에 프사이로는 모반 사례들을 쉽게 설명할 수 없다. 비슷하게 빙의로는, 우리가 빙의 현상을 태어난 후에 일어난다고 여기는 한 모반들을 설명할 수 없다. 한편 의식이 트라우마 때문에 깊이 영향을 받아 이전 생 인물의 몸에 있는 부상들에 집중하여, 태아의 발달기에 영향을 주어 비슷한 반점을 나타낸다는 환생으로는 그 사례들을 설명할 수 있다. 또한 아이들이 일치하는 부상들을 가진 어떤 사람의 전생 기억을 보고한다는 것이 사실이라면, 환생이 확실히 가장 분명한 초자연적 설명이고 그리고 이 유형의 사례에 대한 아마도 유일한 발전의 여지가 있는 설명일 것이다.

모반 사례들에 대한 설명을 요약하면 대부분의 사례들이 가족 구성원들, 친구들 사이에 일어나지만, 또한 어느 정도는 완전히 낯선 사람들 사이에서도 발생한다고 말할 수 있다. 만약 이 사례들이 환생의 사례들이면 그 메커니즘은 트라우마 때문에 의식에 새겨진 정신적 이미지들이다. 그리고 시험 모반 사례들은 이전 생 인물의 죽음 이후 아주 짧은 시간 동안에도 각인이 일어날 수 있다는 것을 암시해준다.

chapter

5

아이들은 전생을 어떻게 진술하는가

A Scientific Investigation of
Children's Memories of Previous Lives

Life before Life

수짓 자야라트네는 스리랑카의 수도인 콜롬보 교외 출신의 남자아이이다. 태어난 지 겨우 여덟 달 밖에 되지 않았을 때 트럭과 로리lorry(트럭이라는 영국말로 신할라어의 일부가 된 말)라는 낱말에도 강한 공포심을 드러냈다. 말을 할 정도가 되자, 7마일 떨어진 고라카나Gorakana에서 살았었고 트럭에 치여 죽었다고 말했다.

아이는 전생에 대해 수많은 진술을 했다. 근처 절의 스님인 큰할아버지는 진술을 좀 듣고는 절에 있는 젊은 스님에게 수짓에 대해 말했다. 흥미를 느낀 젊은 스님은 당시에 세 살이 채 되지 않은 수짓과 전생 기억에 대해 대화를 나눴고, 그 진술들이 조금이라도 실증되기 전에 대화를 메모했다. 수짓은 이전 생에 고라카나 출신이고 고라카와테 구역에서 살았었으며 자미스라는 이름을 지닌 오른쪽 눈의 시력이 나빴던 아빠가 있었다. 카발 이스콜레(Kabal Iskole: 낡아빠진 학교라는 뜻)에 다녔으며, 그곳에 프랜시스라는 선생이 있었고, 음식의 한 종류인 스트링하퍼스string hoppers를 준비해준 쿠수마라는 여자에게 돈을 주었다. 아이는 칼레 판살라Kale Pansala, 즉 숲의 사원에 돈을 주었다는 것을 넌지시 말했고, 두 스님이 거기 있었는데 그중 한 명의 이름이 아미타였다고 했다. 아이는 이전 생의 집이 하얗게 빛바랬고, 울타리 옆에 변소가 있었으며, 찬물에 목욕했다고도 말했다.

수짓은 엄마와 할머니에게 이전 생 인물이 확인되기 전에는 아무도 기록하지 않은 전생에 대한 다른 이야기들도 많이 했다. 아이는 자신의 이름이 새미였고, 때로는 자신이 "고라카나 새미"라고 불렸다고 했다. 아이가 스님에게 언급했던 쿠수마라는 여자는 고라카나 여동생의 딸로, 고라카나에 살았고 머리숱이 많았다고 했다. 아내 이름은 매기였고, 딸은 난다니에였으며 이전 생에 철도 회사에서 일했고 스리랑카 중앙부에 있는 높은 산인 아담스피크를 한 번 등반했다고도 말했다. 밀수하는 아라크(arrack: 야자 즙·당밀 등으로 만드는 중근동 지역의 독한 증류주－옮긴이) 술을 배로 수송했는데, 언젠가 배가 뒤집혀서 선적한 아라크 술이 몽땅 가라앉은 적도 있었다. 자신이 죽던 날 아내인 매기와 말다툼을 했고 아내가 집을 나간 뒤 가게에 가려고 나섰다가, 길을 건널 때 트럭이 덮쳐 죽었다고 했다.

젊은 스님은 고라카나에 가서 수짓의 진술과 일치하는 삶을 산 고인의 가족을 수소문했다. 얼마간의 노력 끝에, 때로 "고라카나 새미"라고 불린 새미 페르난도라는 쉰 살 남자가, 수짓이 태어나기 여섯 달 전에 트럭에 치여 죽었다는 것을 알아냈다. 트럭에 치이자마자 죽었다는 진술만 빼고 수짓의 진술 모두가 새미 페르난도의 삶과 들어맞는다는 것이 증명되었다. 새미 페르난도는 사고 직후 병원에 수송되어 한 시간에서 두 시간 사이에 죽었다.

한번 새미 페르난도가 이전 생 인물로 확인되자, 수짓은 새미의 삶과 관련된 몇 사람을 알아보게 되었고 페르난도의 소유지에 일어난 변화들에 대해서 말할 수 있었다. 아이는 두 가족 외의 다른 증인들이 없는 가운데 많은 것을 식별해내었다. 스님은 가족 외의 다른 사람의 이야기로, 아이가 새미 페르난도의 조카 이름을 말하는 것을 들었다.

스티븐슨 박사는 수짓이 전생에 새미 페르난도였음이 처음 확인되고 1년 뒤에 증인들을 취재했다. 스티븐슨 박사는 세 살 반의 나이에 여전히 전생에 대해 말하고 있는 수짓을 포함하여 그 사례 조사의 일환으로 35명을 취재했다. 스티븐슨 박사는 사례가 진전되기 전에는 수짓과 새미의 가족들이 서로 몰랐지만, 수짓의 이웃 두 사람이 새미 페르난도와 어떤 연관이 있었다는 것을 알아냈다. 수짓의 가족이 새미의 이전 생의 술친구였던 한 사람은 조금 알고 있었지만, 다른 한 사람인 새미의 여동생은 전혀 몰랐었다. 가족은 스님이 고라카나에 가기 전에는 수짓이 무슨 말을 하고 있는지 전혀 감을 잡을 수가 없었다. 사실 수짓의 엄마도 스님도 사례가 진전되기 전에는, 콜롬보 지역에서 상당한 거리에 있는 꽤 작은 마을에 살고 있어 고라카나에 대해 들은 바가 없었다.

수짓은 페르난도의 삶과 관련하여 트럭에 대한 공포증 말고도 다른 행동을 보였다. 아이는 아라크 술을 마시는 척하고는 술 취한 행동을 하곤 했다. 또한 할머니가 말릴 때까지 아이에게 술을 마시도록 강요한 사람을 포함하여 이웃들로부터 아라크 술을 받아 마시려고도 했다. 게다가 담배를 피우려고까지 했다. 수짓의 가족 중에는 아무도 아라크 술을 마시거나 담배를 피우는 사람이 없었으나 새미 페르난도는 둘 다 아주 많이 마시고 피웠었다. 수짓은 또한 그의 식구들은 어쩌다가 한번 먹는, 어린아이에게 주기에 적합하다고는 보통 여겨지지 않는 새미 페르난도가 자주 즐겨 먹었던 매운 음식들을 달라고 하였다. 걸음마하는 아기로서는 육체적으로 과격한 경향이 있었고, 음란한 말을 하는 경향이 있었는데, 둘 다 페르난도가 취했을 때 하던 습관과 같았다. 수짓이 여섯 살이 되었을 때, 아이는 새미 페르난도의 삶에 관해 말하는 걸 멈췄고 이전에 보여주었던 이상한 행동도 덜 드러냈다. 그러나 여전히 사람들이 아라크 술을 마시고 있으면 달라고 했다.

이것을 어떻게 받아들여야 할까? 이 사례에 대해 단순하고 일반적인 설명을 하고 싶을 테지만, 정말 이 모든 사람이 정교한 계략을 짜서 스티븐슨 박사를 우롱했다고 생각하는가? 또는 수짓이 제공한 세부 정보들이 새미 페르난도의 삶과 어쩌다 맞아떨어진 걸까? 또는 수짓의 가족과 아무런 관련이 없었던 새미의 여동생이나 이전 술친구가 새미의 삶에 관한 이런 실없는 내용을 몰래 수짓에게 얘기해줘서 아이로 하여금 자신이 새미였다고 생각하게 만들었을까. 수짓의 사례는 많은 사례 중의 하나일 뿐이니, 더 많은 사례를 간단히 살펴보기로 하겠다.

전생에 대한 진술의 특징

수짓의 사례는 이들 사례 가운데 전형적인 특징을 다수 보이고 있다. 어린아이가 전생에 대한 기억이 있다고 되풀이하여 주장하고, 그 아이의 진술과 일치하는 삶을 산 고인을 확인할 정도로 충분한 정보를 제공한다. 진술의 특징을 더 자세히 살펴보도록 하자.

| 전생에 대해 말하는 나이 |

수짓이 전생에 대해 처음 말을 꺼냈던 나이는 두 살 반이었는데, 평균 나이는 35개월이다. 일부의 사례들에서는 아이들이 정보를 전달할 수 있을 정도로 말이 숙달되기 전에는 전생과 관련한 것들은 몸짓으로 표현하는 등 말을 사용하지 않고 이루어진다. 쿰쿰 베르마(이 사례는 간략히 기술하겠다)는 대장장이라는 말을 몰랐다. 그래서 이전 생의 아들이 해머를 가지고 일했다고 말할 때, 대장장이가 해머를 내리치는 모양과 풀무질을 어떻게 하는지를 몸짓으로 보여주었다. 만약 전생의 기억이 존재하고 우리가 그것을 기대한다면, 애초부터 이른 나이에 그것을 전달하는 의사소통이 있는 것이 당연하게 보인다. 그렇지만 예외는 존재하기 마련이다. 좀 더 자란 아이들이 전생의 기억을 보고할 때면, 종종 눈에 띄는 어떤 사물들이 과거의 사건들을 생각나게 하는 듯하다. 제임스 맷록James Matlock 박사는 95건의 사례를 분석해서 전생을 말하기 시작할 때 주인공의 나이가 많을수록 주위의 신호가 최초의 기억을 자극할 가능성이 더 많다는 것을 발견했다.

수짓이 여섯 살쯤부터 전생에 대해 말하기를 멈췄다는 것 또한 전형적이다. 대부분의 아이가 예닐곱 살쯤 멈추는데, 전생에 관해 말하기를 멈출 뿐만 아니라 물어보면 종종 어떤 기억도 없다고 한다. 왜 그렇게 될까 궁금할 것이다. 이 나이는 보통 학교에 다니기 시작할 때이기 때문에, 지금의 삶에 아주 몰입하게 되어 다른 기억들은 놓아버릴 거라는 것이 하나의 가능성이다. 더 중요한 건, 아마도 이 시기는 모든 아이가 유아기 초기의 기억들 대부분을 잃을 때라는 것이다. 걸음마를 하는 아기는 가족의 친구를 알아볼 수 있지만, 그 사람이 이사를 가버리면 예닐곱 살이 되었을 때에는 그 사람에 대한 기억이 전혀 없을 때가 많다. 이것을 "유아기 초기의 기억상실(건망증)"이라고 한다. 원인은 논란의 여지가 있지만, 그 현상은 의심할 바 없다.

일반적인 논리에 따르면 전생 기억을 가진 아이들이 비슷한 나이에 기억을 잃을 것이라 생각한다. 그 나이보다 오래 전생을 기억하는 아이들을 보면 "어떻게 기억할 수 있지" 하며 의아해한다. 그 아이들은 여러 가지로 차이가 있는데, 어떤 개인들이 성인이 되어서도 유아기 때의 일을 상당히 기억한다고 보고하는 것과 같이 어떤 주인공들은 성인기까지도 여전히 전생 기억이 있다고 보고한다. 그런데도 대부분의 주인공들은 몇 년만 지나면 전생에 대한 모든 것을 몽땅 잊어버리는 듯하다. 다른 문화권의 300건 사례 가운데, 주인공들이 전생에 대해 말하기를 멈춘 나이의 평균은 72개월(6년)이었다. 그런데 해결 사례의 주인공들은 미결 사례의 주인공들에 비해서 이전 생의 기억들을 오래 유지하는 경향이 있다. 추측건대 가족 간의 왕래로 그 기억이 강화된 때문이리라.

| 진술의 자세한 내용 |

전생에 대한 수짓의 이야기는 꽤 전형적인 사례다. 죽을 때 성인이었던 사람의 삶을 이야기했기 때문에, 수짓은 대부분 그 이전 생 인물의 성인기와 관련된 사람과 장소에 대해 말했다. 전생을 말하는 주인공들 일부는 때때로 수짓이 새미가 다녔던 학교에 대해 설명한 것처럼 오래된 항목에 대해 말한다. 그러나 대부분은 이전 생 인물의 삶의 마지막 부분을 이야기한다. 물론 이는 이전 생 인물의 죽음에 대해 말하는 것을 포함한다. 수짓은 주인공들 75퍼센트가 그렇게 하는 것처럼, 치명적 사고로 이어진 그날의 사건을 묘사했고 죽은 이유도 말했다. 이 패턴은 한 삶에서 다음 삶으로 옮겨지는 기억의 개념과 일관된다. 우리 현생의 기억들도 오래된 것보다는 현재의 사건들이 더 선명한 것과 마찬가지로, 이 아이들의 기억도 전생의 막바지의 항목들에 초점이 맞춰져 있다. 마치 이전 생 인물이 죽은 시점에서부터 기억이 그대로 옮겨져서 현생으로 이어지는 것처럼 말이다.

그렇다고 아이들이 전생의 초기 기억을 보고하지 않는다는 뜻은 아니다. 새미의 학교와 그곳의 한 선생에 대한 수짓의 진술은, 새미 페르난도의 인생 막바지의 중대 관심사는 아마도 아니었던 일들이다. 그러나 이는 아이들의 전생 사건에 대한 기억이 성인인 우리들의 기억과 얼마나 비슷한지 보여준다. 우리는 보통 과거로부터 가장 중요한 사건을 기억하면서 유아기 시절의 기억을 무작위로 가지고 있을 수 있다.

수짓의 참사에 대한 묘사는 다수의 사례 가운데 전형적이다. 이전 생 인물의 죽음의 형태가 알려진 사례에서는, 70퍼센트가 자연스럽지 않은 사건에 의해서 죽었다. 여기에는 살해와 같은 고의적인 경우와 자살, 고의가 아닌 사고로 인한 죽음 모두가 포함되며 폭력적인 죽음과 익사도 포함된다. 70퍼센트라는 수치는 사례들이 발견된 어떤 지역에서도 비정상적인 죽음의 실제 비율보다 훨씬 높다.

의심 많은 사람은 사람들이 자연사보다 참사를 더 얘기하는 경향이 있으며, 아이들도 참사에 대해 들었다가 그것을 기억한다고 우기는 것이라 주장할 수도 있다. 수짓의 사례가 그 주장의 약점을 입증한다. 새미 페르난도가 트럭 앞으로 뛰어들어 일어난 죽음은 그 사망 사고 발생 후 3년이 지나서도 계속 대화의 소재가 될 만큼 이례적인 일은 아니었다. 더구나, 수짓은 새미 페르난도의 죽음과 전혀 관련이 없는데다 당시에는 아무 데서도 거의 논의가 이루어지지 않는 많은 세부 사항들을 설명했다.

거의 모든 아이가 임종에 대해 얘기하지만, 이전 생 인물들이 자연사한 사례들과 비교하여 참혹하게 죽은 사례들에서 그에 대해 더 많은 진술이 이루어졌다. 사례 전체에서 75퍼센트의 아이들이 이전 생 인물이 어떻게 죽었는지 묘사하는데, 자연사의 경우에는 임종 상황에 대해 진술하는 경우가 57퍼센트 뿐이다. 이는 병사의 경우는 갑작스럽거나 참혹한 죽음 만큼 의식에 영향을 주지는 않을 것임을 암시한다. 나는 참사들이 환생의 과정에서 무엇을 뜻하는지에 대해 더 논의하겠다. 마지막 장에 이르렀을 때, 우리가 환생을 하나의 가능성으로 받아들인다면 말이다.

| 이야기하는 자세 |

전생에 대해 말하는 아이들의 자세는 다양하다. 일부 아이들은 전생의 기억을 초연하게 이야기하는 반면, 대다수의 아이들은 사건을 다시 이야기할 때나 전생의 사람들에 관해 얘기할 때 강렬한 감정을 보여준다. 일부는 옛날 가족들에게로 돌아가겠다고 거의 날마다 운다. 한편 올리비아라는 미국 소녀는 세 살이 안 됐을 때 전생에 대해 딱 한 번 말했을 뿐이다. 그 한 번의 사건에 올리비아의 엄마는 아이가 가족에게로 돌아가야 한다며 완전히 제정신이 아니었다고 보고했다. 올리비아는 아들이 살해됐고 한 남자가 자신의 팔을 틀어잡고 놓

아주지 않았다고 설명했다. 아이는 이에 대해 30분 동안 심하게 울었으나 회복됐고, 그 사건에 대해서 다시는 말하지 않았다. 올리비아의 사례는 미결되었고 여러 가지 의미에서 하나의 수수께끼로 남아 있다. 전생과 관련된 아무런 증거가 없지만, 한 아이가 가공의 게임이나, 텔레비전이나 라디오에서 들었던 어떤 것 때문에 그만큼 흥분하게 되었다고 일반적으로 여기기에는 유별나 보인다.

아이들은 전생의 명백한 정보를 객관적인 사실들의 목록이 아니라 한 고인의 관점에서 본 세부 사항으로써 표현한다. 수짓은 쉰 살 남자에 대한 단순한 정보를 나열하는 식으로 새미 페르난도의 삶의 진상을 진술한 것이 아니라 남자로서 살아왔던 것에 대한 세부 사항들을 제공했다. 수짓은 자신을 고인과 동일시하면서 "나의 아내", "내 집"이라고 말했다.

그렇게 말할 때에, 어떤 아이들은 현재시제가 아닌 과거시제를 쓴다. 수짓은 자주 새미의 삶과 관련된 사람들에 대해 현재시제로 말했다. 수짓이 그 삶에 대해 말하기 시작했을 때에 너무 어려서, 우리는 아이가 과거를 현재와 혼동해서 그런 것인지 언어 능력이 너무나 미숙하여 분명한 생각을 전하지 못하는 것인지 확실히 말할 수 없었다. 어떤 아이들은 부모에게 "당신은 나의 부모가 아니야. 우리 부모는 다른 데 살아"라고 말할 때 과거와 현재를 아주 혼동한다. 그런 상황에서라면, 그 아이는 당연히 아우성치며 그들의 "진짜 부모"에게 데려다 달라고 할 것이다. 만약 아이들이 정보를 충분히 제공하지 못하여 이전 생의 부모를 확인할 수 없다면, "그래, 너는 전에 그 삶을 살았지만, 지금 이 삶에서는 우리 아이란다"라고 말함으로써 달랠 수 있다. 이는 아이가 과거와 현재를 구별하도록 돕는다.

어떤 아이들은 전생에 몰두하게 되지만, 다른 아이들은 강렬한 감정을 가지고 한순간 얘기하고는 다음 순간 아무렇지도 않게 놀이를 하는 경향을 보인다. 어떤 부모들은 아이들이 전생에 대하여 특별한 시간대에 말하는 경향이 있다고 한다. 미얀마에서의 가끔 잔뜩 흐린 날씨가 이어지는 "우울한 날들"이 그런 시간이다. 미국의 부모들은 아이들이 전생에 대해 자동차를 오래 타고 있다거나 목욕한 뒤와 같은 편안한 시간대에 보통 이야기한다고 말한다. 우리가 이해하지 못하는 이유로, 전생 기억은 어떤 아이들에게는 특정한 시간대에만 말하는 게 가능한 데 반하여, 다른 아이들은 아무 때나 말할 수 있는 듯하다.

수짓의 사례에 포함되지 않는 한 가지는, 깨우침을 주는 지혜의 말이다. 삶 사이의 사건을 기억한다고 주장하는 어떤 아이들은, 때로는 철학적인 진술을 한다. 1장에서 언급했던 소년인 케니Kenny는 아홉 살이었을 때, 같이 놀던 친구가 죽었다는 것을 알고는 엄마에게, "그렉이 죽은 것은 슬픈 일이지만, 그렇다고 나쁜 일 또한 아니야. 나는 단지 그렉의 엄마가, 죽은 것은 그렉의 몸뿐이라는 것을 알았으면 해. 어쨌든, 신은 모두가 이르든 늦든 천국에 오기를 기다려"라고 말했다. 아이가 그렇게 말한 것이 죽음과 삶 사이의 기억 때문인지 아니면 천주교도이기 때문인지는 분명하지 않다.

대체로 전생을 기억하는 아이들은 이전 생의 막바지에 만난 사람과 사건에 초점을 두는 경향이 있다. 그에 대한 아이들의 의견은 이전 생 인물이 가졌음직한 것들과 아무런 차이가 없다. 어떤 부모들은 아이들이 그 나이 또래의 다른 아이들보다 더 성숙하고 진지한 것 같다고 말한다. 그러나 여러모로 아이들을 그들의 동무들과 구별할 수 없다. 아이들의 철학적 진술이 이전 생의 기억과 함께 왔다고 가정한다면, 그 기억을 잃어버리면 아이들은 깨달음의 상태에서 벗어나게 되는 것인가. 어떤 아이들은 종교에 매우 독실한 경향을 보였는데, 이 경우 이전 생 인물들이 독실한 신앙을 가졌을 확률이 높았다. 그렇다고 이것이 아이들 전체에게 일반적인 유형은 아니다.

| 받아쓴 기록들 |

수짓의 사례가 다른 대부분의 사례와 차별되는 한 가지는 그의 진술들을 받아쓴 기록이 이전 생 인물이 확인되기 전에 만들어졌다는 것이다. 받아쓴 기록이 있는 사례는 아주 낮은 비율이지만, 놀라운 일은 아니다. 같은 가족 간의 사례들에서는, 이전 생 인물이 확인되기 전에 받아쓴 기록을 만들기란 거의 불가능하다. 다른 많은 사례는 사람들이 거의 기록하지 않는 경향이 있는 지역에서 발생한다. 이들 사례는 보통, 가족들이 아이가 특정한 이전 생 인물의 재탄생이라고 여기며 만족을 느끼려고 애쓰는 경우다. 그러나 그들은 다른 사람들에게 보이려고 증거를 찾아내는 데 특별한 흥미를 느끼지는 않는다. 가족들은 아이가 말한 것을 기억하거나 다른 사람들과 이야기 나눌 수도 있지만, 보통은 그 진술들을 적어놓지 않는다.

우리가 연구한 받아쓴 기록이 있는 사례의 수는, 마지막으로 센 숫자가 33인데, 전체 사례의 수와 비교하여 미미한 듯하다. 한 아이가 말한 전생에 대한 정확한 진술들을 담은 받아쓴 기록을 33건이나 수집했다는 것은 주목할 만하다. 우리는 그중 두 건을 살펴볼 수 있다.

쿰쿰 베르마의 사례

쿰쿰 베르마는 인도의 여자아이인데, 세 살 중반 무렵부터 전생에 대해 말하기 시작했다. 아이는 지금 살고 있는 마을에서 25마일 떨어진 인구 20만의 도시 다르반가Darbhanga에 있는 우르두 바자르라는 구역에서 살았었다고 말했다. 아이의 지금 아빠는 지주, 동종요법 의사, 작가로 베르마 박사라고 불렸다. 그는 장인, 기능공, 작은 상점의 주인들이 사는 우르두 바자르에 아는 사람이 아무도 없었다.

쿰쿰은 가족에게 자신을 아름답다는 뜻을 지닌 수나리라고 불러달라고 부탁했다. 그리고 전생에 대해 많은 진술을 했다. 쿰쿰의 고모가 이전 생 인물을 확인해보려는 사람이 나서기 6개월 전에 그 일부를 메모했다. 쿰쿰이 아홉 살 때 가족들을 만났던 스티븐슨 박사는 메모에서 발췌하여 영역한 것을 입수했으나 전체 메모장을 구할 수는 없었다. 누군가 빌려 가서 잃어버렸기 때문이었다. 그 발췌문에는 이전 생 인물과 딱 들어맞는다고 증명된 18가지 진술이 실려 있었다. 거기에서 우르두 바자르 지명, 아들의 이름과 아들이 해머를 가지고 일했던 사실, 손자의 이름, 아버지가 살았던 마을의 이름, 망고 과수원 근처에 있던 자신의 집 위치, 집에 있던 연못 들이 포함되었다. 이전 생의 집에 철제 금고가 있었고, 어린이용 침대 가까이에 매달려 있던 칼, 자신이 우유를 먹였던 금고 가까이에 있는 뱀 한 마리 등을 정확히 지적했다.

쿰쿰의 아빠는 결국 다르반가에 살았던 한 친구에게 아이의 진술에 대해 말했다. 그 친구는 그 시의 우르두 바자르 구역 출신의 종업원을 데리고 있었다. 그 종업원은 수나리 또는 순다리 미스트리라고 추측되는 이전 생 인물을 확인할 수 있었다. 이전 생 인물의 가족은 상대적으로 낮은 장인 계급에 속했다. 아마 베르마 박사의 가족과 같은 교양 있고 사회적 지위가 높은 가족과 사적인 접촉을 하는 것이 꽤 내키지 않았을 것이다. 사실 그들은 사례가 진전된 뒤에도 별로 만나지 않았다. 이전 생 인물의 손자가 쿰쿰의 가족을 두 번 방문했다. 쿰쿰의 아빠, 베르마 박사는 우르두 바자르에 이전 생 인물의 가족을 만나러 한 번 갔다. 그러나 쿰쿰이 가는 것은 결코 허락하지 않았다. 딸이 전생에 대장장이의 아내였다고 주장하는 것이 결코 자랑스럽지 않았다.

하나의 흥미로운 기록은 쿰쿰이 언쟁 중에 죽었고 의붓아들의 아내(며느리)가 자신을 독살했다고 말했다는 것이다. 쿰쿰이 태어나기 5년 전에 꽤 갑작스럽게 죽었다는 순다리는, 사망 당시 의붓아버지가 작고한 아버지의 돈을 착복했다고 믿는 아들과 연루되어, 그녀의 두 번째 남편과 소송 중이던 아들을 위해 증인으로 출두하기로 되어 있었다. 부검은 없었고 독살되었다는 쿰쿰의 진술은 증명되지 않은 채 남아 있다.

쿰쿰은 말투도 다른 가족의 억양과 달랐다. 베르마 가족은 그 이유를 다르반가의 하층 계급과 연결 지어 생각했다. 덧붙여서, 쿰쿰이 하층 계급들과 관련되어 보이는 얼마간의 이상한 표현들을 썼다고 보고했다.

작디시 찬드라의 사례

인도의 작디시 찬드라의 사례를 스티븐슨 박사가 접한 때는 꽤 세월이 지난 뒤였다. 주인공은 당시 30대 후반이었다. 주인공의 아빠는 유망한 변호사였는데, 사례가 진전됐던 당시 아이의 진술과 증언을 받아쓴 기록을 만들었다. 작디시는 인도 북부의 큰 도시에서 태어났다. 세 살 중반이었을 때부터 300마일가량 떨어진 지역인 베나레스Benares에서 살았었다고 말하기 시작했다. 작디시가 제공한 많은 정보를 바탕으로 아빠는 몇몇 친구들과 동료를 증인으로 하여 아들의 진술을 기록해두었다. 그 뒤에 베나레스의 지방자치단체 의장에게 편지를 보냈다. 의장은 편지를 읽자마자 작디시가 누구를 가리키고 있는지 단언할 수 있었고, 조사해서 작디시의 진술 대부분이 아주 정확하다는 것을 확인했다고 회신했다. 아빠는 곧 국립신문에 아이의 진술을 확인하는 것을 도와달라고 요청하는 편지를 보냈다. 편지에서 아빠는 작디시의 이전 생의 아빠가 바부지 판데이라는 이름이었고 베나레스에 집이 있었는데 큰 대문, 거실, 그리고 지하의 한쪽 벽에 고정된 철제 금고가 있는 방이 하나 있었다고 말했다고 썼다. 이름 뒤에 붙는 '지Ji'는 '존경받는 이'라는 뜻이므로 작디시는 아빠가 바부라고 불렀다고 말했다. 작디시는 바부지와 사람들이 저녁이면 모여 앉아서 인도 술인 방bhang을 마셨던 안마당도 묘사했다. 또 바부지가 마사지를 받았고, 얼굴을 씻고 나서 거기에 분이나 진흙을 발랐다고 했다. 두 대의 차(그것은 그당시 인도에서는 아주 이례적이었다)와 말 한 필이 끄는 마차를 묘사했으며, 바부지의 두 아들과 부인이 죽었다고 말했다. 작디시의 아빠는 아이가 "가족 내의 사적인 문제들을 많이 설명했다"고 덧붙였다.

이 기사가 나간 다음 날, 작디시의 아빠는 이전 생 인물이 살았던 베나레스로 떠나기 전에 법관에게 가서 작디시의 진술들을 공식적으로 기록했다. 기록된 진술에는 신문에 기재된 것에 덧붙여서, 자신의 이름이 자이 고팔이라는 것과 형이 자기보다 더 컸는데, 이름이 자이

망갈이었고 독살되었다는 사실이 포함됐다. 갠지스 강이 집 근처에 있었으며, 다쉬 아시와맛 갓Dash Ashwamadh Ghat이 있었다('갓Ghat'은 목욕하러 가는 부두이고, 아빠인 바부 판데이는 그중 하나의 감독관이었다). 방와티라는 이름의 창녀가 바부를 위해 노래했다.

이윽고 작디시를 베나레스로 데려갔다. 그곳에서 바부 판데이가 자동차를 이용했지만 실제로 그 차를 소유한 것은 아니었다는 것만 빼고는 위의 진술이 모두 사실임을 확인했다. 작디시는 그곳의 사람들과 장소들을 식별하는 것 같았다.

이와 같은 사례들을 설명하는 방법을 찾는 데 있어서, 아이의 진술이 누군가가 그것들을 확인하기 전에 기록되었다는 사실은 우리가 다음과 같은 하나의 가능성을 없앨 수 있음을 뜻한다. 즉, 그 아이가 두 가족이 만나기 전에 실제로 가지고 있던 이전 생 인물에 대한 정보보다 더 많은 정보를 가지고 있다고 훗날 가족들이 오해할 가능성이 없어진다는 뜻이다. 그래도 여전히 몇 가지 가능성이 남는다. 하나는 정확한 진술이 우연한 일치라는 것이다. 일부 아이들의 진술이 얼마나 구체적인지를 고려하면(예를 들어, 아빠 자미스가 오른쪽 눈의 시력이 나빴다는 수짓의 진술, 이전 생 인물 아빠의 습관에 대한 작디시의 묘사), 그들이 제공한 올바른 이름들과 더불어, 우연한 일치는 절대 가망이 없는 것 같다. 기만도 하나의 가능성이지만, 우리는 단 하나의 사례에서도 그런 동기를 찾을 수 없었다. 특히 쿰쿰의 사례에서는 아이의 아빠가 딸이 전생에 대장장이의 아내였다는 주장에 대해 거북해한 걸로 보아 더욱 어떤 동기도 찾을 수 없다. 작디시의 아빠는 분명한 환생의 사례를 기록하는 데 흥미를 가진 것처럼 보였지만, 그 흥미 때문에 유망한 변호사가 사례를 위조했을지 아닐지는 명백히 의문의 여지가 있다. 남아 있는 다른 하나의 일반적인 설명은 아이들이 이전 생 인물에 대해 듣기라는 보통의 수단을 통해 전생에 대한 정보를 얻는다는 것이다. 이것은 다른 두 사례보다 이전 생 인물이 살았던 곳에서 비교적 가까이에 산 수짓의 사례에서는 그럴듯해 보인다. 하지만 아이들이 부모들도 모르는 다른 지역에서 살다 죽은 낯선 이들에 대해 이런 세세한 내용을 무슨 방법을 써서든 알아냈으며, 그런 뒤에 자신이 전생에 그 사람이었다고 주장했다는 생각은 말도 안 되는 것처럼 보인다.

확인되기 전에 받아쓴 기록이 먼저 존재하는 사례들에서 우리가 할 수 있는 것처럼, 아이들이 실제로 보여준 것보다도 이전 생 인물에 대해 더 많은 정보를 가지고 있다고 생각될 가능성을 배제해버리면 초자연적 과정을 포함하지 않는, 구미가 당기는 적은 수의 방안이 남게 된다. 만약 확인된 기록이 없는 것만 제외하고 모든 면에서 이런 사례들과 유사한 다른 수많은 사례가 존재한다면, 아이들이 실제로 입증한 것보다 더 많은 정보를 가지고 있으리라고 오해한 것으로 생각해서 그 수많은 사례들을 무시하는 것이 과연 합리적인 일일까?

라타나 웡솜밧의 사례

라타나 웡솜밧은 1964년 방콕에서 태어났다. 라타나의 양아빠는 방콕의 집으로부터 반대편에 있는 스님이 300명이 넘는 큰 사원인 왓 마하탓Wat Mahathat에서 1주일에 한 번 명상했다. 라타나는 그곳에 가자고 조르기 시작했다. 아이가 14개월이었을 때, 아빠는 처음으로 아이를 그곳에 데리고 갔다. 그곳에서 아이는 건물들을 익히 아는 듯 행동했다. 집에 돌아온 아빠는 아이에게 이전 생에 어디에 있었느냐고 물었다. 아이는 그때부터 전생에 대해 말하기 시작했다. 라타나는 이전 생에 킴 란이라는 중국여자였고 절에 머물렀는데, 그곳에서 마에 찬이라는 여승과 함께 녹색 오두막에서 살았다. 그곳에서 쫓겨난 뒤에, 방콕의 방글람푸Banglampoo라는 구역으로 옮겨 갔다. 킴 란에게는 옛 고향에 살고 있는 외동딸이 있고, 그녀는 생 막바지에 고향으로 돌아가서 수술을 받은 뒤에 죽었다고 말했다. 라타나는 죽은 후 묻히지 않고 흩뿌려졌다고 불만을 표현했다.

라타나의 아빠는 킴 란이라는 여자의 이름이 낯설었고, 또 라타나의 진술을 확인하려는 즉각적인 시도도 하지 않았다. 라타나가 두 살이 되자 아빠는 다시 절에 데려갔다. 그곳에서 큰 무리를 지어 있는 여승들을 지나칠 때, 라타나가 한 여승을 알아보며 "마에 찬"이라고 불렀다. 여승은 대답하지 않았지만, 라타나는 아빠에게 그 여승과 전생에 같이 살았노라고 말했다. 아빠는 며칠 뒤 절에 돌아가서 여승과 이야기를 나누었다. 여승의 이름은 마에 치 찬 수티팟(마에 치Mae Chee는 타이에서 여승을 부르는 "엄마 스님"이라는 뜻의 경칭이다 – 옮긴이)인데 킴 란을 포함하여 어떤 사람들은 그녀를 마에 찬이라고 불렀다. 여승은 라타나가 한 거의 모든 진술이 라타나가 태어나기 1년 반 전에 죽었던 킴 란 프라윤 수파미트르의 삶과 들어맞는다고 확인해주었다.

킴 란의 딸도 유골 문제까지 포함해서 라타나의 진술들을 확인했다. 킴 란은 자신의 유골(재)이 절의 소유지에 있는 보리수나무 아래 묻히기를 바랐는데, 딸이 엄마의 유언을 실행하려 했을 때, 그 나무의 뿌리들이 너무 막대해서 결국 유골을 묻지 못하고 흩뿌리게 되었다.

가미니 자야세나의 사례

가미니 자야세나는 1962년에 스리랑카의 콜롬보에서 태어났는데 두 살이 되기 전에 전생에 대해 말하기 시작했다. 오랜 시간 동안 아이는 다음과 같은 세부 내용을 말했다.

이전 생에는 현재의 엄마보다 더 몸집이 큰 엄마가 있었다. 니말이라는 사람이 자기를 때렸다. 의자 위에 놓았던 책가방이 있었고 장난감 코끼리가 있었으며 그것을 우물에서 목욕시켰다. 아이는 한번 우물 속에 빠진 적이 있었다. 찰리 삼촌이라는 사람이 자동차로 자신을 학교에 태워다주곤 했다. 또한 찰리 삼촌의 가족은 빨간 오토바이가 있었다.

가미니가 장소와 성을 말하지 않아서, 그 사례는 만약 아이가 두 살 반일 때 가족이 버스 여행을 가지 않았더라면 미결로 남아 있을 뻔했다. 버스가 니탐부웨Nittambuwe라는 곳에 잠깐 멈췄을 때, 가미니는 옆에 앉은 가족 중 누군가에게 그곳이 자신의 집이었다고 말했다. 그 사람은 아이의 말을 가미니의 부모에게 전달했고, 엄마는 사촌인 유명한 스님에게 차례로 말했다. 스님은 그 사례를 자세히 살펴보기로 하여 가족을 니탐부웨로 다시 데리고 갔다. 그들은 가미니가 언급했던 곳에 차를 세우고 길 아래쪽에 있는 네 채의 집들을 향해 걷기 시작했다. 가미니는 이전 생에서 엄마가 그곳에서 살았다고 말했으나, 스님은 더는 다가서지 않기로 했다. 명백히 그 장소가 맞는 것인지 확신이 서지 않았고 계속 가다가는 기독교인 가족의 집으로 들어갈 것 같아서 염려스러웠다. 가족은 아마도 가미니가 기독교인으로 산 삶을 기억해낸 것 같다고 생각했다. 기도하는 동안 불교도의 전형적인 자세로 발뒤꿈치 위에 엉덩이를 내려놓는다기보다 무릎을 꿇고 몸통을 곧추세웠기 때문이었다. 그리고 한번은 엄마에게 자신이 발견한 나무 십자가를 벽에 걸어달라고 부탁한 적도 있었다. 가족은 콜롬보로 돌아왔으나 어떤 니탐부웨 마을 사람들이 그 스님을 알아보았고, 가미니가 가리킨 곳에 살고 있던 한 가족에게 스님의 방문 소식을 전해주었다. 아이가 가리킨 집의 가족은 기독교인이며, 가미니가 태어나기 2년 전에 아들 한 명을 잃었다. 이름이 팔리타 세네위라트네로 병을 얼마간 앓다가 죽었다. 아프기 바로 직전에 학교는 방학을 했다. 다시는 학교로 돌아가지 못하게 될 거라는 말을 들은 팔리타는 책가방을 늘 했던 것처럼 벽장에 넣어두는 대신에 의자에 남겨두었다. 팔리타에게는 니말이라는 남동생이 있었는데, 팔리타를 한 번 때린 적이 있었다.

팔리타의 부모가 스님을 방문하여 팔리타의 사진을 전했는데 나중에 가미니가 그 사진을 알아보는 것 같았다. 이후 가미니의 가족은 니탐부웨로 돌아가서 팔리타의 부모를 만났다. 가미니가 니탐부웨의 여러 사람과 장소를 식별한다고 판명되었다. 팔리타의 학교와 학교에 다니는 동안 묵었던 기숙사로 가미니를 데려가자, 팔리타의 삶에 대해서 새로운 진술과 정보를 더했다. 팔리타의 삼촌인 찰스 세네위라트네가 자동차를 소유하고 있었지만 팔리타를 학교에 태워다주지는 않았다는 사실만 빼고 가미니의 진술은 모두 팔리타의 경험들과 들어맞는 것으로 증명됐다. 20마일 정도 떨어진 거리에 사는 콜롬보의 가미니네 가족과 니탐부웨의 팔리타의 가족 사이에 가능한 연결고리는 찾아볼 수 없었다.

이 두 사례 모두에서 아이들의 진술은 이전 생 인물이 확인되기 전에 기록되지 않았다. 그러나 가족들이 아이들이 처음에 갖고 있던 것보다 더 많은 정보를 가졌다고 생각한 것으로 판단하려 한다면, 예를 들어 아이들이 이름을 말했다고 생각했지만 실제로는 정확한 이름을 말하지 않았다면, 우리는 아이들이 실제로 아주 구체적인 진술을 했다는 기록이 있는 사례들과 이런 사례들이 왜 다른지 설명해야만 한다. 그것들은 어떤 아이들이 나중에 특정한 고인과 들어맞는다는 것이 발견되는 전생에 대한 구체적인 진술들을 할 수 있다는 것을 보여준다. 그리고 그 사례들이 여러모로 아주 비슷하여 받아쓴 기록들이 있는 사례들에 비추어볼 때, 다른 많은 사례를 잘못 생각된 정보로써 설명하는 것에 대해 의문을 갖게 한다.

강력한 사례

받아쓴 기록이 없는 사례들을 살펴볼 때, 어떤 유형들은 다른 사례들보다 더 강력하다. 예를 들어, 아이들이 자신의 주장을 하고 또 하고 되풀이하는 사례들은 그렇지 않은 사례들보다 강력하다. 그 유형들이 비록 기록되는 혜택을 누리지 못했더라도 아이들이 말했던 것을 부모에게 말할 기회가 더 많으며 정확하게 기억하기 때문이다.

한 사례를 강화하는 또 하나의 특징은 가족들 사이에 존재하는 중개인이다. 4장에서 나온 푸르니마의 사례는 이에 대한 좋은 본보기다. 아이의 아빠는 한 선생에게 향 제조업자였다는 아이의 진술을 말했으며, 선생과 처남은 이전 생 인물의 가족을 수소문해 찾았다. 그러한 상황에서 중개인들은 아이의 진술에 대한 추가 증인들로서 도움이 된다. 물론, 그들은 객관성을 지닌 제삼자로 역할을 해야 한다. 비록 선생과 처남이 푸르니마의 진술이 켈라니야에 살았던 누구의 삶과 일치할 것인지에 대해 호기심이 있었지만, 그들은 진술을 확인하는 데 있어 부모들이 자칫 빠질 수 있는 감정적인 조사를 하지 않았다.

사례를 강화하는 또 다른 특징은 복수의 증인들이다. 아이들이 말했던 것을 정확히 보여줄 수 있는 받아쓴 기록들이 없을 때에, 진술하는 아이를 기억하는 열 명의 증인이 있다는 것은 한 명이 있는 것보다 분명히 훨씬 낫다. 우리는 항상 가능한 많은 정보 제공자를 취재하려고 한다. 그 말은 적은 수의 개인들의 기억이 정확하지 않은 이야기를 만들어낸다는 것이 아니라, 증인들이 더 많을수록 부정확한 기억의 확률이 분명히 감소한다는 것을 뜻한다.

때때로 아이가 하는 부정확한 진술일지라도 사례를 훨씬 강화할 수 있다. 이런 상황에서는 아이의 말에 따른 사건은 "공식판"과 차이가 있는데, 이것은 아이의 진술들이 실제 일어난 사실에 맞추어 재구성되지 않았다는 것을 보여준다. 케일 박사와 내가 타이에서 조사했던 에까퐁이라는 소년의 사례가 한 예다. 그 사례에서 이전 생 인물은 에까퐁이 사는 마을에 살았던 젊은 남자였다. 그는 세 친구와 사냥 나들이 도중 사고로 죽임을 당했는데, 세 친구 중 한 명이 소총을 떨어뜨렸고 그것이 발사되어 젊은이가 맞았다. 마을 사람들이 모두 아엣이라는 친구의 소총이 발사된 사실을 확인했으나, 에까퐁은 폰이라는 이름의 다른 친구의 소총이었다고 강하게 확신한 나머지 걸음마하는 아기였던 에까퐁은 폰의 목을 조르려고 했다. 에까퐁은 그 마을에 사는 다른 사람들로부터 신뢰를 얻을 수 없었다. 왜냐하면 모두 아엣이 소총을 떨어뜨린 장본인이라고 생각했기 때문이다. 마을 사람들이 우리에게 에까퐁이 부정확하게 폰을 비난했다고 전생 기억을 잘못 주장했을 거라는 것 또한 말이 되지 않는다.

주인공과 이전 생 인물이 같은 마을 출신인 이와 같은 사례는 아이들이 가족이 전혀 알지 못하는 사람의 삶에 대한 기억을 보고할 때만큼 인상적이지는 않다. 우리는 이 두 유형의 사례들과 다수 마주친다. 여러 문화권의 971건의 사례들 가운데 195건이 같은 가족의 사례들이었다. 또 다른 60건은 그 사례들이 진전되기 전에 친밀한 관계였다. 115건은 아주 조금 아는 사이였다. 93건에서는 주인공의 가족이 이전 생 인물을 알고는 있었으나 교제는 없었다. 971건 가운데 508건은 이방인 사례들이었다. 물론 239건은 해결 사례들이고 232건은 미결이었다. 나머지에서는 불확실한 임시적인 신원 확인만 가능했다. 그러므로 우리는 사례들에서 연결 고리의 광범위함을 보게 된다.

설명들 고려하기

이러한 많은 사례가 모반들만 빼면, 4장의 인디카와 푸르니마의 사례들과 매우 비슷하다. 그 가운데 일부는 아이의 진술들이 아주 상세하지 않으면 우연한 일치와 함께 환상을 이용하여 설명할 수 있을 것이다. 그러나 그 아이가 아주 상세한 정보를 줄 때(예를 들어, 라타나 웡솜밧이 이전 생 인물의 이름, 고인이 살았던 장소들, 심지어 고인의 유골이 흩뿌려졌다는 사실을 진술했을 때), 나는 우리가 우연한 일치를 이용해서는 합당한 설명을 해낼 수 없다고 생각한다.

하나의 가능성은 아이가 보통의 수단을 이용하여 전생에 대해 알아냈다는 것이다. 이것은 같은 가족 간의 사례들과 아이와 이전 생 인물이 한 마을 출신인 사례들에 적용할 수 있다. 그것은 얼마간의 거리에 떨어져 살았던 이방인들의 사례는 설명할 수 없다. 라타나의 사례에서 이전 생 인물은 라타나의 아빠가 다니는 절에서 얼마 동안 살았다. 그러나 라타나가 살았던 곳에서 방콕의 반대편에 자리 잡고 있는 아주 큰 절이었기 때문에, 라타나가 어떻게 이전 생 인물에 대해서 알 수 있게 되었는지 알기는 어렵다. 많은 사례가 그런 종류의 미약한 연결 고리조차 없다. 그래서 아이들이 이전 생 인물들에 대한 다양한 개인적 세부 사항을 사람들이 말하는 것을 엿들음으로써 알아냈으리라고 추측하는 것은 합리적이지 않다.

수짓 자야라트네의 사례에서, 이전 생 인물은 아이의 집에서 겨우 7마일 떨어져 있었던 마을에 살았기 때문에 우리는 아이가 이전 생 인물에 대해 들었다고 생각할 수 있다. 그러나 우리는 이전 생 인물의 마을이 수짓이 살았던 콜롬보 교외와 아주 다른 환경이었고 수짓의 다른 가족들 누구도 이전 생 인물에 대해, 특히 그의 아빠가 오른쪽 눈이 나빴다는 말은 전혀 들은 적이 없다는 사실을 고려할 때 보통의 수단을 통해 얻은 정보라는 설명은 또한 합리적이지 않은 것으로 보인다. 이전 생 인물이 25마일 떨어진 곳에 살았던 쿰쿰 베르마와 이전 생 인물이 500마일 떨어진 곳에 살았던 서두에 등장했던 터키의 소년 케말 아타소이와 같은 사례들을 더한다면, 그것은 아주 불합리해진다.

그러한 상황에서, 문제는 '어떻게 아이들이 누군가가 시장에서 어떤 사람에 대해 말하는 것을 우연히 듣고는 평범한 삶을 살았던 고인과 자신을 동일시하도록 이끌 수 있을까'에 대한 의문 때문에 복잡해진다. 전반적으로 보통의 수단으로 전생을 알아냈다는 설명은 가족들이 이전 생 인물들을 알지 못한, 그리고 아이들이 이전 생 인물에 대해 들어본 적이 있을 것이라고 생각할 아무런 이유가 없는 사례들을 설명하는 데 있어 전혀 말이 되지 않는다.

이것은 다시 정보 제공자에 의한 잘못된 기억의 가능성으로 되돌아가게 한다. 우리가 보통의 설명을 사용하려 한다면, 이러한 사례들에 대해서 잘못된 기억으로 설명해야만 할 것이다. 예를 들어, 라타나가 이전 생 인물의 유골이 흩뿌려졌다고 실제로는 말하지 않았는데, 아빠가 아이가 그렇게 말했다고 잘못 기억했다고 결론을 내릴 수 있다. 이 설명에는 물론 문제가 있다(아이들은 가끔 그들의 주장을 되풀이하고 복수의 증인이 자주 똑같은 특정한 주장들을 기억한다). 그러나 증거로써 기록된 문서가 없으니, 우리는 그 비난을 불완전한 인간의 기억에 돌리려 한다.

받아쓴 기록이 이전 생 인물이라는 사실이 확인되기 전에 아이들의 진술로만 만들어진 사례들로는 이 설명은 성공할 수 없다. 그러한 사례들에서는 잘못된 기억을 탓할 수 없고, 우리가 방금 보았듯이 그 진술들을 설명하기에 다른 방안들은 한계가 있다. 수짓 자야라트네가 이전 생 인물의 아빠가 자미스라는 이름이고 오른쪽 눈이 나빴다고 한다면, 우리는 아이의 모든 진술이 우연한 일치에 기인한 거라고는 생각할 수 없다. 사실 많은 사례에서 진술에 특이성이 있다면, 이성적인 사람이라면 누구라도 우연한 일치로 그것들이 설명될 수 있다고 말하지는 않을 것이다. 그러나 영국의 허트포드셔 대학의 심리학자인 리처드 와이즈먼은 그런 주장을 했다. 그는 소수의 어린아이들에게 전생에 관해 이야기를 꾸며내도록 한 실험을 했고, 뒤이어 그 아이들이 제공한 정보와 일치하는 죽음의 사례를 찾아내고자 했다. 그의 주장은, 우리가 주장하는 어린아이들의 전생 기억의 사례들이 어떤 면에서는 그가 꾸며낸 실험 사례들과 같을 수 있다는 것이다.

와이즈먼 박사는 자신의 연구 결과를 발표하지는 않았지만, 와이즈먼과 내가 모두 참여했던 두 편의 텔레비전 다큐멘터리에서 그 실험에 대해 논의했다. 그는 최고의 사례로 몰리Molly라는 아이를 꼽았다. 이 아이는 케이티라는 세 살배기 여자아이가 괴물에게 물려 죽은 이야기를 했다. 그는 이어서 신문 기록보관소를 뒤져 로지라는 세 살배기 여자아이가 납치되어 죽었다는 기사를 발견했다. 몰리의 이야기는 로지에게는 사실이었던 다수의 특징이 있었는데, 빨간 머리, 푸른 눈, 꽃무늬가 그려진 분홍치마 등이 거기에 포함된다. 몰리는 특정한 장소를 말하지는 않았지만, 케이티가 바다 가까이에 살았다고 했는데, 실제로 로지도 그랬다.

이 사례는 우리의 연구들과 명백히 결정적인 차이가 있다. 몰리의 이야기에 괴물이라는 환상적인 요소가 있을 뿐 아니라, 아이의 설명은 정확한 이름이나 특정한 장소 등 우리의 사례에서 볼 수 있는 결정적인 요인들을 포함하지 않았다. 와이즈먼 박사의 연구가 충분히 큰 기록보관소 역할을 하며 사람들이 어떤 재미있는 일들을 발견할 수 있도록 해줄 뿐, 그것은 특정한 사람들을 찾기 위해 특정한 장소에 가는 가족들의 사례와는 연관이 없다. 어떤 면에서 그의 연구는 사례들의 중요한 부분을 우연한 일치로써 설명하기에는 역부족이라는 것을 입증한다. 비록 그의 의도가 전혀 반대의 것을 보여주려는 것이었다 해도 말이다.

이제 받아쓴 기록들이 있는 사례들을 설명하기 위해 철저한 기만을 이용하는 것만이 남아 있다. 물론, 기만은 우리가 이야기한 다른 사례들에도 적용할 수 있다. 이 선택에는 몇 가지 문제가 있다. 첫째로, 조사에 응해 아무런 이득이 없는데도 그들의 시간과 관심을 내주는 정보 제공자의 성실성을 의심할 이유가 없다. 그리고 아이들의 경험에 대한 가족과의 대화는 아무리 까다로운 사람이라도 더할 나위 없이 확실하고 정직한 태도로 임했다는 것을 수긍할 것으로 생각한다.

둘째로, 다수의 사례와 관련된 가족들이 기만을 저지를 동기가 전혀 없다. 무엇 때문에 수짓 자야라트네의 엄마가 아들을 주류밀매자였던 것처럼 가장하도록 설득하겠는가? 쿰쿰 베르마의 사례에서, 아이의 아빠는 아이가 이전 삶에서 하층 계급이었다고 주장하는 것이 자랑스럽지 않았다. 그러므로 우리는 부모가 아이에게 억지로 그런 주장을 하게 강요했다고 생각할 이유가 없다. 케말 아타소이는 유복한 가족의 일원이었으며, 부모는 아이에게 50년 전에 죽은 한 남자였다고 주장하도록 부추길 이유가 전혀 없다.

셋째로, 동기 문제에 덧붙이자면, 기만을 꾀하는 것은 많은 사례를 두고 볼 때 수지맞는 일이 아니다. 그 쇼의 스타는 보통 아주 어린아이이며, 만일 당신이 누군가를 우롱하려고 한다면 어린아이는 이용하기에 가장 신뢰할 만한 종류의 사람이 전혀 아니다. 또한 많은 사례에서 몇몇 사람들은 아이들이 전생에 대해 오랜 시간 동안 말하는 것을 들어왔다고 말한다. 그렇다면 그들 모두가 기만에 연루된 것일 수도 있을까? 아이들이 이전 생과 관계된 사람이나 물건들을 알아본다는 말이 종종 들리면, 우리는 어떻게 부모들이 아이들이 이렇게 하도록 도울 수 있는지 의아해할 수 있다.

요약하면, 이러한 사례들 대부분이 기만으로부터 일어난다는 생각은 사실은 말이 되지 않으며, 대체할 설명들이 없어서가 아니라면 우리는 그 가능성에 대해서 전혀 고려해보지도 않았을 것이다. 어떤 면에서 사람들이 그것에 대한 증거도 없이 기만이라고 비난할 때, 그것은 하나의 현상을 설명할 방도가 없다는 것을 인정하는 것과 다름없다. 그러므로 만약 우리가 초자연적 설명들을 고려하고 싶지 않다면, 기만에 기댈 수밖에 없다.

초자연적 설명들에 대하여, 프사이는 물론 고려할 가치가 있는 듯하다. 왜냐하면 그 아이들이 보통의 수단을 통해서는 얻을 수 없는 전생에 대한 정보를 가진 것 같기 때문이다. 3장에서 논의했듯, 그러한 설명은 몇 가지 문제점이 있다. 초감각적 지각 능력이 있는 것처럼 보이는 사람들은, 두 친밀한 가족 구성원들이 때로 서로 텔레파시의 연결을 보이는 듯한 사례들을 제외하고도, 대개는 한 가지 사례 이상에서 그런 능력을 보인다. 다른 초자연적 능력을 보이지 않는 아이들이 고인의 삶을 아주 구체적으로 상세한 정보들까지 제공할 수 있는 이 상황은 꽤 다르다. 프사이 설명은 그들이 이전에 살았던 고인의 관점으로부터 기억들을 불러오고 있다고 믿는 아이들의 주관적 표현과는 또한 완전히 대조를 이룰 것이다.

빙의 또한 진술들을 설명할 수 있겠으나, 몇 가지 반대 요인이 대두된다. 비록 아이들이 종종 이전 생 인물과 어떤 특색을 공유하고 있다고 해도, 아무도 아이들이 갑자기 이전 생의 사람이 되었다고 말하지는 않는다. 게다가 진술들은 종종 한때에 멈춘다. 많은 사례에서 기억들이 항상 아이들에게 노출된 것 같지는 않다. 이전 생 인물이 몸을 점령했다면 그랬을 것 같은데 말이다. 아이들이 전생의 기억이 있는 동안 현생의 기억이나 성격 등을 잃지 않는다는 것을 빼면, 이것은 우리가 일시적인 빙의의 어떤 유형을 고려하게 할 수도 있다. 마지막으로, 그 진술들은 거의 언제나 아주 어린 나이에 시작한다. 이 사례들이 빙의의 본보기라면, 아이들이 막 말하기 시작할 때만 일어나기보다는 오히려 여러 나이층에서 일어날 것이라 추측할 수 있다.

아이들이 전생을 기억한다고 말하듯이, 분명 환생이라는 것으로 그 진술들이 설명된다. 진술에 대한 몇 가지 요소는 환생으로 설명하려 해도 이상하다. 중요한 또 한 가지는 많은 아이가 그 기억들을 항상 불러올 수는 없는 듯 보인다는 것이다. 만약 한 아이가 한 번의 재탄생이어서 전생의 기억을 불러올 수 있다면, 아이가 항상 그 기억들을 불러올 수 있으리라 생각할 수 있겠다. 반면에 많은 아이가 기억에 항상 접속되어 있지 않다면, 다른 시각으로 보면 그 기억들은 프사이 시나리오가 주장하는 것처럼 단순한 초자연적 소재의 일시적 정보보다 더한 무엇이다. 이러한 "기억들"은 많은 아이들에게 매우 뜻깊은 것이다. 아이들은 그 기억들에 대해 마치 자신들이 경험했던 이전의 사건들인 것처럼 소유권을 느낀다.

그 진술들은 종종 전생에 대해 매우 불완전한 설명을 보여주는 듯하다. 어떤 아이들은 전생에 대해 겉보기에는 셀 수 없는 세부 사항들을 기억하는 것 같다. 그러나 다른 아이들은 아주 조금만 보고한다. 이 사실은 환생과 관련해서는 이상한 것처럼 보이지만, 우리의 유년기 기억들과 비교해보면 그렇지 않다는 것을 알게 된다. 유년기의 기억들은 가끔 매우 흐릿하다. 그리고 때때로, 하찮은 세부 사항들이 중요한 사건들만큼이나 두드러질 수 있다. 쿰쿰 베르마가 망고 과수원 가까운 곳에 살았던 전생의 아빠를 기억하는 것처럼, 우리는 우리가 알았던 장소나 어쩌면 사람에 대한 특별한 특징을 불러올지도 모른다. 아이들은 전생의 막바지와 가까운 시점에서의 사람과 사건에 대해 말한다. 왜냐하면, 그러한 기억들은 더 이른 것들보다 덜 멀리 있기 때문이다.

아이들의 진술은 그 사례들의 핵심으로 남는다. 우리가 살펴왔듯이, 부모들이 느끼기에 아이들은 보통의 수단으로는 얻을 수 없는 고인에 대한 정보를 소유하고 있다. 비록 이 정보가 사례들의 가장 강한 증거가 되지만, 우리가 연구한 다른 특징들은 이 현상이 단지 그 진술 이상에 대한 것이라는 것을 보여주는 데 있어서 중요하다. 수짓의 젖먹이 때에 시작된 트럭에 대한 공포, 술과 담배에 대한 욕구와 같은 행동들은 명백히 설명이 요구된다. 우리는 다음 장에서 그러한 행동들을 더 다루겠다.

chapter

6

기억보다 더한 어떤 감정들

A Scientific Investigation of
Children's Memories of Previous Lives

Life before Life

켄드라 카터는 플로리다에 사는 여자아이다. 이 아이는 네 살 반쯤 되었을 때, 진저라는 코치에게 첫 수영 강습을 받으러 갔다. 켄드라는 진저를 보자마자 무릎으로 뛰어올라 앉아서 매우 사랑스럽게 굴었다. 진저가 3주 뒤에 강습을 취소했을 때, 켄드라는 억제할 수 없을 정도로 흐느껴 울었다. 수업이 다시 시작되자 켄드라는 매우 기뻐했다.

몇 주가 지난 뒤, 켄드라는 진저의 배 속 아기가 죽었으며 진저의 몸이 좋지 않아 아기를 없앨 수밖에 없었다고 말하기 시작했다. 엄마가 켄드라에게 그런 일들을 어떻게 알고 있는지 묻자 "내가 죽은 그 아기야"라고 대답했다. 당시에 켄드라는 진저를 수영 강습에서만 보았었고, 둘이만 따로 있어본 적이 없다는 것을 엄마는 알고 있었다. 켄드라는 진저가 나쁜 아저씨에게 부탁하여 자기를 빼냈으며, 버티려고 했지만 그럴 수 없었다며 낙태를 묘사했다. 아이는 그 뒤에 어둡고 추운 곳에서 무서워했던 것을 설명했다. 켄드라의 엄마는 진저에게서 켄드라가 태어나기 9년 전에 미혼이었던데다 아팠고 신경성 식욕부진을 겪고 있을 때 낙태 수술을 받았었다는 것을 알아냈다.

켄드라는 진저가 자신을 낳는 것이 가능하지 않았기 때문에 자신은 죽을 거라고 말하기 시작했다. "나는 죽어야 해. 그리고 이번에는 돌아오지 않을 거야"라고 켄드라는 말했다. 이 죽음에 대한 두려움이 너무 심각해져서 엄마는 치료사에게 켄드라를 데려갔다. 치료사는 켄드라가 진저에게서 "태어나게" 될 거라는 의식을 치르도록 했다. 그 결과로 어느 정도는 죽음에 대한 두려움이 해소된 듯했다.

진저가 가끔 아이에게 냉정하게 대해도, 켄드라는 진저와 같이 있을 때에는 매우 명랑하게 떠들며 행복해했고, 그렇지 않으면 조용하고 내향적인 모습을 보였다. 엄마는 켄드라가 진저와 점점 더 많은 시간을 보내게 했다. 결국 진저는 집에 켄드라의 방을 마련했고, 켄드라는 1주일에 3일 밤을 그곳에서 보냈다. 엄마는 켄드라의 부재가 힘들었지만, 켄드라가 진저와 몹시 같이 있고 싶어 해서 그것을 허락했다.

유감스럽게도 이후에 진저와 켄드라의 엄마는 사이가 나빠졌고, 진저는 더는 켄드라를 보고 싶지 않다고 말했다. 이 때문에 켄드라는 넉 달 반 동안 말을 하지 않았다. 어떤 활동에도 흥미를 보이지 않았고, 적게 먹었으며, 잠을 많이 잤다. 그런 침잠의 시기에서 진저는 켄드라와 두 시간 동안 다시 만났다. 이 만남에서 켄드라는 진저에게 사랑한다고 하면서 처음으로 다시 말했다. 진저는 켄드라에게 다시 전화를 하기 시작했으나 켄드라는 그녀의 집에 가는 것을 불편하게 느꼈다. 켄드라는 차츰 말수가 늘기 시작했고, 더 많은 활동에 참여하기 시작했다.

켄드라의 엄마는 이 모든 것이 매우 괴로웠다. 딸이 애쓰는 그 상황이 불안했고, 환생의 가능성 또한 매우 당혹스러웠다. 보수적인 기독교 교회에 다녔던 엄마는 켄드라의 문제로 환생에 관한 책을 사는 것만으로도 죄를 짓는 듯한 느낌이었다. 엄마는 켄드라의 영혼이 진저의 임신중절 이후에 자신의 몸을 찾은 것이라고 결론을 내렸다. 그러나 엄마는 환생이 일반적으로 일어나는 과정이라는 개념을 받아들이지는 못했다.

이 사례는 우리에게 착잡한 여러 질문을 안겨준다. 왜 네 살배기 여자아이가 자기가 임신중절과 관련이 있었다고 생각하게 되었을까? 무엇이 아이로 하여금 환생에 대한 생각을 키우게 했을까? 그것도 전생의 가능성에 조금조차 관심을 둘 수 없던 엄마를 가진 아이에게 말이다. 그리고 왜 아이는 가끔 자신에게 따뜻하게 대해주지도 않는 여자에게 그렇게 친밀한 감정을 갖게 되었을까?

살아남은 감정들

켄드라가 앓았던 우울증은 이들 사례에 많이 나타나는 감정적인 구성 요소의 한 예다. 아이들이 전생의 부모에게 데려다 달라고 부모가 마침내 손을 들 때까지 우는 것은 이상한 일이 아니다. 아이들은 아주 짧은 시간 동안 감정적인 폭발을 보일 수도 있다. 앞 장에서 올리비아가 이전 생에서 가족을 잃은 것을 말했던 단 한 번의 시간에 몹시 동요됐던 것과 같이, 많은 아이가 이전 생의 가족을 그리워하는 것과 함께 일부는 가족과의 관계에서 가졌음직한 적절한 감정을 보여준다. 예를 들어, 아이들은 가끔 이전 생 인물의 남편이나 부모에게는 공손한 반면, 지금 자신들은 어린아이이고 이전 동생들은 성인이 되었어도 그들에게는 상당히 권위적인 태도를 취한다.

인도의 수클라 굽타는 강렬한 감정을 보였던 또 하나의 주인공이다. 아이는 두 살이 채 안 되었을 때부터 나뭇조각 또는 베개를 "미누"라고 부르면서 안아 어르는 습관이 있었다. 미누는 자신의 딸이었다고 말하며, 이어진 3년 동안 전생에 대해 점점 더 많은 것을 말했다. 아이는 상세한 내용을 많이 제공했는데, 11마일 떨어져 있는 마을과 구역 이름도 말했다. 미누라는 어린 딸을 두었던 한 여자가 수클라가 태어나기 6년 전에 죽었고, 이전 생 인물로 확인되었다. 수클라가 다섯 살이 되었을 때, 가족은 이전 생 인물의 가족을 만나러 갔다. 아이는 열한 살이 된 미누를 만났을 때 울었으며, 미누를 향한 모성과 애정을 나타냈다. 어느 순간, 이전 생 인물의 사촌 중 한 명이 미누가 고열로 아프다고 거짓말을 해서 수클라를 시험했다. 수클라는 진정이 되지 않을 정도로 울었다. 미누가 정말 아팠던 또 다른 때에는 수클라가 그 소식을 접하자 울기 시작했고 딸에게 데려다 달라고 요구했다. 아이는 다음날 가족이 미누에게 데려갈 때까지 안절부절못했고, 미누를 만나자 진정했다.

수클라는 또한 이전 생 인물의 남편에게 공경심을 나타냈다. 수클라는 남편이 자신을 방문해주기를 갈망했다. 이전 생의 남편은 1년 동안 매주 찾아왔는데, 두 번째 부인이 그 방문에 대해 불평하자 방문 횟수를 줄였다. 수클라는 일곱 살이 지나자 전생에 대한 언급이 줄어들었고, 또한 이전 생의 남편과 딸에 대한 애착도 점점 잃어갔다. 10대 초반이 되었을 때, 그들이 방문하자 자신을 난처하게 만들고 있다며 불평했다.

그렇다고 주인공들의 감정이 항상 시간이 지남에 따라 없어지는 것은 아니다. 적어도 미얀마의 한 주인공, 마웅 아예 캬우는 자라서 이전 생 인물의 미망인과 결혼했다. 감정의 수명은 대개 그들이 처음 만난 후 가족들이 갖는 접촉이 얼마나 빈번하느냐에 달려 있다. 많은 가족이 적어도 처음에는 자주 만남으로써 아주 친밀해진다. 그러나 일부는 방어적이다. 이 방어는 주인공의 가족이 선물을 기대한다거나, 아이가 이전 생의 가족에게 너무 집착하게 될지도 모른다는 주인공 가족의 우발적인 염려와 관련이 있을 수 있다. 두 가족 사이의 심각한 사회경제적인 차이가 때로 어색한 분위기를 조장하기도 한다.

주인공들은 또한 이전 생 인물의 삶과 관련된 인물들을 향해 매우 부정적 감정들을 보일 수 있다. 이미 언급한 에카퐁의 사례를 보자.

아이는 이전 생 인물의 죽음에 책임이 있다고 생각했던 남자를 목 조르려고 했다. 다른 주인공들도 이전 생 인물을 죽인 이들을 향해 비슷한 분노나 두려움을 보였다. 8장에서 더 깊이 다룰 사례의 주인공인 봉쿠치 프롬신은 자라면 이전 생 인물을 살해한 이들을 죽여 복수하겠다고 말했으나 다행히도 자라면서 위협이 점점 감소했다. 마웅 아예 캬우는 이전 생 인물의 미망인과 결혼했던 주인공인데, 전생에 자기를 죽였다고 말했던 남자 중 한 사람에게 돌을 던졌다. 다른 주인공들 또한 이전 생 인물의 살해자들이나 살해 혐의가 있는 사람에게 비슷한 행동을 보였다.

공포스러운 죽음의 경험들

많은 주인공이 이전 생 인물의 죽음의 형태에 따라 공포증을 보인다. 이전 생 인물이 자연사가 아닌 다른 이유로 죽은 사례에서, 주인공들의 35퍼센트 이상이 전생과 관련하여 공포증을 보였다. 공포증은 53건 중 31건에서 나타난 익사 사례들에서 특히 일반적으로 나타난다. 우리는 익사의 경우 공포증이 더 많은 이유가 익사한 희생자는 자동차 사고사나 총상의 경우보다 더 많은 시간 동안 죽음의 과정에 머무르기 때문이라고 추측한다.

이러한 공포증은 아이들이 아주 어리면 나타나기가 쉽다. 1장에서 언급했던 샤리니에 프레마는 젖먹이 때부터 물속에 몸이 조금만 들어가도 강한 두려움을 보였다. 목욕할 때면 세 사람이 아이를 잡아 누르고 있어야 했다. 6개월 초에는 버스에 대한 큰 공포심을 나타냈다. 말을 할 수 있는 나이가 되자, 근처의 갈투다와 마을 소녀에 대한 기억을 말했다. 사실, 아이가 태어나 처음 한 말이 "갈투다와 엄마"였다. 갈투다와에 사는 소녀는 샤리니에가 태어나기 1년 반 전, 열한 살의 나이에 죽었다. 좁은 길을 따라 걷고 있었는데 버스가 다가왔다. 버스를 피해 길에서 벗어나려고 했는데 홍수로 인해 물이 불어나 있던 길가의 논에 빠져 익사하고 말았다.

샤리니에는 세 살이 되어서야 목욕에 대한 두려움을 극복하기 시작했다. 네 살이 될 때쯤에는 완전히 극복되었다. 버스에 대한 두려움은 더 오래, 적어도 다섯 살이 될 때까지 갔다. 그때가 전생에 대해 자발적으로 말하는 것을 멈췄을 때였다. 샤리니에의 행동은 앞 장에 나왔던 소녀, 수짓 자야라트네의 행동과 비슷했다. 수짓은 한 살이 되기도 전에, 트럭에 치여 죽은 남자의 삶에 대해 말하기도 전에 트럭에 대한 공포를 보여주었고 심지어 '로리'라는 말만 들어도 심한 공포감을 느꼈다.

대체로 아이들이 커감에 따라 공포증은 전생에 대한 진술과 함께 사라지는 경향이 있다. 물론 예외는 있다. 어떤 아이들은 좀 더 나이 들어서도 전생의 사건에 관한 기억을 분명히 잃어버린 것 같은데도 전생과 관련 있는 것처럼 보이는 두려움을 여전히 보여주기도 했다.

타고난 취향들

수짓 자야라트네의 사례는 이들 사례에서 평범하지 않은 행동을 보여준다. 이전 생 인물에게 있었던 중독성 있는 물질에 사로잡힌 행동이 그것이다. 수짓은 술과 담배를 탐닉하는 욕구를 드러냈고, 다른 많은 주인공도 마찬가지였다. 일반적인 것은 아니지만, 1,100건의 사례에서 35명의 아이들이 이전 생 인물의 취향과 일치하는 술과 담배에 대한 유별난 욕구를 보여주었다.

아이들 일부는 별난 음식 습관과 취향을 보였는데, 이는 지금의 계급보다 더 높은 계급이었던 전생을 보고하는 인도의 몇몇 아이들에게는 문제가 될 수 있다. 인도 소년인 자스비르 싱은 지금의 가족보다 더 높은 계급인 브라만으로 살았던 전생의 기억을 말했다. 아이는 가족이 먹는 음식을 거부했다. 결국 브라만 계급의 친절한 이웃이 음식을 주어야만 했다. 그런 음식 취향은 1년 반이 넘도록 계속됐는데 마침내 소년의 취향이 누그러져서 가족의 음식을 먹게 되었다.

어떤 사례의 아이들은 이전 생 인물이 특별히 좋아했던 어떤 음식을 가족 중 유일하게 즐기는 경우도 있다. 이것은 미국 외의 국제적인 사례들에서 특히 두드러진다. 스티븐슨 박사는 (케일 박사에 의해 최근에 약간 추가되었는데) 제2차 세계대전 때 미얀마에서 살해당한 일본군이었다고 보고했던 미얀마 아이들의 사례를 24건이나 수집했다. 아이들 누구도 충분한 구체적 정보를 제공하지 않아 일본에서 이전 생 인물을 확인할 수는 없었지만, 기호 식품을 포함하여 아이들의 행동이 아주 독특했다. 아이들 중 다수가 미얀마의 양념이 강한 음식을 싫어하고 달콤한 음식이나 회, 혹은 살짝 익힌 생선을 선호했다.

1953년에 태어난 마 띵 아웅 묘의 사례가 좋은 보기다. 아이의 엄마는 임신 중에 일본군이 미얀마를 점령했던 시절에 알았던 일본군 요리사가 자신의 가족이 되어 함께 살고 싶다고 말하는 꿈을 세 번이나 꾸었다. 마 띵 아웅 묘가 네 살일 적에, 하루는 아이가 아빠와 함께 걷고 있었는데, 비행기가 머리 위로 날아가자 매우 불안해했다. 그 후 아이는 비행기가 위로 지나갈 때마다 울었고, 그 행동을 수년간 보였다. 아이는 비행기가 자기를 쏠까 봐 겁이 난다고 말했다. 그즈음에 아이는 일본이 그립다고 말하기 시작했고, 아이의 마을에 주둔하던 중 낮게 나는 비행기에서 발사한 기관단총에 살해된 일본군이었다는 이야기를 해주었다. 비행기에 대한 공포증과 일본에 대한 향수에 더해서, 마 띵 아웅 묘는 미얀마의 더운 기후도 불평했다. 또한 양념이 강한 미얀마의 음식을 좋아하지 않았고 달콤한 음식을 선호했으며, 특히 반쯤 익힌 생선을 좋아했다. 가족이 이해할 수 없는 낱말들을 썼으나 주위에 일본어를 아는 사람이 한 명도 없었기 때문에 우리는 그것이 일본어였는지 알아볼 길이 없었다.

마 띵 아웅 묘는 '미얀마-일본 사례'에서 아이들이 보여준 다수의 특징 중에서 한 가지만 보여주는 것은 아니다. 미얀마 전통 의상을 입기 싫어하는 것도 그중 하나다. 미얀마의 남녀는 보통 롱기스

(longyis: 발목까지 내려오는 치마와 비슷한 옷)와 와이셔츠나 블라우스를 입는데, 많은 아이가 일본 남자들처럼 바지를 입겠다고 고집했다.

일본군이었던 전생을 기억한다고 주장하는 미얀마 아이들의 사례는, 자신이 제2차 세계대전 당시 독일군 비행사였다고 기억하는 영국의 소년인 칼 이든의 미결 사례와 비슷하다. 1972년에 태어난 아이는 두 살 때, "유리창을 통해 비행기를 한 대 박살 냈어"라고 말하기 시작했다. 아이는 영국 상공에 폭탄 투하 임무를 수행하는 중에 추락했던 일에 대해 점점 자세한 정보를 덧붙였다. 그림을 그릴 수 있게 되자, 아이는 하켄크로이츠(Hakenkreuz: 나치의 상징인 갈고리 십자가)와 독수리들과 나중에는 조종석의 계기반을 그렸다. 또한 나치 당원이 하는 경례와 독일군의 거위걸음 행진을 보여주었다. 아이는 독일에서 살고 싶다고 말했고, 자기 가족의 다른 구성원들과 달리 소시지와 진한 수프를 좋아했다.

국적의 차이를 나타내는 행동들에 덧붙여서, 어떤 사례들은 계급이나 신분의 차이를 가리키는 행동들도 보여준다. 나는 브라만 계급의 음식만을 고집했던 자스비르 싱을 이미 언급했다. 아이는 또한 더 높은 계급의 사람들이 보통 사용하는 어떤 물건들의 용어를 썼다. 더 자라도 자신을 브라만으로 생각했다. 성인이 되자, 그는 자신의 품위에 어울리지 않는다고 생각하는 직업을 갖는 데에 어려움을 겪었다. 어떤 아이들은 또한 반대 방향으로 비정상적인 행동들을 보여주었다. 스와란 라타는 브라만 가족으로 태어난 아이인데, 길거리를 쓸고 변소를 청소하는 여자 청소부였다고 말했다. 꽤 지저분한 경향이 있었고 더 어린아이들의 대변을 닦아주었다. 아이는 또한 어렸을 때 학교에 다니는 것을 거부했는데, "우리는 청소부야. 우리 식구는 아무도 배우지 않았어. 그러니 나도 내 아이들을 학교에 보내지 않을 테야"라고 말했다.

전생의 삶 재연하기

이들 사례에서 눈에 띄는 행동 영역은 아이들이 놀이할 때다. 1장에서 나는 파르모드 샤르마에 대해 언급했다. 아이는 학교 생활에 지장이 있을 정도로 지속해서 비스킷 상점 주인 역할을 하며 놀았다. 주인공들의 적어도 4분의 1이 전생과 관련된 듯 보이는 놀이를 한다. 이것은 파르모드의 사례처럼 이전 생 인물의 직업을 흉내 내는 놀이를 포함한다. 그러나 다른 유형 또한 일어난다. 나뭇조각이나 베개를 안고 흔들면서, 이전 생 인물의 딸인 "미누"라고 부르곤 하던, 수클라 굽타의 사례가 그러하다.

어떤 아이들은 이전 생 인물이 죽었던 때의 상황을 재연한다. 나룻배가 뒤집혀 익사한 한 남자의 기억을 말했던 미얀마의 소년 마웅 미인트 소에는 때로 가라앉는 배에서 필사적으로 탈출하려는 장면을 연기하곤 했다. 레바논의 라메즈 샴즈는 자살한 이전 생 인물의 행동을 막대기가 소총인 양 턱밑에 갖다 대며 되풀이하여 재연했다. 우리의 사례 중 드문 경우이긴 하지만 그러한 행동을 보이는 아이들의 놀이는 트라우마가 되는 사건을 재연하는 놀이와 매우 비슷하다. 그러한 아이들은 인형이나 다른 물건들을 가지고 그 장면을 재연하는 심적 외상 후 연극으로 알려진 행동을 보여준다.

만약 주인공들의 사례가 정말로 환생의 경우라면 이 놀이는, 일부 주인공들이 이전 생 인물의 죽음의 순간에 대한 공포증과 더불어, 참사로 말미암은 감정적 트라우마가 한 삶에서 다음 삶으로 옮겨질 수 있다는 것을 입증한다. 이 사실이 어떤 면에서는 놀라운 일이 아닐 뿐더러 전생의 치명적 부상으로부터 생겨난 모반과도 일관성 있게 일치하지만, 끔찍한 죽음을 경험한 사람들이 즉시 트라우마를 극복하기는 어려우리라는 생각은 이치에 맞을 것이다.

뒤바뀐 성

아이가 반대 성의 일원이었던 삶을 기억한다고 주장하는 사례에서, 우리는 뒤바뀐 성적 행동을 관찰했다. 일련의 성전환 사례의 32건 중 21건(62퍼센트)이, 반대 성에 어울리는 행동을 보여주었다. 4장에서 할머니의 몸에 표시한 시험적 반점과 일치하는 뒷목의 모반을 가지고 태어난 아이 클로이 맷위셋이 하나의 보기다. 아이는 뒤바뀐 성적 행동을 많이 보여주었다. 거기에는 여자가 되고 싶었다고 말하는 것, 앉아서 오줌 누는 것, 그리고 되풀이하여 엄마의 립스틱을 바르고 귀걸이를 하고 옷을 입는 것들이 포함된다.

또 다른 성전환 사례는 제2차 세계대전 중에 미얀마에서 죽은 일본군의 삶을 기억한다고 보고했던 마 떵 아웅 묘다. 그 여자아이도 남자로서의 강한 정체성을 보여주었다. 어렸을 때부터 남자아이들과 놀았으며, 특히 군인 놀이를 좋아했고, 나중에 군인이 되고 싶다며 부모에게 장난감 총을 사달라고 졸랐다. 남자아이의 옷을 입겠다고 고집해서 학교 측으로부터 여아의 옷을 입고 학교에 와달라는 요구를 받기도 했다. 아이는 거부했고 열한 살에 학교를 중퇴했다. 성인이 되어서도 남자로서의 정체성을 이어갔으며, 사람들이 자신을 여자보다는 남자로 불러주는 것을 선호했다. 스티븐슨 박사는 마떵 아웅 묘가 스물일곱 살이 되었을 때 그녀와 가족을 마지막으로 만났다. 당시에 그녀는 다른 읍내에서 여자 친구와 살고 있었다. 가족은 여전히 군에 입대하고 싶은 소망을 말하고 남자처럼 옷을 입는다고 말했다.

이러한 뒤바뀐 성적 행동으로 이끌 수 있는 것이 무엇인지 고려하기 전에, 일반적으로 성 정체성 장애에 대해 현재 통용되는 생각들을 점검해볼 필요가 있다. 성 정체성 장애란 아이들이 반대의 성 정체성을 지니고 그들 고유의 성에 대한 불쾌감을 나타내는 장애다. 상당한 연구가 이루어졌지만, 그 주된 원인은 아직도 확실히 알려지지 않았다. 다수의 생물학적, 심리학적 요인들이 위기 시에 상호작용을 유발하여 그 장애를 일으킨다고 생각된다. 임신 중에 성적 호르몬이 뒤얽힐 수도 있다는 추측도 있었으나, 그것을 뒷받침할 만한 직접적인 증거는 거의 없다.

성 정체성 장애에 대해 이루어진 대부분의 연구는 남자아이들이 대상이었다. 여자아이들보다는 남자아이들에게서 훨씬 더 흔하다. 연구에서, 장애를 가진 남자아이의 엄마들이 다른 엄마들보다 더 딸을 갖기를 바랐는지에 대한 확증은 없다. 그러나 어떤 경우에는 그들이 딸을 갖지 못한 것에 대한 실망이 아들을 대하는 방법에 영향을 끼쳤을 수도 있다. 관련 가능성이 있는 다른 요인에는 부모들의 정신장애, 부모로부터의 분리에서 오는 아이의 불안, 소원한 부자 관계와 같은 심리학적 문제와 아들보다 딸이 더 보호되어야 한다는 엄마의 인식들이 포함된다.

클로이의 사례에서 부모는 아이의 목에 있는 모반 때문에 할머니가 환생한 것으로 생각했다. 그들이 아무리 아이에게 전생에 대해 말하지 않았고 아이의 뒤바뀐 성적 행동들을 말리지 않았다고는 하지만, 부모가 무의식적으로 아이의 행동을 여성스럽도록 이끌었는지도 모른다고 생각할 수 있다. 같은 시나리오가 마 떵 아웅 묘의 사례에서도 펼쳐진다. 일본군에 대한 꿈을 꾸었던 엄마가 마음속에서 그 일본군이 자신의 아이로 재탄생할 거라는 기대를 부풀린 것은 아닐까. 그러나 엄마는 의도적으로 마 떵 아웅 묘가 소년이 되고 싶도록 부추기지는 않았다.

엄마의 소망이었든 기대였든 그것이 아이의 성 정체성에 큰 영향을 미칠 수 있는지는 분명하지 않다. 유아기에 성기를 잃은 사고 후, 소년들이 소녀로 자라났던 사례들이 최근에 보고되었다. 한 사례에서 그 환자는 여성성을 찾았으나 또한 "톰보이(남자아이 같은 여자아이)"로서의 어린 시절의 경력이 있었고, 양성 경향이 나타나는 한편 주로 여자들에게 끌리게 되었다. 다른 사례에서는 부모들이 그 환자들을 소녀로 기르려고 최대의 노력을 기울였는데도 불구하고 남성 정체성이 발달하였다. 그러므로 우리 사례들에서 부모들이 전생을 믿기 때문에 무의식적으로 아이들이 성 정체성 장애를 일으키도록 상호작용을 했다고 생각할 이유가 전혀 없다.

사례가 진전되기 전에는 환생을 믿지 않았던 신교도 부모를 둔 미국인 에린 잭슨의 사례가 설득력 있는 한 예다. 아이는 세 살쯤에, 남자아이였다고 말했고 의붓엄마와 오로지 검은색 옷만 입기 좋아했던 형 제임스와 함께한 삶을 묘사했다. 아이는 그 삶이 언제 일어났었는지 직접적인 정보를 제공하지는 않았다. 그러나 "말들을 타고 다닐 때가 훨씬 나았어. 이 자동차들은 끔찍해. 모든 걸 망치고 있을 뿐이야"라고 말하곤 했기 때문에 먼 과거의 삶을 기억하는 것 같았다.

에린은 때로 남자아이였으면 좋겠다고 말했으며, 어렸을 적에는 남자아이처럼 옷을 입겠다고 고집했다. 에린이 투피스 정장의 바지만 입으려 하자, 엄마는 원피스 정장들을 샀다. 에린은 크면서 1년에 세 번쯤 치마를 입었는데, 그것도 오직 레이스나 주름 장식이 없는 옷이라야 했다.

우리는 이러한 사례들에서 뒤바뀐 성적 행동을 설명할 몇 가지 가능성을 고려할 수 있다. 하나는 뒤바뀐 성적 행동과 전생 주장이 동시에 일어나는 것이 오로지 우연한 일치라는 것이다. 그 설명에 반대되는 사례들이 많이 있는데, 전생에 반대편 성이었다는 주장과 성 정체성 장애(이것은 드문 장애다)가 결합된 경우다. 그렇게 많은 사례로 보아 성 정체성 장애가 전생과 서로 연관되었다고 결론지을 수밖에 없다.

전생을 믿지 않는 일반인들은 클로이 맥위셋과 마 띵 아웅 묘에게서 나타난 뒤바뀐 성적 행동이 부모들이 성이 뒤바뀌어 재탄생했다고 생각했기 때문에 발생한 것으로 가정하고 싶을지도 모르지만, 에린의 사례는 그렇지 않다. 부모는 아이가 누군가의 재탄생이 될 거라고 기대하지 않았다. 그리고 남자아이 같은 행동과 결합하여 일어난, 아이가 남자아이였다는 말은 완전한 충격으로 받아들여졌다. 그렇다면 아이가 남자아이가 되고 싶은 소망이 먼저 일어났고 그런 뒤에 전생에 남자아이였다는 환상이 보태졌을 것이라고 결론지을 수 있다. 이들 사례의 성 정체성 장애가 전생 주장을 이끌어냈다는 설명은, 클로이의 사례에서는 아이가 성별 인식을 전혀 갖기도 전에 부모가 클로이를 할머니의 재탄생일 수도 있다고 생각했기 때문에 적용될 수 없다. 이러한 사례들은 일반적 설명을 구하고자 하는 이들을 곤경에 빠뜨린다. 에린의 사례에서 우리는 전생에 대한 신념이 만들어지는 것이 성을 바꾸고 싶은 소망들 때문이라고 여기고 싶을지도 모르겠다. 한편 클로이의 사례에서는 뒤바뀐 성적 행동을 전생에 대한 신념 탓으로 돌리게 될 경향이 더 크다.

뒤바뀐 성적 행동과 아이가 반대편 성으로 전생을 살았다는 믿음 사이의 연결이 어떤 방향으로든 일어날 수 있기 때문에, 그 중 하나가 항상 다른 하나의 원인이 되는 것은 아니다. 그렇다면 어떻게 그 행동을 설명해야 할까? 마지막으로 남은 일반적 설명은 그 가족들이 아이가 반대편 성의 일원으로 전생을 살았다고 믿기 때문에 뒤바뀐 성적 행동의 정도를 과장했다는 것이다. 이것은 마 떵 아웅 묘의 경우처럼 도가 지나친 사례들에서는 전혀 타당하지 않다. 마 떵 아웅 묘는 언젠가 스티븐슨 박사와 통역자에게 그녀가 남자로 다시 태어날 것이라는 보장만 있었다면 가족은 자기를 어떤 수단으로든 죽였을 것이라고 말했다. 스티븐슨 박사는 가족은 그녀를 죽이고 싶은 뜻이 없었고, 남자로 다시 태어나는 것을 보장할 수 있는 능력도 없었다고 기록했다.

기억하는 쌍둥이들

일란성 쌍둥이인 주인공들은 이러한 전생을 기억하는 아이들의 행동을 이해하는 데 독특한 공헌을 한다. 4장에서 나는 열 살 나이에 뇌염으로 죽었던 남자아이의 삶을 묘사했던 스리랑카의 일란성 쌍둥이 인디카 이시와라에 대해 논의했다. 인디카의 쌍둥이 형 칵샤파 또한 전생을 기억한다고 주장했다. 아이는 경찰이 자신을 쐈다고 주장하면서 인디카보다 먼저 전생에 대해 말했다. 아이가 말한 다른 진술들을 미루어볼 때, 가족은 아이가 1971년에 스리랑카 폭동의 와중에 죽은 폭도의 삶을 말하고 있다고 결론내렸다. 아이의 주장에 가족들은 비웃었고, 아이는 곧 진술을 멈췄다.

쌍둥이들은 기질과 행동에서 약간의 차이를 보여주었다. 학생으로 살던 삶을 기억했던 인디카는 온화하고 차분하지만, 폭도로서 살던 삶을 회상했던 칵샤파는 거칠고 적의가 있고 공격적 성향이 있는 사람으로서 자신을 표현했다. 인디카는 그의 이전 생 인물이 그랬던 것처럼 어린아이로서도 종교적이었으나 칵샤파는 그렇지 않았다. 인디카는 지적이고 학교 공부에도 흥미가 있고 잘 적응했지만, 칵샤파는 학교에서도 원만하게 지내지 못했다. 인디카의 용모조차도 자신이 기억한다고 말했던 이전 생의 삶을 살았던 남자아이와 비슷했다. 쌍둥이의 부모는 쌍둥이의 성격상 차이가 그들이 크면서 줄어들었다고 언급했다.

아이들이 처음에 보였던 차이들을 어떻게 설명할까? 전생에 대한 아이들의 진술이 너무 늦게 나와서 부모들은 그 진술들과 상호작용함을 통해서 분명한 차이를 만들어내지 못했던 것처럼 보인다. 어떤 쌍둥이들이 나타내듯, 그들은 각각의 개성을 강조하는 대조적인 흥미를 보인다. 이 사례에서 초기에 보이던 차이점이 시간이 지남에 따라 감소했던 것은 환경적 요인이라기보다는 타고난 요인과 더욱 일치한다. 그러나 그 아이들이 일란성 쌍둥이이기 때문에 타고난 차이라는 보통의 설명은 적용할 수 없다. 만약 초기에 나타났던 차이가 전생 때문이라면, 그 차이가 줄어든 사실은 전생의 영향이 시간이 지남에 따라 자연히 소실되었거나 현재의 경험들이 쌍둥이들에게 점점 더 크게 영향을 주었다는 것을 암시한다.

| 폴록 쌍둥이의 사례 |

질리언과 제니퍼 폴록은 1958년에 영국의 노섬벌랜드Northumberland의 헥스햄에서 태어났는데, 일란성 쌍둥이가 포함된 또 하나의 흥미로운 사례를 보여준다. 그들의 언니인 조애너와 재클린은 쌍둥이가 태어나기 1년 반 전에 교회로 걸어가는 도중 자동차에 치여 죽었다. 엄마가 질리언과 제니퍼를 임신했을 때, 환생을 믿었던 아빠는 산부인과 의사가 태아가 하나밖에 없다고 말했음에도, 죽은 두 딸이 쌍둥이로 다시 태어날 거라고 확신에 차서 말했었다.

쌍둥이가 태어났을 때, 부모는 동생인 제니퍼에게서, 죽은 자매 중 동생인 재클린에게 있었던 두 개의 반점과 일치하는 두 개의 모반을 발견했다. 하나는 재클린의 엉덩이에 있었던 모반과 일치했고, 다른 하나는 재클린이 양동이 위로 넘어져서 이마를 다쳤을 때 생긴 상처와 일치했다. 언니 질리언은 모반이 없었다.

그 가족은 쌍둥이들이 9개월이었을 때 헥스햄으로부터 이사했다.

세 살이 되자, 쌍둥이들은 언니들에 대해 말하기 시작했다. 특히 엄마는 쌍둥이들이 언니들의 죽음과 관련된 사고를 자세히 이야기하는 것을 몇 번이나 우연히 들었다. 부모는 앞의 자녀들이 죽었을 때 그들의 장난감들을 상자에 넣었다가, 훗날 인형 두 개를 빼냈었다. 쌍둥이가 그 인형들을 보고 질리언은 큰언니 조애너의 인형이었다고 주장했고, 반면에 제니퍼는 재클린의 것이라고 주장했다. 쌍둥이들은 산타클로스가 인형을 주었다고 말했다. 언니들이 그 인형을 크리스마스 선물로 받았던 것은 사실이었다. 게다가 질리언이 조애너의 크리스마스 선물이었던 빨래짜개 장난감을 보았을 때, "봐! 내 장난감 빨래짜개야"라고 하면서 산타클로스가 그것을 자기에게 주었다고 말했다.

하루는 질리언이 제니퍼의 이마에 있는 모반을 가리키며 "저건 제니퍼가 양동이 위로 넘어졌을 때 생긴 반점이야"라고 말했다. 제니퍼는 반점을 남길 만한 사고가 난 적이 없는 반면에, 재클린은 정말 양동이 위에 넘어져서 상처를 입었는데 몇 바늘이나 꿰매야 했고 그래서 영구적인 상처가 남았다. 또 언젠가 아빠는 그림을 그리려고 언니들이 살아 있을 때 엄마가 먼저 사용했던 작업복을 입었다. 제니퍼가 그것을 보고 "왜 아빠가 엄마 옷을 입고 있는 거야?"라고 물었다. 아빠가 어떻게 그것이 엄마 것이었는지 알았느냐고 물었을 때, 제니퍼는 엄마가 그 작업복을 우유를 배달할 때 입었다고 정확히 대답했다.

쌍둥이가 네 살이 됐을 때, 헥스햄에 처음으로 돌아가서 하루를 보내기로 했다. 가족이 언니들이 자주 놀았던 공원 가까이 난 길을 따라 걷고 있을 때, 쌍둥이들은 "우리는 공원에 있는 그네를 타러 길을 건너고 싶었다"라고 말했다. 그네도, 심지어 공원조차도 쌍둥이들이 말했을 때는 보이지 않았었다.

제니퍼의 모반들과 쌍둥이의 진술들에 덧붙여 아이들은 또한 언니들의 삶과 일치하는 행동을 보여주었다. 질리언은 제니퍼를 '엄마'처럼 돌봐주었으며, 제니퍼는 질리언의 돌봄을 받아들였는데, 조애너가 다섯 살 더 어렸던 재클린을 엄마처럼 돌보았던 것과 같은 행동이었다. 게다가 쌍둥이가 네 살 반쯤에 글을 쓸 줄 알게 되자, 질리언은 즉시 엄지와 손가락들 사이에 연필을 잡았다. 그러나 제니퍼는 주먹 안에 똑바로 세워 연필을 잡았다. 재클린은 여섯 살에 죽었는데 선생이 온 힘을 기울여 연필을 바르게 잡는 법을 가르치려 해도 연필을 이런 방식으로 잡겠다고 고집했다. 제니퍼는 결국 일곱 살이 됐을 때 연필을 바르게 잡는 법을 배웠는데, 성인이 됐을 때조차도 때때로 이전의 방식을 고집했다. 재클린과 질리언이 같은 환경의 일란성 쌍둥이였기 때문에, 이 차이는 당혹스러웠다.

이 사례의 명백한 약점은 쌍둥이가 태어나기도 전에 그들이 언니들의 환생이라고 믿은 아빠의 확신이다. 비록 그것이 제니퍼의 모반들 원인이 되지는 않았겠지만, 아빠가 관찰했다고 생각했던 관련성과 언니들에 대해 말하는 쌍둥이의 성향조차도 증가시켰을지도 모른다. 쌍둥이는 일곱 살쯤에 언니들에 대해 진술하는 것을 멈추었다. 처음에는 환생을 믿지 않았던 엄마도, 그때쯤에는 아빠가 아이들이 자궁 속에 있을 때 표명했던 믿음을 공유하면서 쌍둥이의 진술, 모반, 그리고 행동 때문에 죽은 언니들의 재탄생이라고 확신했다.

일란성 쌍둥이 주인공들의 행동 차이를 설명하는 것은 중대한 도전이다. 내가 제시했던 두 사례는 쌍둥이 주인공들이 보여주는 행동의 차이들이 아이들이 묘사하는 전생과 아주 일치한다는 것을 보여준다. 이들 쌍둥이 사례는 무엇이 성격을 형성하는가에 대한 문제를 제시한다. 대체로 과학자들은 어떤 종류든 개인의 차이들은 유전이나 환경의 요인에 달려 있다고 생각한다. 아이의 성장에서 유전이냐 환경이냐는 논란의 여지가 있다. 그러나 기질은 성격적 차이들에 이바지하는 생물학적 요인의 유용한 개념 중 하나다. 그들이 그것을 왜 행하는가(동기), 또는 무엇을 행하는가(능력)와 대조적으로, 기질은 개인들이 어떻게 행동하는가를 말한다. 기질과 같은 생물학적 요인들은 개인들의 다양한 성격적 차이들을 낳는 환경적 요인들과 상호작용한다. 유년기 초기에 보이는 기질은 지속적인 경향이 있으나, 아동이 성장함에 따라 기질적 특성은 변할 수 있다.

일란성 쌍둥이를 고려할 때, 우리는 같은 유전적 구조를 가진 두 개인을 다루는 것이다. 아닌 게 아니라, 일란성 쌍둥이는 기질상 아주 많은 유사성을 보여주지만(이란성 쌍둥이보다 훨씬 더 많이), 그 유사성이 100퍼센트는 아니다. 기질을 생물학적 차원으로 간주하기 때문에,

유전적 구조가 똑같은 일란성 쌍둥이의 차이는 설명하기 어렵다.

일란성 쌍둥이의 개인적 차이를 설명하려면, 우리는 환경 요인을 고려해야만 한다. 대부분의 쌍둥이는 대체로 똑같은 환경을 가진다. 그러나 아마도 부모가 쌍둥이 각자에게 독특하게 대응한다면 그만큼 차이가 만들어질 것이다. 거기다 이러한 사례들이 시사하는 것은 유전 형질과 환경과 더불어, 우리는 의식이 새로운 삶으로 옮겨온 정보에 의해 차이가 생길 수 있음을 고려해야 한다는 점이다.

감정적 결과들

이 장에서 본 여러 가지 행동은 환생 설명을 지지해주는 증거이고 단지 기억만이 아닌 그보다 더한 어떤 것이 한 삶에서 다음 삶으로 이어질지도 모른다는 것을 암시한다. 감정, 집착, 두려움, 중독, 호불호, 그리고 심지어 특정한 나라나 특정한 성과의 일체감 들이 한 삶에서 다음 삶으로 옮겨질 수 있다. 만약 환생이 일어난다면, 감정들 또한 기억과 마찬가지로 살아남을 것이다.

감정들은 반드시 이번 생 내내 지속되지는 않는다. 행동은 아이들이 전생에 대해 말하기를 멈춘 지점을 지나서도 가끔 지속되지만, 보통 시간이 지나면 서서히 사라진다. 뒤바뀐 성 사례들의 주인공 대부분이 결국 그들의 해부학적 성과 모순이 없는 성 정체성을 가졌다.

성인으로서 남성 정체성을 보인 마 띵 아웅 묘는 예외다. 감정과 행동이 사라지지 않은 수많은 사례가 있으나 복잡한 일이 발생할 수 있으므로, 아마도 감정과 행동이 떠나고자 할 때 놓아주는 것이 가장 좋을 것이다.

이와 비슷한 유형으로 켄드라의 사례는 기억들로부터 나타날 수 있는 문제들을 보여주는 경고성 이야기다. 이 사례는 전생에 관한 대화가 아이를 위한 오락이 될 수 없다는 것을 가르쳐준다. 켄드라는 진저 코치에게 극도로 집착하게 되었고, 그 집착이 마침내 무너지자 큰 타격을 받았다. 켄드라가 진저의 자궁에 있었다는 믿음을 갖지 않았더라면 더 나았을 것이다. 스티븐슨 박사는 다른 사례에서도 고통에 관해 썼다. 그가 지적했듯이 다수의 아이가 그렇게 강한 애착을 느낀 가족들로부터 분리됐다고 느끼기 때문에 엄청나게 괴로워한다. 아이들의 부모 또한, 여러모로 자신들을 거부하고 있는 아이들에게 대처해야 한다. 그는 또한 좀 더 낙관적으로 어떤 주인공들이 과거의 실수들을 현생에서의 행동을 향상하는 안내자로 활용하는 것을 예로 들면서 나중에 살아가면서 얻게 되는, 기억 때문에 생길 수 있는 혜택들을 지적했다. 이안 스티븐슨 박사는 3장에서 언급했던 비센 찬드 카푸어를 인용했다. 아이의 이전 생 인물은 자기만의 것으로 생각했던 창녀의 방을 나오는 한 남자를 보자 그를 죽였다. 비센 찬드는 그의 이전 생 인물의 부정적 측면들을 비추어봄으로써 스스로 좀 더 나은 사람이 되었다고 말했다.

몇몇 아이들은 현생에서의 문제들에 대한 집착이나 죽음에 대해 전혀 두려움이 없는 모습을 보였다. 마르타 로렌쯔는 엄마 친구의 삶을 구체적으로 진술했던 브라질의 소녀인데, 여동생 에밀리아의 죽음을 겪었다. 다른 여동생이 비바람이 몰아치는 날 에밀리아가 무덤 속에서 젖겠다고 걱정하자 "에밀리아는 묘지에 있지 않아. 동생은 우리가 있는 이곳보다 더 안전하고 더 나은 곳에 있어. 동생의 영혼은 절대 젖지 않아"라고 대답했다. 또 한번은 친구가 죽은 사람은 절대 돌아오지 않는다며 아빠의 죽음을 슬퍼하자, "그렇게 말하지 마. 나는 죽었지만 봐, 나는 다시 살고 있어"라고 대답했다.

스티븐슨 박사는 또한 아이가 처음으로 이전 생 인물의 가족을 만난 후에 느낄 수 있는 안도감에 대해서도 적었다. 아이들은 가끔 가족과의 만남 후에 현생의 상황과 전생의 기억을 더 잘 통합하는 것 같았다. 그러면 전생에 대한 감정의 강도가 가끔 감소한다. 켄드라의 사례를 보면 현생에서의 개인들의 관계가 전생에서 그들이 가졌을 관계와 다르다는 것을 알게 된다. 비록 우리가 켄드라의 의식이 진저의 중절된 태아의 일부분이었다는 것을 인정한다 해도, 그들이 모녀간이라는 것을 의미하지는 않는다. 그들은 분명히 모녀간이 아니었지만 켄드라는 이를 혼동했다. 켄드라는 두 엄마를 가졌다고 말했고 진저와 상당한 시간을 함께 보냈다. 그런 상황에서 켄드라는 전생으로부터의 관계는 과거의 것이지 현재의 것이 아니라는 것을 이해해야 한다. 이전 생의 가족과의 가끔 만나는 일이 전생과의 분리에 대한 이해를 촉진하는 듯하다. 여러 가지로 아시아의 부모들은 서양의 부모들에 비해서 이 상황에 유리하다. 아시아의 사례들에서 부모들은 대체로 전생에 대한 아이의 주장을 받아들인다. 부모들은 감정적 문제들을 직접 말할 수 있고 아이들에게 전생에 다른 부모를 가졌을 지라도, 현재 부모는 옆에 있는 자신들이라고 말해준다. 이에 반해 서양의 부모들은 아이들의 진술에 곤혹스러워하며 어떻게 대응해야 할지 모른다. 서양의 부모들은 그 진술들을 무시할지도 모른다. 그들은 아이가 거짓말을 하거나 그러는 척한다고 말할 수도 있다. 이러한 대응 중 어떤 것도 아이를 만족하게 하지 않는다. 서양의 부모들은 아시아 부모들이 가끔 전달하는 것과 같은 메시지를 전하지도 않는다. 켄드라의 엄마는 결국 아이의 영혼이 한때 진저의 태아에 깃들었을지도 모른다는 것을 받아들였다. 그러나 불행히도 켄드라는 진저와의 관계를 과거에 둘 줄 몰랐다.

많은 아시아의 주인공들 또한 과거를 떠나보내는 데 어려움이 있지만, 전생의 가족을 만난 뒤 과거를 좀 더 쉽게 떨쳐버리는 것 같다. 그런 만남이 그들의 기억들을 유효하게 한다. 아이들은 현재의 가족과 계속 같이 살게 된다는 것을 이해한다. 과거는 과거에 속한다는 명확한 메시지가 도움이 될지도 모른다. 그런데 이것이 켄드라의 엄마가 그랬던 것처럼, 서양의 부모들에게는 아이들의 전생에 관한 주장이 사실일지 모른다는 가능성을 받아들일 수 없다면 전달하기 어려운 메시지일 수 있다.

설명들을 고려하기

행동에 대해 일반적인 설명을 전개하는 것은 어려울 수 있다. 어떤 사례에서, 일반인들은 거짓 상상(환상)이라는 설명을 적용해서, 그 아이들의 행동이 꾸며낸 상상 속에서 이전 생 인물과 동일시하는 것 때문에 일어난다고 말하고 싶을지도 모른다. 애초에 그런 환상이 어디에서 왔을까? 아시아의 사례에서는 문화적 요인을 탓할 수도 있겠으나 환생이라는 개념 자체를 부정하는 엄마를 둔 켄드라 카터의 사례에서는 그렇게 하기가 어렵다. 비슷하게, 뒤바뀐 성적 행동을 보였던 에린 잭슨은 증상이 시작됐을 때는 환생을 믿지 않았던 신교도 부모를 두었었다. 게다가 미얀마의 아이들은 왜 자신을 일본군으로 동일시했는지, 또 영국 소년 칼 이든은 왜 독일군 조종사로 자기를 동일시했는지를 설명할 만한 합당한 방법이 있겠는가?

아이들이 이전 생 인물의 가족 구성원들과 교류할 때 보여주는 감정들은 그들이 이전과 관련되어 있었다는 환상의 결과라고 환생을 믿지 않는 이들은 간주하고 싶을 것이다. 이 생각은 아이들 몇몇이 다른 가족을 전혀 만난 적이 없을 때에 표현한 그리움을 볼 때에는 전혀 그럴 것 같지 않다.

수클라 굽타는 "미누"라고 불렀던 물건들의 엄마 노릇을 했었는데, 아이가 제공했던 다른 정보들에 의해 미누라는 이름의 어린 딸을 둔 이전 생 인물이 확인되었다. 이와 같은 사례는 환상이라는 설명을 한

계에 부딪히게 만든다. 어떻게 아이는 이전 생의 가족을 수소문해 찾기도 전에 이 미누를 향한 강렬한 그리움을 키웠을까? 수클라가 자신이 태어나기 6년 전에 다른 마을에서 죽은 여자의 삶에 대해 수많은 정보를 알았다는 것을 기막힌 우연한 일치라고 단정할 수 있다. 또는 그 가족이 아이가 "미누"를 안아 어른 것으로 잘못 기억했다고 결론 지을 수도 있다. 어느 쪽을 고르든 간에, 우리는 수클라가 진짜 미누를 만난 뒤에 보여주었던 강한 집착 또한 논해야 한다. 우리는 이 모든 감정이 아이의 환상에서 나온 것이라고 정말 결론을 내릴 수 있을까?

같은 질문이 켄드라의 사례를 살펴볼 때 대두한다. 우리는 수영 코치에게 집착하는 어린아이를 이해할 수 있다. 그러나 아이의 집착은 너무나 즉각적이고 너무나 강한 그리고 아주 유별난 것이었다. 게다가 엄마와 교회는 환생의 개념을 혐오했는데도 아이가 자신을 수영 코치의 중절된 태아로 상상했을 것이라고 말할 수 있을까? 켄드라의 사례에서 아이의 집착이 환생 주장보다 조금 먼저이거나 동시에 나온 듯했기 때문에, 우리는 현실적으로 그것이 환생의 환상에서 나왔다고 단정할 수 없다. 반대로 우리는 켄드라의 주변에 있는 사람들이 모두 환생에 대한 믿음이 없다는 것을 알고 있는데도, 환생의 환상이 켄드라가 느꼈던 극도의 집착으로부터 왔다고 말할 수 있을까? 그런다고 해도 우리는 켄드라와 같은 사례에서는 집착이 환상으로 이끌었지만, 수클라의 예와 같은 경우에는 환상이 집착을 불러왔다고 생각할 수 있는 것이다.

이들 시나리오 둘 다를 복잡하게 하는 것은 몇몇 아이들이 보여준 감정의 강도다. 이전의 엄마와 연락이 끊기자 네 달 동안이나 말을 하지 않았던 켄드라 같은 아이가 꾸며낸 장난으로 그랬던 것은 아닐 것이다. 결코 가상의 게임이나 놀이가 아니다. 비슷한 예는 얼마든지 있다. 에카퐁은 전생에서 자기를 죽였다고 생각했던 남자를 목 조르려고 했고, 수클라는 미누가 아프다는 말을 듣고 울었다. 덧붙이자면 성적 의식 장애의 몇몇 사례들에서 뒤바뀐 성적 행동이 성인기까지 지속하는 것으로 보아 그것들이 아이의 환상 놀이라고 여기기는 어렵다.

공포증을 살펴보자. 샴리니에 프레마와 수짓 자야라트네는 둘 다 아기 때 공포증을 보였다. 샴리니에가 젖먹이였을 때부터 보여준 물에 대한 극도의 두려움은 분명히 전생에 대한 환상의 소산일 수가 없다. 여기에 잘못된 기억의 설명을 적용하고 싶을지도 모르겠다. 아이들이 전생에 대해 말한 뒤에, 부모들이 아이들이 과도하게 그런 것처럼, 아이들의 초기의 행동들을 회상해냈다고 말할 수 있다. 중독성 물질에 대한 조숙한 흥미와 몇몇 부모들이 아이들이 보인다고 보고하는 음식에 대한 별난 습관 같은 것도 잘못된 기억일 수 있는 것이 사실이다. 이를 반박하는 것은 자스비르 싱의 사례다. 그의 부모가 1년 반 동안이나 브라만 계급의 이웃에게 아이를 위해 음식을 준비해주도록 한 뒤에 아이가 그들의 음식 먹기를 거부한 것을 과장했다고 말할 수는 없기 때문이다. 전반적으로 일부 아이가 주장하는 전생의 기억과 관련하여 나타나는 행동들을 분명히 보여준다고 주장할 수 있는 충분한 증인과 충분한 사례가 있다.

그래서 그것은 아이들이 사례들에서 가끔 보여주는 행동들을 설명하려는 노력에 동조한다. 우리는 개별적 사례들에 대한 보통의 설명들을 종합할 수 있다. 비록 때로는 그것이 꽤 뒤얽힌 듯하지만, 그러나 그 설명들은 그룹으로 현상들을 살피면 뒤얽힌 문제가 풀린다. 어떤 사례에서는 전생 기억의 주장이 먼저 이루어지고, 또 어떤 사례에서는 그 행동들이 먼저 드러난다. 어느 쪽의 사례이든 그 행동들이 가끔 극단적이어서 보통의 설명을 어렵게 만들 정도지만, 두 상황을 망라하는 단 하나의 설명으로 그 현상들에 대한 종합적인 해석을 하는 것은 본질에서 불가능하다. 그리고 하나의 사례 그룹에 대한 설명은 다른 편 그룹에 대한 설명과는 서로 반대가 된다.

초자연적 설명들을 보자면, 프사이는 이러한 사례들에 대해 제대로 설명을 해내지 못한다. 오직 아이들이 프사이를 통해 정보를 얻을 때 그들은 자신이 기억을 경험하고 있다고 생각한다고 가정할 때에만 그 설명이 적용된다. 이러한 아이들의 잘못된 인식은 그 뒤에 그들이 감정과 행동을 발전시키는 원인이 된다. 이는 분명 대단히 복잡한 문제다. 그러나 더 심각한 것은, 공포증과 같은 어떤 행동은 아이들이 전생에 대해 진술하기 훨씬 이전부터 종종 존재한다는 것이다. 어쩌면 아이들이 젖먹이 때 전생의 정보를 얻었다고 주장할 수도 있는데, 이것이 어처구니없기는 해도, 적어도 상상할 수는 있다.

빙의는 프사이보다는 감정과 행동에 대한 설명에 더 적합한 듯하다. 만약 이전의 의식이 아이의 몸을 점령한 것이라면, 우리는 그 아이가 그런 특징(기색)을 보여줄 거라고 기대할 만하다. 이 주장의 약점은 빙의가 거의 탄생과 동시에 일어났다고 말해야 한다는 것이다. 일부 행동의 특징이 그렇게 이른 나이에 시작되기 때문이다. 그러므로 환생보다 더 나은 설명이라고 정의하기는 어렵다.

환생은, 감정과 행동들의 설명으로 적용된다. 사실 만약 환생이 사례들의 설명이라면, 기억 이상의 어떤 것이 포함된다는 것을 보여준다. 감정적 연결, 두려움, 호불호 들이 다음 삶으로 옮아온 의식의 모든 부분이므로, 그것은 전생으로부터 더 완전한 존속을 가능하게 한다.

이러한 행동의 특징들은 아이들의 전생 주장이 그들에게 매우 뜻 깊은 것임을 나타낸다. 누구든 아이들이 단지 가공의 유치한 게임을 하고 있다거나 부모들의 환생에 대한 믿음을 만족하게 해주려고 말하는 어떤 것으로 생각한다면, 엄마라고 기억했던 여자가 자기를 거부한 뒤에 몇 개월이나 말문을 닫았던 미국의 어린아이, 켄드라를 기억해야 할 것이다.

chapter

7

친숙한 얼굴 알아보기

A Scientific Investigation of
Children's Memories of Previous Lives

Life before Life

샘 테일러는 그의 할아버지가 돌아가신 지 1년 반 만에 버몬트에서 태어난 남자아이다. 샘이 한 살 반 되었을 무렵 아빠가 기저귀를 갈아주고 있을 때 샘은 이렇게 말했다. "내가 네 나이였을 때, 내가 네 기저귀를 갈아주곤 했는데." 샘을 방에서 데리고 나올 때 아빠의 황당한 얼굴을 엄마가 본 뒤, 그들은 샘의 말에 대해 이야기를 나눴고, 이상하다고 생각했다. 부모는 환생에 대해서 관심이 없었다. 샘의 엄마는 남부 침례교 목사의 딸이었지만, 그렇다고 샘의 부모가 종교적인 것은 아니었다.

그 사건 이후, 샘은 자신이 할아버지였다고 자주 말하기 시작했다. "나는 몸집이 컸었는데 지금은 작아"라고 말했다. 샘의 아빠는 처음에는 환생의 가능성에 대해 의심이 많았지만, 엄마는 그 생각에 더 열려 있어서 할아버지의 삶에 대해 샘에게 질문하기 시작했다. 언젠가 엄마와 샘은 할아버지가 돌아가시기 전에 할머니가 돌봐주었던 일을 이야기했다. 엄마는 샘에게 할머니가 할아버지를 위해 날마다 만들었던 음료가 무엇이었는지 물었고, 샘은 부엌에서 기계로 만든 밀크셰이크였다고 정확히 대답했다. 엄마가 다용도실에서 믹서기를 보여주며, 할머니가 그것을 이용해 밀크셰이크를 만든 것인지 묻자, 샘은 아니라며 푸드 프로세서를 가리켰다. 샘의 말은 맞았다. 할머니는 할아버지의 밀크셰이크를 푸드 프로세서로 만들었다. 샘이 전생 기억을 말할 당시 할머니는 할아버지가 돌아가신 뒤에 연속된 발작으로 병원에 누워있었기 때문에 샘이 할머니가 푸드 프로세서로 밀크셰이크를 만드는 모습을 보았을 리는 없었다.

엄마는 샘에게 이전 생에 형제자매가 있었는지도 물었다. 샘은 "응, 여동생이 있었어. 동생은 물고기가 되었지"라고 대답했다. 누가 물고기로 만들었느냐고 묻자, "어떤 나쁜 녀석들. 동생은 죽었어. 있잖아, 우리는 죽으면 신이 우리를 이곳으로 다시 돌아오게 해. 나는 옛날에는 몸집이 컸었는데, 지금은 다시 아이가 됐잖아"라고 대답했다. 할아버지의 여동생은 사실 약 60년 전에 살해됐었다. 여동생이 자는 동안 여동생의 남편이 죽여서 시신을 담요에 싸서 바다에 버렸다.

또 어느 때에 샘은 할아버지가 집에서 제일 좋아하는 장소는 "발명을 하느라 작업하던 차고"였고, 차를 타면 샘 아빠만의 작은 운전대가 있었다고 정확히 말했다. 샘의 아빠는 어렸을 적에, 차의 계기판에 흡입 컵들로 붙여놓은 장난감 운전대를 기억했다.

샘이 네 살 반이 되었을 때, 할머니가 돌아가셨다. 아빠는 할머니의 집으로 가서 물건들을 정리하고 가족사진들을 담은 상자를 가지고 돌아왔다. 샘의 부모는 그때까지 할아버지의 가족사진을 한 장도 갖고 있지 않았다. 어느 날 저녁에 엄마가 탁자에 사진들을 쏟아놓자, 샘이 와서 할아버지의 사진들을 가리키며 "이게 나야!"라고 말했다. 사람은 한 명도 없이 자동차만 보여주는 스냅 사진을 보았을 때, "이 봐! 저게 내 차야!"라고 말했다. 그것은 할아버지에게 아주 특별했던 1949년산 폰티악으로 할아버지가 첫 번째로 구입했던 새 차 사진이었다.

엄마가 샘에게 할아버지가 초등학교에 다니던 때 찍었던 학급 사진을 주었다. 사진에는 27명이 있었는데, 그중 16명이 소년들이었다. 샘은 얼굴들을 손가락으로 훑다가 할아버지의 얼굴에서 멈춰서는 "이게 나야"라고 말했다.

샘의 아빠는 샘의 할아버지가 아들들과 감정적으로 잘 소통하지 못했었는데 특히 아들들이 성인이 되어서는 더 그랬다고 말한다. 샘의 아빠는 자기 아버지에게 자기가 느끼는 사랑을 표현했지만 아버지는 그런 표현에 화답하는 것을 대단히 어려워했다. 샘의 아버지는 만약 자신의 아버지가 샘을 통해 다시 돌아온 거라면, 자기의 사랑에 보답하려는 것이라고 느꼈다. 샘의 아빠는 모든 자식에게 마음을 활짝 열고 있으며, 샘과 아주 좋은 관계를 유지하는 것 같다.

샘은 이전 생과 관련된 사람이나 물건을 알아보았고, 사진들 속에 할아버지를 식별했으며, 할아버지 차를 찍은 사진을 가리켰다. 이것은 이전 생 인물의 가족을 알아보는 많은 아이들의 사례에 대한 보고서 내용과 비슷하다.

사례들 가운데 알아보기(인지)는 몇 개의 범주로 나누어진다. 첫 번째 유형은 통제되지 않은 알아보기다. 이 범주에서는 가족들이 아이가 이전 생의 가족들이나 물건들을 알아볼 수 있는지를 시험해보려 한다. 그러나 가족들은 그 시험들을 우리가 선호하는 통제된 조건 아래 치르지 않는다. 그 시험들은 보통 사람들을 알아보는 것이지만, 때로는 장소들도 포함된다. 이러한 사례의 증인들은 아이들이 이전 생 인물의 집으로 가는 길을 정확히 안내했다거나, 이전 생 인물의 죽음 뒤에 일어난 건물이나 풍경의 변화들을 지적했다고 말한다.

불행히도 가족들이 알아보기 시험을 시행하는 조건들은 그 신빙성을 의심하게 만든다. 가령, 이런 상황이 펼쳐질 수 있다. 시험하기에 앞서, 가족들은 아이가 전생의 가족을 만나도록 주선한다. 특정한 이전 생 인물의 삶을 기억한다고 주장하는 아이가 고인의 가족을 만나러 온다는 소문이 나돌면, 종종 아이가 도착하기 전에 수많은 구경꾼이 모여든다. 어떤 사람은 예를 들어, "네 아내를 알아보겠니?"라고 아이에게 묻거나, 아이에게 소소한 물건을 주며 문제의 인물에게 갖다주라고 시킨다. 스티븐슨 박사가 썼듯이, 주인공과 관련된 사람들이 아이가 특정한 이전 생 인물의 삶을 기억하고 있다고 무조건 믿는 것은 아니다. 모여든 구경꾼의 무리가 그 시험을 지켜보는 상황에서 누군가가 아이에게 이전 생 인물의 부인을 식별하도록 요구했을 때 많은 구경꾼들이 부인을 기대심에 차서 쳐다볼 수 있고, 그런 상황에서 관찰 대상인 아이는 올바른 사람을 지적하는 데 거의 실패할 수가 없다.

이러한 명백한 알아보기는 자주 사례에 연관된 사람들을 감동시킨다. 아이가 전생의 인물들을 알아볼 것이라는 그들의 소망이 아이들의 판단력을 흐리게 할 수 있지만, 알아보기 도중 아이의 태도(예를 들어, 알아보는 표정 또는 따뜻한 감정)가 사건을 경험하는 사람들에게 더 감명을 줄 것이다. 그렇다고 증인들이 아이가 전생의 가족들을 알아봤다고 항상 말하는 것은 아니다. 증인들은 아이가 일부는 알아봤지만 가족 구성원 전부를 알아본 것은 아니라고 보고할 수도 있다.

어떤 사례에서는 전생의 가족들을 알아볼 수 있었던 사람이 거의 없을 때에도, 아이가 이전 생 인물들을 알아보았다고 정보 제공자들이 보고했다. 아이의 가족이 진술들을 확인하러 찾아가기 전에 전생의 가족이 아이의 진술에 대해 들어서 알고는 아이의 집으로 예고 없이 찾아올 때 이런 일이 일어날 수 있다. 4장의 인디카 이시와라는 이전 생의 아빠가 자신을 방문했을 때 엄마에게 "아빠가 오셨어"라고 말했다.

또 다른 상황들에서는, 가족들이 아이가 전생의 정보를 정확히 알고 있을 때에만 대답할 수 있는 질문들로 추가 시험을 했다. 예를 들어 4장의 차나이 추말라이웡의 사례에서, 전생의 가족은 아이에게 대여섯 개의 권총벨트를 보여주고는 이전 생 인물의 것을 고르라고 요청했다. 아이는 즉시 이전 생 인물의 소유를 골라냈다. 통제되지 않는 상황에서 가족들을 알아보는 시험들만으로는, 가족들이 그가 맞는 물건을 고르도록 본의 아니게 유도했는지를 알 수 없다.

어떤 사례의 부모들은 아이들이 이전 생 인물의 집으로 가는 길을 안내했다고 보고했다. 이는 차나이의 사례에서 알 수 있다. 아이는 학교 선생으로 살았던 삶을 묘사했고 그런 다음 부모 집으로 가는 길을 안내했다. 그 경우, 그리고 그와 같은 수많은 다른 사례들에서 길을 알았던 사람은 아이 주변에 아무도 없었다. 때문에 아이가 주위에서 무심결에 단서들을 수집했을 가능성은 고려하지 않아도 된다.

어떤 아이들은 이전 생 인물이 죽은 다음에 일어난 변화들을 알아보는 것 같다. 예를 들어, 5장의 수짓 자야라트네는 이전 생 인물인 새미 페르난도 부모의 소유지에 데려갔을 때, 새미가 죽은 뒤로 길이 옮겨졌고 일부 울타리가 새로 생겼다고 정확히 말했다. 게다가 새미의 죽음 뒤에 나무 한 그루가 베어진 자리에 가서 "여기 있던 나무는 어디 갔어?"라고 물었다.

비슷하게, 5장의 가미니 자야세나는 이전 생 인물인 팔리타 세네위라트네의 집으로 갔다. 팔리타가 죽은 뒤에 가족은 초가지붕을 골함석 종류로 교체했다. 가미니는 팔리타의 부모에게 과거에는 지붕이 지금처럼 반짝이지 않았었다고 말했다. 팔리타가 학교에 다니는 동안 머물렀던 하숙집을 방문했을 때, 아이는 주인에게 올리브 나무 한 그루가 전에는 거기 있었는데 지금은 없다고 말했다. 사실 팔리타가 죽은 뒤에 한 그루가 베어졌다.

다른 사례들에서 우리가 충분하다고는 판단하지 않는 조건 아래 가족들이 알아보기 시험을 시행했을지는 모르지만, 그때 아이들은 인상적인 진술들을 했다. 4장의 네칩 윈뤼타시키란은 이전 생 인물의 미망인을 알아본 뒤에 그녀의 다리를 칼로 벴다고 말했고, 미망인은 남편과 싸우다가 정말로 그랬다고 확인했었다.

다른 예로는 6장에서 브라만 계급의 음식이 아니면 먹지 않겠다고 했던 소년 자스비르 싱은 이전 생 인물의 한 사촌을 보았을 때, "들어오세요, 간디지"라고 말했다. 누군가가 그에게 "이 분은 비르발이야"라며 고쳐주려 하자, "우리는 간디지라고 불렀어요"라고 대답했다. 사실, 그 사촌은 간디지라는 별명이 있었다. 그의 큰 귀가 마하트마 간디와 닮았다고 생각했기 때문에 사람들은 그렇게 부르곤 했었다.

이러한 자발적으로 일어나는 관찰은 주인공의 부모가 전생을 기억하는 척하라고 아이들을 코치했으리라는 추측을 무너뜨린다. 아이들이 말하는 정보는 부모가 가지고 있지 않았을 정보를 포함했다. 그리고 아이들은 전생에 대한 사실을 단지 암송하는 것 이상으로 능력을 드러냈다.

어떤 아이들은 가족들이 아무도 알아보기 시험을 시행하는 의도가 없었더라도 사람이나 장소를 우연히 알아봤다. 그러한 상황들에서 아이들이 우발적인 시험들을 통과할 수 있게 도와주는 실마리는 보통 주변에 존재하지 않는다. 때때로 그것들은 해결될 것 같지 않은 사례를 해결로 이끈다. 이에 대한 하나의 예는 5장의 가미니 자야세나이다. 아이는 버스 여행에서 전생에 살았던 집이 특정한 버스 정류소에 있었다고 언급했고, 그 말이 가족으로 하여금 그 지역의 사람들을 찾도록 만들었다. 마찬가지로 네칩 윈뤼타시키란의 사례에서, 부모들은 아이의 할아버지의 부인을 만나기 전에는 전생에 대한 진술을 증명하려 하지 않았다. 그 시점에서 네칩은 할아버지의 부인을 전생의 메르신이라는 도시에서 알아보았다고 말했다. 메르신은 아이의 이전 생 인물이 전생에서 살았던 곳이다. 비슷하게 5장의 라타나 웡솜밧은 마에 찬이라는 여승을 알아보았고, 아이의 아빠는 그 여승과 얘기하려고 그 절로 되돌아갔다. 아버지는 딸의 전생에 대한 진술들이 라타나가 태어나기 1년 반 전에 죽은 여자와 들어맞는다는 것을 곧 알았다. 라타나가 그 절에 가자고 부탁했으므로 아이의 알아보기는 가미니의 경우처럼 우연한 일치가 아니었다.

나지 알-다나프

레바논의 나지 알-다나프의 사례에서 우리는 몇 가지 알아보기를 확인할 수 있다. 아주 어린 나이에 나지는 부모와 일곱 형제에게 전생을 설명했고 가족들 모두 취재가 가능했다. 나지는 가족이 모르는 한 남자의 삶을 묘사했다. 남자가 권총과 수류탄을 가지고 있었고, 예쁜 아내와 어린아이들이 있었고, 나무로 둘러싸인 2층집과 가까운 곳에 동굴이 있었고, 벙어리인 한 친구가 있었고, 한 무리의 남자들에게 총탄 세례를 받았다고 말했다.

아빠는 나지가 10마일 떨어진 작은 마을에 있는 전생에 살던 집에 데려다 달라고 조른 것을 보고했다. 부모는 아이가 여섯 살일 때, 두 여동생과 남동생 한 명과 함께 그 마을로 데려갔다. 마을에 다다르기 반 마일쯤 전에 나지는 주도로에서 갈라져 들어가는 비포장도로에서 멈추라고 했다. 아이는 그 길이 끝나는 곳에 동굴이 하나 있다고 말했으나, 가족들은 그것을 확인하지 않고 차를 몰았다. 마을 중심부에 다다르자 여섯 갈래로 길이 갈라져서 아빠는 어느 길로 가야 하는지 아이에게 물었다. 나지는 그중 한 길을 가리키며, 위쪽으로 갈라진 길이 나올 때까지 가면 집이 보일 거라고 했다. 위로 올라가는 첫 번째 갈림길이 나오자, 가족은 차에서 내려 나지가 묘사한 대로 죽은 사람이 있는지 수소문하기 시작했다.

가족들은 나지가 태어나기 10년 전에 그 길 쪽에 나지가 진술한 것과 들어맞는 집을 소유한 푸아드라는 고인과 그 가족을 금세 발견했다. 푸아드의 미망인이 나지에게 "누가 그 집 입구에 있는 문의 기초를 놓았지요?"라고 묻자, 나지는 "파라즈 가문에서 온 사람이었지"라고 정확히 대답했다. 그 집에 들어가 나지는 푸아드가 어떻게 벽장에 무기를 두었는지 정확히 설명했다. 푸아드의 미망인은 그들이 전에 살던 집에서 사고가 난 적이 있었는지 물었고, 나지는 사고에 대해 정확한 내용을 말했다. 미망인은 또한 그들의 어린 딸이 왜 그렇게 심하게 아팠었는지 기억하느냐고 묻자, 나지는 딸이 아빠의 약들을 우발적으로 잘못 먹었다고 정확히 대답했다. 나지는 또한 이전 생 인물의 삶에서 몇 가지 사건을 정확히 묘사했다. 그 미망인과 다섯 자녀는 나지가 묘사한 정보에 매우 감동하였고, 모두가 푸아드의 재탄생이라고 확신했다.

그 만남이 있고 얼마 뒤에, 나지는 푸아드의 형제인 셰이크 아딥을 방문했다. 나지가 그를 보았을 때, 달려가서 "내 동생 아딥이 왔구나"라고 말했다. 또 나지는 "네게 체키Checki 16 한 자루를 주었다"라고 말했다. 체키 16은 레바논에서는 흔하지 않은 체코슬로바키아산 권총의 한 종류인데, 푸아드는 동생에게 한 자루를 정말 준 적이 있었다. 셰이크 아딥은 그다음에 나지에게 원래 집이 어디 있었는지 물었고, 나지는 그를 인도해 길을 따라 쭉 내려가서, "여기는 우리 아빠 집이고 여기(바로 옆집)가 나의 첫 번째 집이야"라고 정확히 말했다. 그들은 뒤에 가리킨 집으로 갔는데, 푸아드의 첫째 부인이 아직 살고 있었다. 셰이크 아딥이 그녀가 누구였는지 나중에 묻자, 나지는 이름을 정확히 말했다.

셰이크 아딥은 나지에게 세 남자의 사진을 보여주며 그들이 누구냐고 물었다. 나지는 각각의 사람을 가리키며 아딥, 푸아드, 그리고 죽은 그들의 형제 이름을 정확히 말했다. 셰이크 아딥은 나지에게 다른 사진을 보여주었고, 나지는 그 사진 속의 남자가 아빠라고 정확히 말했다. 나중에 셰이크 아딥이 나지의 집을 방문했을 때 권총을 가져갔다. 그는 나지에게 푸아드가 자기에게 준 바로 그 총이냐고 물었고, 나지는 그것이 아니라고 분명하게 대답했다.

해럴드슨 박사가 나지의 사례를 조사했고, 이전 생 인물이 벙어리 친구가 있었다는 것을 포함해서 나지가 한 진술 대부분을 실증할 수 있었다. 박사는 또한 푸아드의 집에 대한 나지의 설명이 푸아드가 몇 년 동안 살았던 집과 들어맞는 것을 발견했다. 그 집은 푸아드가 죽었을 때는 완공되지 않았었는데 나지는 그 집의 건설 시기에 대해서도 정확히 말할 수 있었다. 그 집은 가족이 마을에 처음 방문했을 때 나지가 가리켰던 흙길에 있었던 집이었고, 동굴 또한 나지가 말한 대로 그 길 끝에 있었다.

만약 이 사례에서 가족들이 사건을 정확히 기억하고 있는 것이라면, 나지의 진술은 보통의 수단으로 설명하기는 매우 어렵다. 이전 생 인물이 소유했던 두 집의 위치에 대한 주인공의 자발적인 알아보기가 그 자체로 상당히 인상적이다. 아이가 이전 생 인물의 첫 번째 집을 정확히 지적한 능력은 우연한 일치로는 설명되지 않는다. 게다가 푸아드의 가족에게 말한 여러 가지 사소한 진술들 또한 주목할 만하다. 아이의 체키 16 권총에 대한 진술은 환경적 신호들로부터 떠올랐을 리가 없는, 여러 가지로 특히 인상적이다. 사진 속 형제들의 이름을 말하는 아이의 능력은 단순히 이전 생 인물의 가족 구성원을 손가락으로 가리키는 사례들보다 훨씬 인상적이다. 왜냐하면, 주변 환경의 단서들만을 가지고서는 이름을 말하지 못하기 때문이다. 정보 제공자들은 나지가 단체 사진에서 이전 생의 자신을 확인하기 전에 사진을 보지 않았다고 진술했다. 그리고 셰이키 아딥은 그의 부인을 알았을 가능성이 있으니 제외한다고 해도, 그밖에는 아무도 푸아드가 그에게 체키 16 권총을 주었다는 것을 몰랐다고 확인했다.

제한된 수의 사례들에서, 연구원들은 아이가 이전 생 인물의 삶과 연결된 사람들을 알아볼 수 있는지를 볼 수 있는 통제된 알아보기 시험을 시행할 수 있었다. 그러한 시험은 스티븐슨 박사가 조사했던 다음의 두 사례에서 발견되었다.

그나나틸레카 밧데위타나의 사례

그나나틸레카 밧데위타나는 1956년에 스리랑카에서 태어난 여자아이로 두 살 때부터 엄마 아빠와 더불어 두 형제와 많은 자매가 다른 곳에 있다고 말하기 시작했다. 그나나틸레카는 16마일 거리에 떨어진 탈라와켈레 마을에서 살았었다고 말하기 시작했다. 그리고 아이는 그곳에 사는 이전 부모를 방문하고 싶다고 말했다.

그나나틸레카가 네 살 반이 되었을 때, 한 이웃이 환생에 대한 몇 편의 기사를 썼던 기자이자 국제 관계론에서 박사 학위를 받은 니산카H.S.S. Nissanka에게 아이에 대한 편지를 썼다. 니산카 박사는 후에 그나나틸레카의 사례에 관해 책을 썼으며, 나는 그 책에서 매우 많은 정보를 얻었다. 니산카 박사는 잘 알려진 한 스님과 근처 대학의 한 선생에게 동행해달라고 요청하고 아이를 만나기로 했다. 그들은 그나나틸레카를 취재했는데, 아이는 기차 여행 도중에 여왕을 봤던 것을 포함해 탈라와켈레에서 살았던 수많은 사건들을 기억해냈다.

아이는 탈라와켈레라는 지역과 로라(때로는 도라)라는 자매를 제외하고는 어떤 이름도 대지 않았다. 엘리자베스 여왕이 1954년에 스리랑카 전역을 여행했기 때문에 니산카 박사와 동료는 그 여왕의 방문 시기와 그나나틸레카가 태어난 1956년 사이에 죽었던 탈라와켈레의 어떤 사람을 묘사하고 있다고 추측했다. 사실, 그들은 이전 생 인물이 그나나틸레카가 엄마의 자궁에 수태되기 전에 죽었을 것으로 추측했으나, 그렇다고 그 가정을 무작정 수용할 수는 없었다. 니산카 박사는 그 사례에 대해서 대중적인 주간 신문에 두 편의 기사를 썼으며, 세 남자는 그 뒤에 탈라와켈레에 조사하러 갔다. 탈라와켈레에 있는 동안, 그 그룹은 틸레케라트네라는 1954년 11월에 죽은 10대 소년과 그 가족의 삶이 기사와 들어맞다고 말하는 한 남자를 만났다. 만남이 있은 후 바로, 틸레케라트네의 선생이 틸레케라트네가 몰랐던 두 남자와 함께 그나나틸레카의 집으로 찾아왔다. 그 남자들 한 명 한 명이 그나나틸레카에게 자신을 아느냐고 물었다. 아이는 그들 중 두 사람은 모른다고 했으나, 선생에게는 "네, 선생님은 탈라와켈레에서 왔어요!"라고 말했다. 잠시 후에, 아이는 선생이 자신을 가르쳤으며 한 번도 벌을 주지 않았다고 하면서, 선생의 무릎 위에 올라가 앉았다.

바로 다음 날, 조사팀은 그나나틸레카가 틸레케라트네의 가족을 탈라와켈레의 휴게소나 여인숙에서 만나도록 주선했으나, 그나나틸레카에게는 여행의 목적을 말하지 않았다. 그나나틸레카는 엄마와 스님, 니산카 박사와 한 방에 있었고, 니산카 박사는 녹음기로 그 사건을 녹음했다. 그나나틸레카의 아빠와 틸레케라트네의 선생은 문 가까이에 서 있었다. 입회인들은 옆방에서 지켜보았다. 이윽고 틸레케라트네의 엄마가 방으로 들어왔다. 스님이 "여자를 아느냐?"라고 물었다.

그나나틸레카는 올려다보았을 때 갑자기 흥분하는 듯했으며, 여자를 응시했다. 여자를 아느냐고 다시 묻자, 그나나틸레카는 "네"라고 말했다.

틸레케라트네의 엄마가 막대 사탕을 건네주며 그나나틸레카를 향해 팔을 벌리자, 재빨리 안겼다. 틸레케라트네의 엄마는 "말해보렴, 내가 어디 살았지?"라고 물었다.

그나나틸레카는 천천히 "탈라와켈레"라고 대답했다.

틸레케라트네의 엄마는 "그래, 내가 누군지 말해보렴"이라고 물었다.

그나나틸레카는 친엄마에게 들리지 않도록 확실히 살피고는 틸레케라트네의 엄마에게(그리고 니산카 박사의 마이크에 대고) "탈라와켈레 엄마"라고 속삭였다.

잠시 후에, 입회인들이 그나나틸레카에게 다시 "저 부인이 누구인지 말해보렴"이라고 물었다. 그러자 아이는 "나의 탈라와켈레 엄마야"라고 대답했다.

그다음 틸레케라트네의 아빠가 들어왔고, 그나나틸레카는 "저분을 아니?"라는 질문을 받았다.

아이는 그렇다고 대답했고 누구인지 아느냐는 질문에 "나의 탈라와켈레 아빠야"라고 대답했다.

이어 날마다 학교에 같이 다녔던 틸레케라트네의 자매 중 하나가 들어왔고, 그나나틸레카는 "탈라와켈레에서 온 나의 누나야"라고 말했다.

"이 누나랑 어디에 갔었니?"

"학교에."

어떻게 학교에 갔는지 묻자, 아이는 기차를 타고 갔다고 대답했다.

다음에 들어온 남자는 틸레케라트네가 죽은 뒤에 탈라와켈레로 이사한 남자였다. 그가 아이에게 "내가 누구니?"라고 물었다.

"몰라."

니산카 박사가 "그를 아니? 누군지 다시 자세히 보렴?" 하자, "아뇨, 나는 그를 몰라요"라고 아이는 대답했다.

세 여자가 다음에 들어왔다. 그중 한 명이 "나를 아니? 내가 누구지?"라고 물었다.

그나나틸레카는 "응, 너는 내 예쁜 여동생이야"라고 대답했다.

또 한 사람이 "내가 누구니?"라고 묻자, "우리 아랫집에 사는 누나야"라고 답했다.

이번에는 그나나틸레카의 엄마가 아이에게 세 번째 여자가 누구인지 물었다.

"그 누나네 집에 우리가 옷을 꿰매러 다녔어." 이 대답 역시 옳았다.

탈라와켈레로부터 두 남자가 왔다. 한 사람은 아주 가까운 탈라와켈레 가족의 친구였고, 또 다른 사람은 일요 학교에서 틸레케라트네를 가르쳤다. 그나나틸레카는 탈라와켈레에서 그들을 한 명 한 명 알았다고 말했다. 다른 상세 내용은 말하지 않았다.

마지막으로, 틸레케라트네의 형이 들여보내졌다. 틸레케라트네와 이전 생의 형은 끊임없이 다투었었다. 그나나틸레카는 그를 아는지 질문을 받자, 화가 나서 "아뇨!"라고 대답했다. 아이는 다시 질문을 받았고, "몰라! 몰라!"라고 대답했다. 그러자 니산카 박사가 엄마에게만 그를 아는지 말해도 된다고 하자, 아이는 엄마에게 "탈라와켈레에서 온 내 형이야"라고 속삭였다. 니산카 박사가 아이에게 다른 사람들도 듣게 말하라고 부탁하자 아이는 "탈라와켈레에서 온 내 형이야"라고 큰 소리로 말했다. 니산카 박사가 그나나틸레카에게 형이 안을 수 있게 해달라고 하자, 울기 시작하며 그러지 않겠노라고 말했다.

그나나틸레카는 이전 생 인물이 각 개인과 가졌던 관계뿐만 아니라 겉보기(상황)만 가지고는 알 수 없는 다른 사실들도 알고 있는 듯했다. 아이는 이전 생 인물이 몰랐던 사람은 모른다고 정확히 진술했다.

그나나틸레카는 또한 나중에 몇 가지 전생 기억을 자연스럽게 알아보았다. 아이는 틸레케라트네의 선생과 좋은 관계가 되었다. 어느 날 함께 외출했을 때, 그나나틸레카는 군중 사이에서 한 여자를 가리키며 "저 여자를 알아요"라고 말했다. 아이는 선생에게 "탈라와켈레 사원에 나랑 같이 갔었어요"라고 말했고 그 여자는 그들이 사원에서 예배드릴 때 틸레케라트네와 친하게 지냈었다고 확인해주었다. 또 어느 때는 다른 무리에 있던 한 여자를 가리키며, "저 여자는 나의 탈라와켈레 엄마한테 화가 나 있어요"라고 말했다. 선생은 여자에게서 틸레케라트네 가족의 이웃이었는데 전에 틸레케라트네의 엄마와 의견 차이로 갈등이 있었지만 그 이후에 불화를 수습했다는 것을 알아냈다.

스티븐슨 박사가 이 사례에 개입한 것은 통제된 알아보기 시험들을 한 지 1년 뒤였고, 틸레케라트네의 선생을 비롯하여 양쪽의 사람들을 취재했다. 첫 취재에 이어 박사는 그 가족을 계속해서 점검해 나갔다. 한 가지 박사가 발견한 항목은 틸레케라트네가 로라든 도라든 누이가 없었다는 것이다. 틸레케라트네가 더 어렸을 때 반 친구 중에 로라라는 소녀가 있었는데 틸레케라트네가 죽기 전에 둘은 얼마간 교제를 했었다. 스티븐슨 박사는 1970년에 로라를 취재했다. 박사는 로라가 그나나틸레카를 만난 적이 없었기 때문에, 로라와 틸레케라트네가 모르는 다른 친구와 함께 그나나틸레카의 집으로 불시에 방문했다. 당시 거의 열다섯 살이 된 그나나틸레카에게 두 여자를 알아볼 수 있는지 물었다. 그나나틸레카는 로라를 어렸을 때처럼 이름을 혼동하여 "도라"라고 불렀으며, 탈라와켈레에서 알았었다고 말했지만 다른 상세한 내용은 말하지 않았다.

이 사례는 환생의 가능성을 받아들인다고 하더라도, 뛰어난 성취였다. 왜냐하면 우리가 고등학교 동창회에서 옛 친구를 알아보는 것과 그렇게 다르지 않다고 여길지도 모르지만, 로라는 틸레케라트네의 삶에서는 10대였었는데 거의 서른에 가까운 나이의 여자가 되었기 때문이다. 그나나틸레카는 알아보기를 성취해냈다. 아이가 탈라와켈레의 장소를 추측으로 알아맞혔을 수도 있지만, 스티븐슨 박사가 그 가족과 이전에 접촉했던 상황을 고려해볼 때, 아이가 장소의 이름을 댈 수 있었다는 사실은 무시하기 어려운 일이다.

그나나틸레카의 사례는 뒤바뀐 성의 사례였으나 크게 사내다운 특징을 보여주지는 않았다. 그나나틸레카가 어렸을 때, 부모는 심각한 정도는 아니었지만, 다른 딸들보다 더 남자아이 같았다고 지적했다. 10대로서 그나나틸레카의 외모는 전형적인 신할라족 소녀 그대로였다. 그러나 이전 생 인물은 오히려 여성적인 경향이 있었다. 이전 생 인물은 소녀들과 같이 있는 걸 선호했고, 때로는 손톱에 매니큐어를 바르기도 했다. 바느질을 즐겼고 실크 와이셔츠를 좋아했다고 한다. 당시 그 지역에서 이러한 특징은 이전 생 인물을 대부분의 다른 소년들과 구분짓게 만들었다.

마 최 흐닌 흐텟의 사례

미얀마의 마 최 흐닌 흐텟은 통제된 알아보기 시험뿐 아니라 시험 모반이 포함된 사례다. 이 사례에서 이전 생 인물은 선천성 심장장애가 있는 마 라이 라이 와이라는 젊은 여자였다. 그녀는 그 장애로 인하여 1975년 몇 달 동안 랑군 종합 병원에 입원했다. 스무 살의 나이인데도 아직 고등학교에 다니고 있었다. 그녀는 그곳에서 심장 수술(개심술)을 받던 중 사망했다.

마 라이 라이 와이가 죽자 세 친구가 화장할 준비를 하기로 했다. 그들이 화장 준비를 진행할 때에 몸에 표시하는 관습이 떠올라서 빨간 립스틱으로 그녀의 뒷목 왼편에 표시했다. 그들은 이 부분을 좀 더 덜 눈에 띄는 곳으로 선택했다. 왜냐하면 미래의 아기 외모를 훼손하고 싶지 않았기 때문이었다. 스티븐슨 박사는 뒷목을 선택하는 것에 있어, 그 친구들이 인상적인 시험 모반을 만들기에 가장 좋지 않은 지점을 골랐다고 지적했다. "황새가 콕 쪼" 듯한 모반은 꽤 흔한데다 어린 시절 후기까지 지속되는 경우가 드물기 때문이다.

마 라이 라이 와이가 죽은 지 열세 달 뒤에, 그녀의 큰언니가 딸을 낳았는데 마 최 흐닌 흐텟이라고 이름 지었다. 출산 뒤에, 마 최 흐닌 흐텟의 가족은 아이의 뒷목 왼편에 붉은 태반이 있는 것을 알아차렸다. 당시에 아이의 가족은 마 라이 라이 와이의 친구들이 그녀의 몸에 표시한 사실을 몰랐으나, 며칠 뒤에 이웃이 그들에게 얘기해주어서 알게 되었다. 마 최 흐닌 흐텟의 엄마는 출산 전에 동생의 몸에 표시한 것을 알지 못했기에, 우리는 어머니의 영향(엄마의 소망이나 기대가 아기에게 모반으로 나타날 수 있다는 개념)이 이 사례에서는 아무런 역할도 하지 않았음을 확신할 수 있다.

우리는 또한 모반의 위치가 원래 표시 지점과 다른 곳에 꿰맞추도록 증인들을 유도하지도 않았다는 것을 확신할 수 있다. 왜냐하면 스티븐슨 박사가 그 몸에 표시했던 친구 중 한 명인 마 미인트 미인트 오와 이야기를 나눴는데, 그녀는 마 최 흐닌 흐텟이 모반을 가지고 태어난 사실을 모르는 채로 그 위치를 가르쳐주었다. 스티븐슨 박사는 다른 두 명의 친구도 취재했는데, 그들도 같은 위치에 표시했다고 말했다.

마 최 흐닌 흐텟은 가슴에도 태반으로 추정되는 반점이 있었으나, 가족은 몇 년 동안이나 그것을 눈치 채지 못했다. 누군가가 아이에게 마 라이 라이 와이의 외과 수술 절개선과 들어맞는 태반이 있을지도 모른다고 암시했다. 확인했더니 아이의 살색보다 더 밝은, 얇고 연한 선이 가슴 아래쪽의 중앙을 가로질러 복부 위까지 나 있었다. 마 최 흐닌 흐텟이 네 살이었던 당시에는 그러한 수술에 따르는 절개 자국보다 좀 더 낮은 위치에 있었지만, 개심술의 절개 상처와 일치했다.

곧 마 최 흐닌 흐텟이 나이가 들어 말할 정도가 되자, 아이는 이전 생 인물의 부모인 외조부모와 함께했던 전생에 대해 말했다. 아이는 외할머니가 엄마였었고, 의사들이 자신을 수술하고 있을 때 죽어간

이야기를 했다. 아이는 또한 자신의 이름이 라이 라이였다고 말했다. 식구들이 아이에게 라이 라이가 아니었다고 놀리면 울곤 했다. 게다가 아이는 엄마를 "언니", 외삼촌은 "오빠", 외할아버지는 "아빠"라고 불렀다.

스티븐슨 박사는 마 쵀 흐닌 흐텟이 네 살이었을 때 사례를 조사했다. 취재가 있기 사흘 전에, 마 라이 라이 와이의 친구 중 두 명이 가족을 방문했다. 그중 한 명은 몸에 표시했던 사람인데, 마 쵀 흐닌 흐텟은 그녀를 본 적이 없었는데도 아주 친하게 굴었다. 아이는 그 여자들을 보았을 때, 어른들이 집에 오면 늘 하던 대로 대문까지 마중을 나갔다. 그리고 그들에게 자기를 라이 라이 와이라고 불러달라고 요청했다. 아이는 외할머니를 만나도록 안내했는데, 외할머니가 "그녀를 아니?"라고 묻자 마 쵀 흐닌 흐텟은 "물론이죠. 우리는 친구였어요"라고 대답했다.

스티븐슨 박사가 취재를 했을 때, 박사는 고인의 몸에 표시했던 여자 중 다른 한 명인 마 미인트 미인트 오가 마 쵀 흐닌 흐텟을 만난 적이 없었다는 것을 알았다. 박사와 통역사 우 윈 마웅은 그 가족에게 사전 통보하지 않고 마 쵀 흐닌 흐텟의 집으로 그녀를 데려가기로 했다. 집에 도착한 뒤에, 마 쵀 흐닌 흐텟에게 마 미인트 미인트 오를 가리키며 "그녀가 누구지?"라고 물었다. 마 쵀 흐닌 흐텟은 재빨리 "미인트 미인트 오"라고 대답했다.

우리가 그런 시험을 더 많이 시행할 기회가 있었으면 좋겠다. 불행히도 사례의 아이들은 우리가 그 장면에 등장할 때쯤이면, 보통 이전 생 인물의 삶에서 중요했던 사람들을 만난 뒤였다. 이렇게 만나면서 주인공 가족들은 아이들이 전생으로부터 다수의 사람을 알아보는지 자주 판결을 내렸다. 그러나 우리 스스로 그것을 평가할 수는 없었다. 더 많은 시험을 우리가 주관하려면, 그 사례들과 좀 더 빨리 만나야 할 필요가 있다. 이상적으로 이전 생 인물을 누군가가 확인하기 전에 한 사례를 알게 되는 것은 우리에게 그런 시험을 마련할 멋진 기회를 제공한다. 그러나 그런 사례들이 우리에게 결코 많이 포착되지는 않을 것이다. 어떤 부모들은 사례가 미결이고 아이의 진술이 실증되지 않았을 때에는 다른 이들에게 그들의 아이가 전생에 대해 말하고 있다는 것을 알리고 싶어 하지 않을지도 모른다. 그 부모들이 다른 이들이 아는 것을 개의치 않는다 해도, 사람들은 미결된 사례에 대해 자연스레 덜 말할성싶다. 따라서 여러 나라의 우리 대리인들이 그에 대해 덜 듣게 될 것 같다.

이러한 맥락에서 볼 때, 우리는 아이들이 전생 기억을 아직 갖고 있을 때 사례들을 충분히 일찍 들을 필요가 있다. 아이들 대부분이 일고 여덟 살쯤에 그 기억을 잃어버리는 것 같으므로, 그들이 나이가 더 들었을 때 시험을 시행하면 아마도 헛된 일일 것이다. 스티븐슨 박사가 그나나틸레카 밧데위타나의 시험으로 밝힌 것처럼 물론 예외는 있다. 그러나 일반적으로 아직 전생을 기억하는 아이가 어린 동안에 시험을 시행하는 것이 절대 중요하다. 이는 주인공이 될수록 어릴 때 사례들에 대해 들어야 한다는 것을 의미한다. 불행히도 우리의 연구 자원은 한정되어 있고, 주어진 나라에서 사례를 발굴하는 이가 단 한 사람뿐인 경우가 흔하다. 만약 그 사람이 신문 기사에서 사례를 발견했다면, 그 가족은 거의 언제나 이미 그것을 해결한 뒤다. 다른 연결들을 통해 한 사례를 발견하는 것은 이전 생 인물을 아이가 만나기 전에 해결할 수 있는 사례가 될 더 나은 기회를 제공하지만, 그러나 심각한 장애물이 남아 있을 수 있다.

연구원들이 적절히 통제된 알아보기 시험을 수행했던 사례들은 한 줌의 사례들뿐이다. 이 한정된 수가 이러한 주인공들이 전생의 가족 구성원들을 알아보았던 유일한 사람들이라는 것을 뜻하지는 않는다. 그러나 다른 아이들이 알아보기를 했던 조건들이 적절히 통제되지 않았으므로, 아이들이 진짜로 가족 구성원들을 알아보았다고 확실하게 말할 수는 없다.

만약 그 아이들이 전생을 진짜 기억하는 것이라면, 그들이 삶을 같이 나눴다고 묘사하는 사람들을 알아볼 수 있으리라고 기대하는 것이 당연하다. 그러나 그 기억들은 가끔 흐릿하고 불완전하고 또 어떤 아이들에게는 일정한 시간에만 가능할 뿐이다. 만약 이전 생 인물이 얼마 전에 죽었다면, 연루된 개인들의 외양 또한 이전 생 인물이 살았을 때로부터 상당히 변했을 것이다. 이러한 요인들 둘 다는 왜 아이들 일부가 전생의 가족 구성원들을 알아보는 데 실패하는지 설명할 것이다.

한편, 우리가 환생을 가능한 것으로 받아들이지 않는다면, 우리는 한 아이가 통제된 조건 아래 전생으로부터의 사람들을 알아볼 때 매우 놀라게 될 것이다. 여러모로 이러한 통제된 조건의 시험들을 한 소수의 사례는 많은 다른 사례들의 통제되지 않은 시험들의 결과를 확증하며, 증거의 중요한 유형을 구성한다. 이런 사례들을 일반적인 흔한 과정의 결과라고 치부하며 무시하려는 설명들도, 전생의 인물들을 알아보고 그들에 대해 구체적인 정보를 말하는 능력을 보여주는 아이들의 사례들은 무시할 수 없을 것이다.

이 장의 처음에 소개된 소년 샘은 사진 속에서 이전 생 인물인 할아버지를 알아보는 듯하다. 샘의 알아보기를 처음 들었을 때, 나는 샘이 할아버지의 사진을 금방 봤었기 때문에 학급 사진 속에서 이전 생 인물을 찾아낼 수 있었다고 의심했다. 그러나 내가 사진들을 보았을 때, 나는 다른 사진들을 봤어도 학급 사진 속에서 이전 생 인물을 골라낼 수 없을 거라는 것을 깨달았다. 사실 사진 속의 많은 소년이 검은 머리에 같은 스타일의 옷을 입고 있어서 비슷해 보인다. 그러나 그들이 비슷해 보이건 그렇지 않건, 우리는 그의 할아버지를 사진 속에서 찾아낸 네 살배기 남자아이에 대해 말하고 있다는 것을 염두에 두어야 한다. 우리는 이 현상에 대한 어떠한 종합 평가에도 그런 알아보기들을 포함할 필요가 있다. 알아보기 현상을 보면, 아이들이 전생의 기억만이 아니라 전생의 사람들과 장소들을 알아보는 능력 또한 드러낸다는 것을 알 수 있다.

설명하기

보통의 과정으로 알아보기를 설명하면서 우리는 통제되지 않은 시험을 거친 사례들은 아이들이 환경적 단서를 이용할 수 있을지도 모르기 때문에 과학적 가치가 거의 없는 것으로 여기고 무시하기 쉽다. 아이들이 그 만남 도중에 자주 하는, 한 사람의 별명이나 과거의 사건에 대한 자세한 내용과 같은 진술들은 설명하기 더 어렵다. 이러한 이유 때문에, 우리는 그 진술들에 대한 정보 제공자들의 잘못된 기억을 탓해야 한다.

우리는 다수의 자연스러운 알아보기를 설명하기 위해 또다시 정보 제공자에 의한 잘못된 기억에 의존할 수밖에 없다. 그 아이들이 보통의 수단으로는 얻을 수 없을 것 같은 정보를 보여주는 진술을 한다고 사람들이 말하기 때문이다.

마지막으로 통제된 알아보기 시험들을 보통의 과정으로 설명하는 것은 가장 큰 도전이 될 것이다. 그나나틸레카 밧데위타나의 사례에서, 아이는 이전 생 인물의 가족들을 연구원들이 한 사람 한 사람 들어오게 할 때마다 알아보았다. 우리는 그나나틸레카가 이전 생 인물이 몰랐던 남자는 모른다고 정확히 진술한 것을 제외하면, 각자가 이전 생 인물과 가졌던 관계를 추측했다고 가정할 수 있다. 게다가, 우리는 네 살 반짜리 아이의 추리 능력이 모든 관계를 정확히 추측하게 할 만큼 매우 좋다는 생각에 너무 많은 점수를 주는 것이 된다.

더욱 문제가 되는 것은 아이가 겉모습만 보고는 알 수 없는 이전 생 인물의 자매들에 관해서도 정보를 말해주었다는 것이다. 이것은 그 알아보기들과 함께, 우연한 일치가 합당한 설명이 아니라는 것을 뜻한다. 그리고 덧붙여서, 연구자들이 그 시험들을 녹음했기 때문에 잘못된 기억은 하나의 설명이 될 수 없다. 기만이 마지막 남은 단 하나의 가능한 일반적인 설명인 것 같다. 우리는 그나나틸레카의 가족이 관련된 모든 사람을 속였다고 생각할 수 있다. 즉, 두 가족이 연구원들을 우롱하려고 공모했다고, 또는 그 연구원들 스스로 일어난 사건들을 정확히 보고하지 않았다고 말이다. 이 어떤 것도 그럴듯하지 않다. 특히 스티븐슨 박사가 8년이 지난 뒤에 한 시험에서 그나나틸레카가 로라라는 여자를 알아보기에 성공했던 것을 기억하면 더욱 그렇다.

비슷하게 마 쵀 흐닌 흐텟은 이전 생 인물의 친구 중 몸에 표시했던 한 사람의 이름을 처음 만났을 때 말할 수 있었다. 환경의 신호로 그 이름을 알 가능성이 없으므로, 우리는 가족 구성원들이 아이가 그 여자의 이름을 절대 듣지 않았다고 스티븐슨 박사에게 말했을 때 거짓말을 한 거로 의심해야 한다.

통제된 알아보기 시험의 사례에서 기만은 우리가 제안할 수 있는 단 하나의 일반적인 설명인데, 그것은 아주 합당하지 않다. 초자연적 설명들은, 셋 중 어느 것도 그 알아보기들을 설명할 수 없다. 초감각적 지각으로는 그 아이들이 이전 생 인물을 확인할 가능성이 있다. 마지막으로 아이가 이전 생 인물의 재탄생이라면, 아이는 그 모든 것을 확인할 수 있다.

chapter

8

죽음과 탄생, 그 사이 어디쯤

A Scientific Investigation of
Children's Memories of Previous Lives

Life before Life

노스캐롤라이나의 남자아이 바비 하지스는 자주 그의 사촌들과 살고 싶다고 말했다. 사촌의 가족은 가장 큰 아들과 그 밑으로 세 딸이 있다. 그리고 바비의 큰엄마는 사촌 형을 낳은 후 쌍둥이를 유산했었다. 바비는 그 사촌 형이 자신의 큰형이라고 하면서 왜 엄마가 자기를 그 진짜 가족으로부터 떼어놓았는지 물었다. 아이는 되풀이해서 자기가 사촌들과 한 식구라고 말했다. 부모는 사촌의 가족에게 아이들이 더 많아서 바비가 그들을 좋아한다고 생각했다. 바비가 네 살 반일 때 있었던 저녁 목욕 후의 대화 때까지 엄마는 아이의 진술에 별 관심을 두지 않았다.

바비는 엄마에게 자기가 배 속에 있었을 때를 기억하는지 물었다. 엄마는 그렇다고 대답했다. 그러고는 두 살 반 된 동생 도널드도 엄마의 배 속에 있었던 때를 기억하는지 물었다. 그러자 바비는 자신과 도널드가 동시에 엄마의 배 속에 있었던 때를 기억하느냐고 물었다. 엄마는 둘이 동시에 배 속에 있었던 것은 아니었다고 하자, 바비는 둘이 동시에 같이 있었는데 단지 태어나지 못했던 것이라고 대답했다. 엄마는 바비가 먼저 태어난 후 도널드가 태어났다고 말했다. 바비는 자신과 도널드가 엄마의 배 속이 아니라 수잔 큰엄마의 배 속에 동시에 있었다고 대답하면서, 수잔 큰엄마가 왜 우리들을 낳지 않았는지 물었다.

바비는 아주 흥분해서 도널드에게 소리 지르기 시작했다. "도널드, 다 네 잘못이야. 말했잖아, 나는 정말 절실히 태어나고 싶다고. 그런데 네가 원하지 않았잖아. 어떻게 나를 데리고 나올 수 있는 거야, 도널드? 왜 태어나고 싶지 않았던 거야? 왜 그랬는지 말해봐. 왜 나를 거기서 데리고 나왔는지 말하란 말이야."

엄마는 바비를 진정시켜 도널드를 쫓아가는 걸 막아야 했다. 엄마는 도널드가 무슨 말인지 이해하지 못하니까 소리 지르지 말라고 바비를 타일렀다. 바비는 도널드가 알고 있다며 다시 왜 자신을 수잔 큰엄마의 배 속에서 데리고 나왔는지 물었다.

도널드는 이윽고 입에서 고무 젖꼭지를 빼내면서 "아냐! 내가 바란 건 아빠야!"라고 소리치고는 고무 젖꼭지를 다시 입에 물었다. 바비는 "난 아빨 원한 게 아니었어, 내가 원한 건 론 큰아빠야!"라고 다시 소리 질렀다.

바비는 다소 진정이 되자 엄마에게, 수잔 큰엄마가 유산된 뒤에 자기가 다시 배 속으로 돌아가려고 했으나, 사촌 레베카가 이미 거기에 있었다고 말했다. 바비는 엄마에게 "나는 거기에 있고 싶었는데 레베카가 허락하지 않았어. 나는 레베카를 차서 쫓아내려고 했는데 그렇게 되지 않았어. 레베카는 태어났고, 나는 그러지 못했어"라고 말했다. 바비는 그 뒤에 엄마의 배 속으로 들어왔고 태어났다고 했다. "나는 여기까지 오려고 무척 열심히 노력해야 했어, 엄마."

약간의 배경 설명을 하자면, 큰아빠 론은 바비 아빠의 친형이다. 론의 부인 수잔이 바비가 태어나기 7년 전에 남자아이 쌍둥이를 임신했었다. 33주 무렵 수잔은 쌍둥이가 움직이는 걸 전혀 느끼지 못했다. 병원에 갔을 때, 의사들은 둘 다 죽은 것을 발견했다. 병원의 기록에는 태반에 붙은 탯줄 중 하나의 혈관이 제대로 형성되지 않아 압착이 쉬워 사망했다고 쓰였다. 의사들은 수잔에게 쌍둥이 중 하나가 그 탯줄 위로 굴러 넘어가 탯줄을 누른 것으로 의심된다고 말했다. 이것이 피의 흐름을 막아서 쌍둥이 하나가 죽었고, 혈액순환이 공유되기 때문에 다른 쌍둥이 하나도 곧바로 죽었다.

그 유산이 부모에게는 당연히 혼란스러운 일이었기 때문에 가족은 그에 대해서 다시는 말하지 않았고, 바비의 부모도 바비가 결코 그것에 대해 듣지 않았다고 확신했다. 수잔과 론은 몇 달 뒤에 다시 아이를 가졌고, 이어서 딸 셋을 두었다. 마지막 딸 레베카가 바비가 태어나기 열여덟 달 전에 태어났다.

수잔이 가졌던 쌍둥이 중 한 명이었다는 진술에 덧붙여서, 바비는 자신이 기억하는 다른 삶들에 대해 몇 가지를 언급했다. 바비는 두 가지의 이전 생을 기억했는데 한 삶에서는 총에 맞아 죽었고, 또 다른 삶에서는 자동차 사고로 죽은 10대였다. 한번은 독감에서 나은 뒤에 바비가 엄마에게 말했다. "엄마, 다른 세상의 사람들은 아프지 않아요." 엄마가 물었다. "다른 세상이라니, 바비?" 그러자 바비는 말했다. "내가 태어나기를 기다렸던 세상이요. 사람들은 거기서는 아프지 않았어요. 사람들은 마냥 행복하고 절대 아프지 않아요. 아무도 이 세상에서 아프지 않았으면 좋겠어요."

바비는 또 자신을 임신한 뒤에 올렸던 부모의 결혼식을 말했다. 예식에서 눈에 띄게 배가 불렀던 엄마는 집에 결혼식 사진을 하나도 진열해두지 않았다. 그들 부부는 언덕 위의 전망대에서 결혼식을 올려서, 언덕으로 올라가는 계단을 올라가야 했고 또다시 전망대로 올라가야 했다. 바비의 부모는 바비가 사진 더미를 보고 있는 엄마를 보기 전에는, 바비가 결혼식 사진을 본 적이 있거나 결혼식에 대해 얘기하는 것을 들었으리라고 믿지 않았다. 엄마는 바비에게 부모의 결혼식 사진(난간 앞에 서 있는 클로즈업된 사진)을 주었다. 전망대의 난간에서 찍은 사진이었지만, 사진에서는 그렇게 분명해 보이지는 않았다. 엄마는 꽃다발을 들고 있고 아빠는 양복 단춧구멍에 꽃을 꽂았다. 그들은 분명히 목사를 바라보고 서 있는 옆모습이 찍혀 있었고 결혼식 하객으로 보이는 한 여자의 등이 그들 앞에 있는 사람을 보이지 않게 막고 있다.

엄마가 바비에게 그 사진이 뭘 찍은 건지 아느냐고 물었을 때 바비는 "응, 엄마. 엄마와 아빠가 결혼식을 올리는 사진이야. 내가 거기 있었어. 다 봤는걸"이라고 대답했다. "네가 그랬니?"라고 엄마가 물었고, "응, 엄마. 엄마는 계단을 걸어 올라갔고, 그다음에 엄마 아빠는 서로 반지를 주었고, 또 그다음에 케이크를 먹었어요"라고 대답했다.

우연히도 바로 이 대화 후 내가 바비의 엄마에게 전화를 걸게 되었는데, 그녀는 내게 바비가 말한 것을 전했다. 그녀는 바비가 남편과 결혼식을 하러 계단을 걸어 올라간 것을 어떻게 알았는지 짐작하지 못했다. 케이크를 먹었다는 사실을 바비가 알아낸 것도 놀라웠다. 바비는 케이크를 본 적도, 먹어본 적도 없었다. 바비가 한 번 참석했던 결혼식에서는 냉방기가 고장이 나서 케이크가 제공되지 않았었다. 엄마는 평소에는 케이크를 먹지도 않았지만 자신의 결혼식에서는 케이크를 먹지 않으면 불운이 찾아올까 봐 먹었다.

바비는 네 번째 생일에 태어난 것에 관해 얘기했다. 엄마는 바비가 장 시간의 진통 끝에 제왕절개술로 태어났다고 보고했다. 바비는 얼굴을 위로 향한 채 소위 후방후두위 자세로 있었고 간호사들이 바로 돌려놓을 수 없었다(분만 시 정상적인 태아의 자세는 얼굴이 아래로 향해야 한다-옮긴이). 바비가 자신의 탄생 과정을 말할 때, 밖으로 나오려고 애쓰면서 자궁 안에서 발을 걷어차고 있었다고 했다. 엄마는 바비가 태어나기를 기다려야 했다고 대답했고 바비는 "알아. 그래서 나는 화가 났고, 그래서 밖으로 나오려고 밀고 있었어. 그다음에 그들이 다시 들어가게 하려고 내 머리를 밀어넣었어, 엄마. 그리고 그것이 나를 정말 화나게 했어. 왜냐하면 나는 나오고 싶었으니까. 그런데 나는 꽉 끼어서 그럴 수 없었어.

엄마는 충격을 받았다. "응, 네가 끼어서 간호사들이 네 머리를 밀어서 돌게 하려고 그랬던 거야. 너는 돌기만 하면 됐었어. 그러면 너는 나올 수 있었을 거야."

바비는 대답했다. "아, 난 몰랐어. 내가 돌았어야 했구나. 그렇지만 나는 그들이 나를 다시 집어넣으려고 하는 줄 알았어. 어쨌든, 그러고는 빛을 보았어. 그때 의사가 나를 엄마 배 속에서 빼냈어. 그리고 그들이 그 점액을 모두 씻어냈고, 나를 침대에 눕혔어. 그래서 나는 잠을 잘 수 있었어."

바비의 사례는 아이가 이전 생 인물의 죽음과 새로운 탄생 사이의 막간을 이야기하는 하나의 본보기다. 사례에서 바비는 엄마의 자궁 속에 있을 때의 사건에 관해 얘기하고 엄마에게 오기 전에 있었던 다른 세상에 대해 언급했다. 우리 연구 사례의 주인공 대부분은 그런 진술은 하지 않았다. 1,100건의 사례 중에서 69명의 주인공이 이전 생 인물의 장례식이나 시신의 취급에 관한 기억을 보고했다. 91명이 지구에서 일어난 다른 사건들을 묘사했고 112명이 다른 영역에 존재했던 기억을, 45명이 수태 혹은 재탄생한 상태의 기억을 보고했다. 일부 아이들은 한 유형 이상의 경험을 묘사했기 때문에 한 범주 이상으로 셈에 들어가게 되었으며, 1,100명 중 217명만이 이러한 경험 중 최소한 한 가지를 경험했다고 보고했다.

아이들이 다른 영역을 언급한 어떠한 주장도 분명히 증명할 수 없고, 삶 사이의 경험에 관한 다른 진술들을 종종 실증할 수 없어서 막간에 관한 기억은 사례들의 다른 부분보다 이론적인 영역에 속하는 경향이 있다. 다음의 몇 가지 요인 때문에 우리는 그 진술들을 적어도 한번을 고려해 봐야 한다. 첫째, 어떤 아이들은 나중에 정확하다고 판명되었던 사건에 대해 진술한다. 그러한 사례들에서는 삶들 사이에 일어났던 기억에 관한 아이들의 주장을 뒷받침하는 제한된 증거가 존재한다. 그 증거들 몇 가지를 짧게 요약해서 살펴보겠다.

아이들은 더 확실한(유효성이 강한) 사례에서 불확실한(유효성이 약한) 사례보다 이러한 진술을 더 자주 하는 경향이 있는데, 이는 그 사례에 유효성을 더 보태어준다. 나는 각 사례의 강력한 정도를 재는 저울을 개발했다. 막간의 기억에 관한 유형들을 살펴볼 때(이전 생 인물의 장례식에 관한 것들, 다른 사건들에 관한 것들, 다른 영역에 존재했던 것들, 수태되거나 탄생한 것들) 개인으로든 그룹으로든 아이가 막간의 기억들을 보고할 가능성은 사례의 강력한 정도를 재는 저울에서 아이가 받은 점수와 상관관계를 갖는다는 것이 발견됐다. 우리와 일하는 의학도인 푸남 샤르마는 막간의 기억을 보고하는 아이들이 그렇지 않은 아이들보다 이전 생 인물의 이름과 어떻게 죽었는지를 더 잘 기억하는 것 같다는 사실을 나타내는 통계를 냈다. 아이들은 일반적으로 이전 생으로부터의 이름들을 더 잘 기억하는 경향이 있으며, 나중에 정확하다고 판명되는 삶에 관한 진술을 한다.

그러나 어떠한 사건에서든 매혹적이지만 가치는 하나도 없어 보이는 보고들이 많다.

배회

1,100명의 주인공 가운데 25명이 이전 생 인물의 장례식과 시신 처리에 대해 자세히 묘사했으며, 정확하다고 판명되었다. 하나의 예로 5장의 라타나 웡솜밧은 이전 생 인물의 유골이 절의 소유지에 있는 보리수나무 아래 고인이 바라던 대로 묻히는 대신에 뿌려진 것을 정확히 묘사했다. 충분히 상세하지 않아서 입증할 수 없는 진술들도 있다. 예를 들어 4장의 푸르니마 에카나야케는 치명적 사고를 당한 뒤에 며칠 동안 어둑어둑한 공중을 떠다녔다고 말했다. 아이는 통곡하는 사람들을 보았고 장례식에서 자신의 몸을 보았다고 했다. 또 많은 사람이 자신과 똑같이 떠다니고 있었다고 말했다. 그런 다음 어떤 빛을 보아서 그것을 향해 갔고, 새로운 가족에게로 갔다.

이전 생 인물의 장례식에 대해 언급했던 아이들은 그것에 대해 많이 진술하지 않는 경향이 있다. 거기에 초점을 두지는 않는 듯하다. 만약 아이들의 진술을 인정한다면, 이전 생 인물의 의식은 사후에 잠깐 동안 자기의 몸이나 가족 근처에 머무른다는 것을 알 수 있다.

어떤 아이들은 장례식 뒤에 장기간에 걸쳐 주변에 머물렀다고 보고했다. 어떤 경우에는 이전 생의 가족이 약간의 진술을 확인했다. 비르 싱이라는 인도의 남자아이는 솜 듯의 삶을 기억한다고 주장했다. 솜 듯은 비르 싱이 태어나기 11년 전에 죽었던, 5마일 떨어진 곳에 있는 마을 출신의 남자아이였다. 비르 싱은 솜 듯의 집 근처에 머물렀고 한 나무에서 살았다고 말했다. 그 시간 동안에 솜 듯의 형 결혼식에 갔었다고 말했으며 어떤 음식이 차려졌는지 자세히 얘기했다. 그 음식은 인도의 결혼식에서 흔히 볼 수 있는 대표적인 음식이었다. 비르 싱은 또한 솜 듯의 가족들이 그 집을 떠날 때 함께 갔다고 말했다. 비르 싱이 이전 생에서 죽은 뒤에도 이전 생 가족 주변에 머물렀다는 기억은 솜 듯의 엄마가 솜 듯이 죽은 후 몇 달 뒤에 꾼 꿈과 일치했다. 엄마의 꿈에서 솜 듯은 형이 밤에 시장에 가려고 집을 살그머니 빠져나갈 때 자신이 함께 가려고 했었다고 말했다. 그 꿈을 꾸고 난 뒤에 형은 엄마에게 자기가 밤에 집을 빠져나가곤 했었다고 인정했다. 비르 싱은 또한 자신이 머물러 있었던 나무에 매달아 놓은 그네를 타고 있던 어떤 여자들 때문에 화가 나서 그네의 판자를 부러뜨렸다고 보고했다. 솜 듯의 아빠는 그런 사고가 일어났던 것을 기억했다. 비르 싱은 솜 듯의 엄마에게 솜 듯이 죽은 뒤에 가족이 말려든 소송에 관해 이야기했다. 비르 싱은 자기가 막간에 있는 동안에 솜 듯의 부모에게 태어났던 동생들에 관해 이야기했고 솜 듯의 아빠에게 어떤 까다로운 사람이 자신이 죽은 뒤에 마을에서 이사갔다고 정확하게 말했다.

다른 아이들은 그들이 전생에 죽었던 곳 가까이에 머물렀던 것에 대해 말했다. 이에 관한 좋은 예가 태국의 남자아이 봉쿠치 프롬신이다. 아이는 태어나기 8년 전에 지금 살고 있는 마을에서 6마일 떨어진 소도시에서 살해됐던 열여덟 살 남자의 삶을 기억하는 것으로 보였다. 아이는 전생에 관해 29가지를 진술했으며 정확한 것으로 판명되었다. 거기에는 살해자들이 이전 생 인물을 죽인 뒤에 즉시 했던 행동들의 묘사도 들어 있다. 아이는 7년을 그들이 이전 생 인물의 시신을 놓아둔 곳에서 가까운 대나무 위에 머물렀다고 말했다. 7년쯤 지난 뒤 비가 내리는 날에 이전 생 인물의 엄마를 만나러 갔다. 그런데 그만 시장에서 길을 잃어 미래의 아빠가 된 한 남자를 보았고, 버스를 타고 미래의 집으로 가기로 했다고 말했다. 사실, 봉쿠치의 아빠는 봉쿠치가 수태됐던 비 오는 날에 그 지역에서 모임에 참석하고 있었다. 그래서 봉쿠치의 기억이 적어도 부분적으로는 실증되었다.

다른 영역에 관한 보고들

다른 사례에서의 주인공들은 죽음과 재탄생 사이에 있었던 다른 영역에서의 경험들을 묘사했다. 리Lee라는 남자아이는 다시 태어나기로 했던 것을 기억한다고 말했다. 아이는 다른 존재들이 자신을 도와 지구로 내려오는 결정을 하도록 했다고 말했다. 아이는 전생의 엄마가 지금의 엄마보다 더 예뻤다고도 말했는데, 현생의 엄마는 그 비교를 유머로 받아들였다. 1장의 남자아이 윌리엄은 죽은 뒤에 둥둥 떠다녔다고 말했고, 천국에서 신뿐만 아니라 동물들도 보았다고 말했다.

샘 테일러는 7장에 나온 초등학교 학급 사진에서 죽은 할아버지를 찾아냈던 남자아이이다. 아이도 신을 본 것에 대해 말했다. 아이는 하늘에서 하느님이 돌아오라는 카드를 자기에게 보냈다고 말했는데, 그 카드는 녹색 화살들이 그려진 업무용 명함처럼 보였다고 한다. 꽤 환상적으로 들리는 내용과 더불어 아이는 자신이 죽자 천국으로 쏘아 올려졌고 다른 누군가도 자신과 동시에 죽었다고 말했다. 천국에서 필 삼촌을 본 것도 말했다. 할아버지의 가장 친한 친구가 그의 처제의 남편(제낭)이었고, 할아버지는 그를 필 삼촌이라고 불렀다. 샘은 전생에서 필 삼촌의 발을 뜨겁게 한 적이 있다고 말했다. 샘의 할아버지와 필 삼촌은 서로 장난치는 것을 좋아했는데, 할아버지는 필이 신발을 신기 전에 그의 신발을 따뜻하게 만들어서 "뜨거운 발(남의 구두에 몰래 성냥을 끼워 불붙게 하는 장난 – 옮긴이)" 장난을 치곤 했다.

비슷하게, 죽은 이부형제의 병소와 일치하는 세 개의 모반을 가졌던 4장의 남자아이 패트릭 크리스틴슨은 천국에서 "해적 빌리"라는 친척과 이야기를 나눴는데, 그 친척은 근거리에서 총을 맞았고 산 위에 있는 동안 죽음을 맞았다고 말했다. 패트릭의 엄마는 그런 친척에 대해 결코 들은 바가 없었다. 그러나 패트릭의 외할머니에게 전화해서 그의 진술에 대해 물었을 때, 별명이 해적 빌리인 사촌이 사실 그렇게 죽었다는 것을 알았다.

또 하나의 영역에 관한 특히 생생한 묘사는 스리랑카의 디스나 사마라싱에라는 아이의 진술이다. 아이는 3마일 떨어진 마을에서 죽은 나이 든 여성의 삶에 대해 수많은 진술을 했다. 심지어 자신의 시신이 묻혔는데도 들어 올려져 새처럼 날아갔던 것을 묘사했다. 아이는 자신이 죽은 뒤 왕인지 우두머리인지 모를 어떤 존재와 만난 것을 얘기했는데, 그의 붉은색 옷과 아름다운 뾰족구두는 절대 벗겨지지 않고, 절대 더러워지지 않고, 절대 젖지 않았다고 했다. 자신이 입은 옷도 마찬가지였는데 단지 황금색인 것이 달랐다. 아이는 유리로 만들어지고 아름다운 빨간색 침대들이 있었던 왕의 궁전에서 놀았다고 했다. 그곳에서는 배가 고플 때면 그냥 음식을 생각하기만 하면 나타났다. 음식을 보는 것만으로도 배가 불러서 그것을 먹을 필요조차 없었다. 아이는 왕이 자신에게 새로운 가족한테 가겠느냐고 물었고 지금의 가족의 집으로 데려다 주었다고 말했다.

비슷한 진술을 한 또 한 아이는 220마일 떨어진 도시 출신인 여자의 삶에 관해 얘기한 수니타 칸델왈이라는 인도의 여자아이다. 아이는 이전 생에서 난간에서 떨어져 치명상을 입은 뒤에 "나는 올라갔다. 거기에는 긴 수염을 가진 바바baba(성스러운 사람)가 있었다. 그들은 나의 기록을 점검한 뒤 '돌려보내시오'라고 말했다. 그곳에는 몇 개의 방이 있었다. 나는 신의 집을 보았다. 매우 훌륭했다. 당신은 그곳에 있는 모든 것을 알 수 없다"라고 보고했다.

물론, 마지막 발언에 대해 아무도 이의를 제기하지 않을 것이다.

지구와 다른 영역 사이의 기억들

고려해야 할 하나의 문제는 왜 어떤 아이들은 이전의 죽음 이후에 있었던 이 세상에서의 생활을 묘사하는 데 반하여, 다른 아이들은 다른 세상에서의 생활을 묘사하는가이다. 만약 우리가 이러한 보고들을 심각하게 받아들인다면 우리는 죽은 뒤에 이 세상이 아닌 다른 세상의 경험을 갖도록 만드는 요인은 어떤 것일까를 생각해볼 수 있다. 우리가 조사할 수 있는 두 가지는 이전 생 인물이 죽은 방식과 그 죽음의 돌연함이다. 이전 생 인물이 죽은 방식을 살펴볼 때에, 자연사와 비명횡사의 두 유형이 죽음 이후 서로 다른 유형의 경험을 가져올 수 있는지 비교해볼 수 있다. 비명횡사는 사고사, 익사, 그리고 모든 종류의 참사를 뜻한다. 1,100건의 사례에서 두 유형을 비교해보면 이전 생 인물이 자연사냐 비명횡사냐 하는 문제가 사후에 일어난 사건들을 아이가 나중에 말할지 아닐지에 대해 영향을 주지는 않는 것 같다. 한편 이전 생 인물이 자연사한 사례들은 약간은 두드러지게 비명횡사를 포함한 사례들보다 다른 영역에서의 생활에 관한 진술을 더 포함하는 것 같다(자연사 사례 19퍼센트 vs 비명횡사 사례 13퍼센트).

우리는 죽음의 돌연함에 관한 문제를 두 가지 방식으로 살펴볼 수 있다. 첫째, 죽음을 앞두고 얼마나 오래 임종의 시간을 가졌는가를 고려해서, 사례를 다섯 범주로 나눈다. ① 죽음 직전까지 전혀 예기되지 않은 범주 ② 하루 전까지 전혀 예기되지 않은 범주 ③ 1주일 전까지 전혀 예기되지 않은 범주 ④ 한 달 전까지 전혀 예기되지 않은 범주 ⑤ 한 달 이상 예기된 범주. 그 시간의 길이가 삶과 삶 사이의 경험에 대한 아이들의 진술과 얼마나 관련이 있는지 알아보면, 우리는 돌연함이 이 세상에서의 사건들에 관한 기억을 묘사할 가능성에 영향을 주지 않는다는 사실을 발견하게 된다. 그러나 그 죽음이 전혀 예기치 않은 것일수록, 주인공이 다른 영역에서의 생활에 대해 진술할 가능성은 적다.

갑작스러운 죽음의 문제를 보는 다른 방법은 죽음의 시간을 예기치 않았던 죽음과 적어도 얼마만큼 예기했던 죽음과 비교하는 것이다. 달리 말하면, 우리는 이전 생 인물이 즉사한 사례와 그렇지 않은 사례를 비교하고 있다. 즉사는 부자연스러운 수단에 의한 많은 죽음을 포함하지만, 또한 예를 들어 그 사람이 심장마비로 즉사한 경우와 같이 자연스러운 수단에 의한 죽음도 포함한다. 비교해보면 이 세상의 사건들에 관한 진술의 빈도에 있어 아무런 차이가 없다는 것을 다시 알게 된다. 이에 반해서 이전 생 인물이 급사한 경우가 그렇지 않은 경우보다 다른 영역에 존재했던 것에 관한 아이들의 진술을 포함할 가능성은 12퍼센트 vs 22퍼센트로 적다.

이 분석은 이전 생 인물이 어떻게 죽었는지, 또는 얼마나 갑자기 죽었는지가 사례의 주인공이 죽음과 탄생 사이에 일어난 지상의 사건들에 대해 나중에 말할 가능성에 영향을 주지 않음을 시사한다. 한편 이전 생 인물의 죽음이 자연사거나 예기된 죽음일 경우, 그 인물의 죽음과 아이의 탄생 사이에 다른 영역에 존재했던 체험을 주인공이 진술할 가능성이 많다.

비록 우리가 여기에서 참사나 예기치 않은 죽음이 어떤 식으로든 과정을 단락短絡시키고 다른 세계로 갈 기회를 감소시킨다는 사실을 찾아낸다 해도, 이러한 발견은 통계상 두드러지지만 절대적이지는 않다. 만약 사람들이 죽을 때 다른 영역에 갔다가 이 땅에 돌아와 재탄생한다면, 이 분석은 죽는 방식과 그 죽음의 돌연함이 다른 영역의 '기억'이 있을 가능성(그러나 경험 자체가 있을 가능성이 꼭 필요한 것은 아니고)에 영향을 줄 수 있는 두 요인임을 시사하는 것이다. (그러나 그런 경험 자체가 있을 가능성에 반드시 영향을 주는 것은 아니다.)

우리 연구원들은 또한 주인공이 보이는 이전 생 인물의 성격과 행동의 특성이 이 세상의 사건이나 다른 영역에서의 사건을 묘사할 가능성에 영향을 주는지 알 수 있다. 우리 컴퓨터 데이터베이스에 등록된 이전 생 인물의 특징들은 다음과 같다. PP(the previous personality: 이전 생 인물)가 부에 집착했는가? PP가 범죄자였는가? PP가 인자하고 관대했는가? PP가 종교의식에 열성적이었는가? PP가 명상가였는가? PP가 성인聖人 같았는가? 나는 우리의 사례들 대부분이 그 항목들에 관한 정보를 갖고 있지 않다고 덧붙여야 한다. 그래서 우리는 작은 수의 사례들을 다루고 있다. 통계상 분석을 할 수 없을 정도로 작은 수는 아니지만, 여기에 대한 어떠한 해석도 임시방편일 뿐임을 인식해야 할 만큼 작은 수다.

이러한 특징의 어떤 것이든 아이가 나중에 막간의 기억들을 보고할 기회에 영향을 주는지 알아보면, 우리는 그들 중 어떤 것도 지구적 사건들의 기억 가능성에 영향을 주지 않음을 발견했다. 게다가 그들 중 하나만 제외하면(명상가였던 사람) 아무것도 다른 영역의 기억 가능성에 영향을 주지 않는다. 데이터베이스의 1,100건 사례 중 33건에서 이전 생 인물이 명상했는지에 관한 정보가 있을 뿐이므로, 이러한 결과들은 극히 예비적이지만 통계상 두드러진다. 이전 생 인물이 명상을 많이 했을수록, 아이가 다른 영역에 관한 기억을 묘사할 가능성이 높아진다.

나는 이러한 결과들을, 아이가 다른 영역에서의 생존을 기억하는지에 대해 '예/아니요'로 대답하는 질문을 사용해서 얻었다. 우리는 사실상 다른 영역에서의 생존을 기억하는 항목을 '예/아니요' 질문으로 코드화하지 않고, 기억하는 정도를 묻는다. 우리는 아이가 다른 영역에서의 생활을 자세히, 약간, 조금 기억했는지, 또는 전혀 기억하지 않았는지 평가한다. 이렇게 항목을 세분하여 이전 생 인물의 명상 성향과 비교하면, 우리는 긍정적 상관관계를 갖는 걸 알 수 있다. 이것은 이전 생 인물이 명상을 많이 했을수록, 그 아이가 그 후에 다른 영역에서의 사건들을 더 자세히 설명했다는 것을 뜻한다. 이를 고려할 때,

우리가 환생의 가능성에 열려 있다면, 그리고 이로부터 어떠한 결론을 조금이라도 끌어낼 작정이라면, 명상이 다음 삶에서 다른 영역에서의 생활을 기억하도록 개인의 능력을 증진할 수도 있다고 말할 수 있다. 이것은 명상이 개인의 삶 뒤에 다른 영역으로 갈 기회를 증가시킬 수 있다고 말하는 것과 꽤 다르지만, 또한 가능성이 있다. 어떠한 결론도 임시방편일 뿐이다. 다른 요인은 명상과 다른 영역을 기억하는 것 사이의 상관관계에 관한 환상을 창조하는 것을 포함할 수 있다.

나는 또한 이전 생 인물의 또 다른 성격 특징이 아이의 다른 영역에 관한 기억의 정도에 영향을 주는지 살폈는데, 어느 것도 영향을 주지 않았다. 우리의 현재 예비 정보는 죽은 뒤의 지구적 사건들이나 다른 영역을 기억하는 능력이 주인공이 부에 집착했는가, 범죄자였는가, 인자하고 관대했는가, 종교의식에 열성이었는가, 또는 성인 같았는가에 의해 영향을 받지 않는다는 것을 나타낸다. 이러한 통계상의 시험들은, 아이가 기억을 보고할 가능성을 볼 뿐, 이러한 요인이 죽은 뒤에 계속 존재하거나 환생할 가능성에 영향을 줄 수 있는가에 관한 질문에 답을 주지는 않는다.

출생에 관한 기억들

막간의 기억 중 마지막 유형은 재탄생 또는 그러한 개념을 포함한다. 이 장의 처음에 나온 바비의 사례와 같이 아기가 자궁에서 하는 경험과 임신 중에 부모가 하는 행동을 기억하는 것이 이 범주에 속한다. 바비는 출생뿐 아니라 부모의 결혼식에 관한 기억도 보고했다. 또 하나의 예는 1장의 윌리엄이다. 당시 임신한 엄마의 사진을 보자 윌리엄은 엄마가 자신을 임신했을 때 그들이 전에 살던 집의 계단을 뛰어오를 때면 항상 배를 잡았다고 말했다. 엄마는 어떻게 그것을 알았느냐고 물었고, 윌리엄은 엄마를 계속 보아왔기 때문에 알았노라고 대답했다. 출생에 관한 기억에 대해서, 많은 과학자는 유아들이 몇 초간, 길어도 몇 분 정도밖에 기억을 간직할 수 없다고 생각했다. 그것이 사실이라면, 아이들이 태어날 때를 기억한다는 주장들은 명백히 불가능한 것이다.

유아기의 기억에 관한 우리의 이해는 최근의 연구 때문에 변화를 겪고 있다. 과거에는 유아들은 원시적인 기억 체계를 갖고 있으며, 더욱 성숙한 기억 체계는 생후 첫해 후반에 발전한다는 것이 일반적인 통념이었다. 과학자들은 유아들의 암묵기억, 즉 절차기억과 나중에 발달하는 외현기억, 즉 서술기억에 대해 말했다. 이 통념은 믿을 만한 연구에 기반을 두고 있지 않다. 한 연구자는 다음과 같이 유아기의 기억을 부정했다. "과학자 대부분은, 다양한 기억 체계가 발달 단계의 여러 지점에서 얻은 다양한 유형의 정보를 보존하는 역할을 한다는 결론에 대해 경험적인 증거가 있다고 아마도 믿는 것 같은데, 그러나 그런 것은 전혀 없다."

유아들의 기억에 관해 연구하는 것은 그들이 의사소통할 수 없으므로 간단하지 않다. 그러나 연구자들은 다양한 절차를 이용했다. 어떤 연구에서는 유아용 침대 모빌과 유아의 발목에 끈을 매달아 연결하여 아기가 훈련을 통해 그 모빌이 발로 차면 움직인다는 것을 배우도록 했다. 유아들이 같은 모빌을 그 뒤의 세션에서 보고 그것을 기억한다면, 그것을 기억하지 못할 때보다 더 자주 찬다. 다른 기법들은 지연모방deferred imitation을 표방하는데, 연구자가 시범 보인 행동을 유아들이 모방하게 하는 것을 말한다. 그러한 연구들은 이전의 신념들과 반대로, 유아의 기억 처리 과정에도 유아 이후의 연령에서와 동일한 근본적 메커니즘이 수반된다는 것을 보여준다. 두 그룹 다, 기억들은 점차 잊힌다. 즉 그 기억들은 생각나게 하는 신호들로 회복된다. 그리고 그것들은 새로운 정보에 의해서 묵은 것 위에 덧씌워짐으로써 변화될 수 있다. 기억들은 어린 유아들의 기억이, 특히 그들이 적절한 기억 재생 신호들을 경험하면 더 오래가고, 이전의 생각보다 더 명확해진다. 한 연구자는 "아주 초기의 기억 발달에 관한 문헌에서 합의가 도출되고 있는 이론은, 유아들이 삶의 가장 이른 날부터 그들이 겪는 세상에서의 사건에 관한 많은 양의 정보를 부호화하고, 저장하고, 검색할 수 있다는 것이며, 그리고 유아들이 이 정보를 상당한 기간 간직한다는 것이다"라고 유아기의 기억을 언급했다.

비록 유아들이 커가면서 더 오랜 기간 사건을 기억할 수 있다는 증거가 분명하지만, 아마도 발달에 관련된 신경 메커니즘들이 정보의 암호화와 저장에 관계하는 것이 아니라는 사실을 연구들이 보여주고 있다. 달리 말하면, 우리 대부분이 탄생의 순간이나 유아기 초기의 기억을 불러올 수 없다는 사실은 유아들이 애초에 그들의 머리에 기억의 트랙들을 깔 수 없기 때문이라고 볼 수 없다. 그러한 기억을 간직할 수 없는 것은 기억을 '회복하는' 데 수반되는 뇌의 구조 때문인 듯하다.

이제 문제는, 어떤 아이들은 아마도 기억을 촉발하는 것들이나 어떤 다른 메커니즘을 통해서, 대부분의 아이들이 접근하지 못하는 초기의 기억들을 찾아낼 수 있는가로 이어진다. 연구자들은 아이들의 특이한 기억 재생에 관한 특별한 경우의 예들을 기록했다. 예를 들어, 거의 세 살쯤 된 아이가 9개월의 나이에 연구소에서 마지막으로 봤던 사진이 고래였다고 정확히 말했다. 다른 연구에서, 연구자들은 세 살 미만의 열 명의 아이들을 취재했는데, 그들은 모두 6개월 이전에 일어났던 사건 중 적어도 하나는 기억할 수 있었다. 비록 어린아이들이 태어나던 때의 기억을 보통 갖고 있지 않지만, 우리가 찾으려고만 한다면 그런 기억을 가진 아이를 더 많이 찾을 수 있을지도 모른다. 이 연구는 그런 가능성이 정신 나간 생각은 아니라는 것을 암시한다. 이 장의 서두에 나오는 남자아이 바비가 자신의 탄생 관련 사건들을 기억하는 것으로 보이는 경우, 초기 기억을 재생하는 특이하거나 심지어 비상한 능력을 보여주고 있는 것으로 보인다. 그러나 이 결론은 유아들이 두뇌에 기억들을 부호화하기는 불가능하므로 그가 그것들을 기억할 수 없었어야 한다고 말하는 것과는 다르다.

이제 출생 전의 기억들(아기가 자궁 안에서 발달기에 있을 때 일어나는 사건들)로 옮겨가보자. 한 연구에서 연구자들은 임산부에게 임신 기간 중 마지막 6주 동안 날마다 동화의 한 구절을 큰 소리로 읽어달라고 부탁했다. 아기가 태어나 이틀이 지나서 실험이 시행되었는데, 그 구절을 녹음한 내용을 틀어주면 일정한 형태로 젖을 빠는 반응을 했고, 반면에 다른 구절을 틀어주면 또 다른 형태로 젖을 빠는 반응을 보였다. 그 결과는 아기들이 새로운 구절과 비교하여 원래의 구절을 듣는 것을 선호한다는 것을 나타냈다. 그 구절을 엄마들이 읽어주지 않았던 아기들을 시험했을 때, 아기들은 아무런 선호도 보여주지 않았다. 그 연구는 아기들이 생후 적어도 이틀 이전에 만들어진 기억들을 간직할 수 있다는 것을 나타냈다.

바비의 사례와 같은 보고서는 어떤 한 이야기보다 다른 이야기를 더 선호함을 보여주는 것 이상으로 깊이 관련되어 있다. 더 깊이 관련된 기억들은 어떤 것일까? 산부인과 의사인 데이비드 치크 박사는 최면과 관념 운동성의 기술을 통해 주인공들에게서 태아기의 기억을 끌어냈다. 치크 박사는 최면 상태의 주인공들을 그들의 의식적인 통제 밖의 손가락 신호를 사용하도록 가르쳐 질문에 응답하게 했다. 10장에서 논의하겠지만, 최면은 정확한 기억들을 얻기에는 믿을 만한 도구가 될 수 없다. 그러나 치크 박사는 그 과정으로 정확한 사례들을 몇 가지 얻었다. 한 보고서에서, 치크 박사는 최면 상태의 주인공들이 자궁으로부터의 기억들을 보고했고 나중에 그 엄마들이 정확하다고 확인해준 네 건의 사례를 설명했다. 첫 사례에서, 한 여자아이는 아빠가 배 속에 있는 자신을 위해 뜨개질을 하는 임산부인 엄마를 보자 흥분했던 장면을 기억했다. 그 여자아이는 엄마가 "딸이어야 해"라고 말한 것과 그 엄마가 진녹색의 격자무늬 옷을 입었던 사실을 기억했다. 엄마는 세부 사항을 확인해주었으며 그 옷은 출산 후에 다른 사람에게 주었으므로 딸이 나중에 그 옷을 본 적이 있을 리가 없다고 덧붙였다.

또 다른 사례에서, 치크 박사는 1960년대 초기에 최면 상태에서 엄마가 자신을 잉태하고 6개월 만에 일어났던 사건을 기억해낸 한 여자를 치료했다. 알코올 중독이었던 아빠가 엄마를 죽인다고 위협하자 엄마는 단추 걸이로 임신중절을 시도했지만 그 행동을 끝까지 해낼 수 없었다. 엄마는 딸이 최면 상태에서 그것을 기억해낼 때까지 절대 딸에게 말하지 않았었다.

그다음 사례에서는, 한 남자가 엄마가 자신을 임신한 동안 입었던 옷을 정확히 묘사하면서, 할아버지가 갑자기 심장마비로 돌아가신 것을 알았던 사건을 기억했다. 그는 또한 엄마가 출산 중에 아버지가 최근에 돌아가신 것처럼 자신도 죽을 것이라고 두려워한 것에 대해서도 묘사했다. 엄마는 나중에 자신의 감정뿐 아니라 겉모습에 관한 그의 기억도 확인해주었다.

마지막 사례에서, 한 독일 여자는 아빠가 제2차 세계대전의 전선에 있었던 때에 엄마가 자신을 임신했다는 것을 알고는 공포에 사로잡혔던 것을 기억했다. 여자는 또한 태어났을 때, 의사가 엄마에게 감정이 없는 목소리로 "아기가 매우 아름답습니다"라고 말했고 반면에 엄마는 매우 행복해한 것을 기억했다. 엄마가 이 기억을 정확하다고 확인해주었다.

치크 박사는 그 주인공들이 처음에는 자궁 안에서 감각의 인상으로 기억들을 저장했다가 나중에 언어를 이해할 수 있게 되자 그 인상을 정리했을 것으로 생각했다. 마치 외국어를 배울 때 강의를 녹음했다가 그 언어를 배우고 난 몇 년 뒤에 그것을 다시 듣는 것과 비슷하게 말이다. 치크 박사는 태아기의 경험은 엄마가 임신기 전 기간에 걸쳐 주위 환경에 대해 인지하고 반응한 것을 반영한다고 결론을 지었다. 그 증거는 그에게 일단 엄마가 자신이 임신했다는 사실을 알기만 하면, 텔레파시, 투시력, 그리고 어떤 형태의 듣는 능력이 태아에게 가능하다는 것을 암시했다. 그런 결론이 너무 성급한 듯해도, 나는 치크 박사가 설명한 몇몇 사례들에 관한 더 나은 설명을 찾아낼 수 없다.

치크 박사의 사례들은 우리의 것과 다르다. 그의 사례에서는, 성년의 주인공들이 최면 상태의 세션들이 있기까지 의식적으로 알고 있지 않은 기억들이 포함된다. 그러나 주인공들이 성인으로서 최면을 통해 그 기억들에 접근할 수 있다고 결론 내린다면 어떤 어린아이들은 의식적으로 그런 기억을 알고 있으리라는 생각도 가능할 것처럼 보인다. 치크 박사의 보고서는 태어날 때나 탄생 전의 유아는 기억 트랙들이 생성되지 않는다는 생각을 뒤엎는다. 그의 피실험자들이 최면 상태에 있는 동안 탄생 전후의 사건들을 기억해낼 수 있기 때문이다.

치크 박사가 기록했던 기억들은 우리의 일부 주인공들이 출생이나 자궁에서의 시간에 관해 주장한 기억들과 같다. 그러나 그것은 그 주인공이 수태되기 전 지구에서의 사건이나 다른 영역에서의 기억들과는 다르다. 그러한 자연스러운 기억의 유형들은 확증될 가능성이 적다. 비록 다른 영역의 묘사가 충분히 환상이 될 수 있지만, 우리가 그런 주장들을 평가할 때, 그것들을 그 아이가 했던 확인된 다른 진술들과 같은 문맥에 두어야 할 것이다.

우리는 또한 우리의 사례들에서 왜 그렇게 적은 숫자의 주인공들이 삶 사이의 시간에 대해서 말했는지 묻고 싶을지도 모른다. 만약 그 아이들이 전생을 기억하는 것이라면, 우리는 그 아이들이 모두 삶 사이의 시간에 대해서도 마찬가지로 기억하기를 기대할 것이다. 여러 가지로 그 문제는 부조리해 보이고, 왜 우리가 그것에 대해 더 많이 들을 수 없는지 의아할 것이다. 그러나 우리는 어떻게 한 아이가 전생을 기억할 수 있으면서 그 이후의 사건들에 관한 기억을 잃어버릴 수 있는지 이성적으로 물을 것이다.

한 가지 가능성은, 삶들 사이의 기억들이 그것을 원래 얻었을 때

뇌와 제휴하지 않으면 발달기의 뇌에 새겨질 가능성이 낮다는 것이다. 삶들 사이에 일어난 사건들의 기억은, 자궁에 있을 때의 기억들과 달리, 뇌 말고 다른 어떤 것에 저장되어야 하는 것이 명백하다. 그 다른 어떤 것, 즉 의식이 이전 생의 기억들을 다음 생으로 옮길 수 있을 것이다. 의식은 삶과 삶 사이에 일어난 사건들의 기억을 저장할 수 있지만, 그러한 새로운 기억들은 발달기의 두뇌에 새겨지지 않을 것 같다. 그 기억들은 애초에 두뇌에서 온 것이 아니기 때문에.

어찌 됐든 우리가 이 사례들로 얻을 수 있는 결론은 이것이다. 전생을 기억한다고 주장하는 아이들 가운데 단지 소수 아이들만이 또한 전생의 막바지와 그들 자신의 출생 사이에 일어난 사건들의 기억을 보고한다. 그들의 보고는 흥미를 자아내며 어떤 사례들은 적어도 부분적으로는 정확하다고 확증되었다.

chapter

9

과학이 반대하는 견해들

A Scientific Investigation of
Children's Memories of Previous Lives

Life before Life

비평가들은 환생의 개념에 여러 가지 방법으로 반기를 들었다. 이 장에서는 그들이 주장했던 주요 논점을 살펴보겠다. 비평가들의 주장이 충분히 설득력이 있으면, 과연 사례들의 증거를 검토해볼 필요가 있을 것인지 질문해봐야 할 것이다. 결국 환생의 개념이 가당치 않은 것이라면, 환생 연구에 많은 에너지를 낭비할 필요가 없다. 나는 '1≠2'라는 것을 알고 있는데도 '1=2'를 나타내는 수학적 증거를 연구하느라 많은 시간을 보낼 필요가 없다. 한편 내가 어떤 것에 대해서 아주 확실하다고 느낄 수 있으나, 자세히 살펴보면 실수했다는 것을 발견하게 될지도 모른다. 오래된 경구를 인용하자면, "사람들의 결점은 모르는 것이 아니라 그렇지 않은 것을 그렇다고 아는 것이다." 우리는 어떤 사람들이 환생의 개념을 부인하며 느끼는 확신이 사실에 근거한 것인지 아니면 사실이 아닌 통념에 근거한 것인지를 알아내야 한다.

그 주장들을 살펴보는 데 있어서, 나는 환생과 관련된 여러 가지 종교적 신념의 비평에 초점을 두지 않겠다. 그러한 신념들은 이 책에서 다루는 연구의 근간이 아니기 때문이다. 이 연구는 종교적 신념들이 옳다고 가정하지 않으며, 10장에서 논의하겠지만, 그 신념들을 항상 지지하는 것도 아니다. 이 연구는 환생 가능성(개인의 의식이 죽음 뒤에 살아남을 수 있고 미래의 인물로 이어진다는 것)을 가장 기본적인 것으로 고려한다.

이 논의를 시작하기 전에, 나는 저명한 회의론자를 인용하고 싶다. 대중적인 천문학자인 칼 세이건Carl Sagan은 초자연 현상의 정체를 밝히는 조직인 초자연적 주장의 과학적 탐구 위원회CSICOP: the Committee for the Scientific Investigation of Claims of the Paranormal의 창립위원이었다. 1996년, 그는 많은 뉴에이지나 초자연적 개념들에 대해 극도로 비평적이었던 《악령이 출몰하는 세상》이라는 책을 썼다. 그 책에서 "책을 쓸 당시에 내가 보기에, 깊이 연구할 가치가 있는 '초심리학' 분야의 세 가지 주장이 있었다"라고 썼다. 그 세 가지는 "어린 아이들이 때때로 전생에 대해 자세히 보고하는 것, 그 보고가 정확하다고 판명된 것, 그리고 그것이 환생 말고는 다른 방식으로 설명되지 않는 것"이다. 그는 환생을 믿는다고 말하지는 않았다. 믿지 않기 때문이다. 그러나 그는 환생을 진지하게 받아들여야 한다고 생각했다.

그 의견을 무시할 이유가 있는가? 찾아보도록 하자.

유물론적 세계관

오직 물질세계만 존재하기 때문에 환생은 일어날 수 없다는 것이 과학의 세계에서 환생을 비판하는 주요한 관점이다. 그런 관점에서, 의식은 뇌 기능의 결과일 뿐이며, 독립하여 존재할 수 없다. 뇌가 죽으면 의식도 존재하지 않는다. 과학자들은 죽은 뒤에 살아남는다는 개념이 우리가 유물론적 자연계에 관해 알고 있는 것에 너무도 큰 혼란을 가져오기 때문에, 또는 환생이 일어난다는 증거가 없기 때문에, 과학자들은 의식이 끝난다는 것을 안다고 말한다.

최근에 다수의 저명한 과학자들, 주로 물리학자들이 의식이 뇌 기능의 하찮은 부산물일 뿐이라는 유물론의 평가절하에 도전하는 견해를 발표했다. 다른 그룹은 뇌로부터 의식을 분리해야 한다고 주장했다. 이들의 주장은 현대 물리학이 초자연적 현상을 통합할 수 있으며, 의식이 심지어 우주의 본질적인 부분이라는 것이다. 비록 이 주장들의 어느 것도 환생을 직접 다루지는 않지만, 의식이 단지 뇌의 하찮은 부산물이 아니고 주역이라는, 우주에 대한 새로운 종합적인 이해가 될 수 있을 것이다. 그러한 이해는 결국 독립해서 기능하는 의식의 개념이 과학적 앎의 일부가 되도록 허용할 것이다.

의식이 뇌와 분리될 수 있다는 생각은 여러 가지로 환생이라는 문제의 난관에 부딪혔으며, 수세기 동안 그래 왔다. 데카르트는 1600년대에 이원성 개념을 발달시켜, 물질(뇌를 포함하여)로부터 이성(사고의 세계)을 분리했다. 그것으로 그는 비물질 세계(사고의 세계)가 물질세계와 더불어 존재한다고 주장했다. 만약 비물질적 이성이 뇌라는 물질로부터 분리된다면, 이는 뇌가 죽어도 그것이 살아남을 수 있는가 하는 문제를 제기한다.

많은 주류 과학자들은 이성이라는 비물질적 실체가 뇌라는 물질과 서로 작용할 수 있다는 개념이 부조리하다고 말할 것이다. 그리고 일부는 한술 더 떠 이원론의 개념은 물리법칙에 어긋난다고 말할 것이다. 만약 이성이 몸에 영향을 주는 것이라면, 이성은 아무런 물리적 에너지나 질량이 없지만 그럼에도 물리적 실체, 즉 뇌세포를 변화시켜야 한다. 그러한 변화는 에너지 소비를 요구한다. 에너지의 원천이 없으므로, 그 과정은 에너지 보존의 법칙을 어기는 것이다. 한 비평가는 이렇게 썼다. "표준 물리학과 이원론 사이의 이러한 대립은 데카르트 시절부터 끝없이 논의됐고, 보편적으로 피할 수 없는 이원론의 운명적 결함으로 간주된다."

이에 관한 대응으로, 물리학자 헨리 스탭Henry Stapp은 다음과 같이 썼다. "이 주장은 19세기 물리학과 '표준 물리학'을 동일시한 데서 비롯한다. 그러나 그 주장은 현대 물리학과 만나면 무너진다. … 의식적 노력이 물리 법칙을 어기지 않으면서 뇌의 활동에 영향을 줄 수 있다. 현대 물리학 이론이 인정하며, 그리고 그것의 정통 폰 노이만 형식에서 수반하는 것은, 쌍방향 이원론이다." 그의 모델에서, 의식은 결과를 창출할 수 있다. "그럼에도 그것은 에너지 보존의 법칙을 비롯한 잘 알려진 물리학 법칙과 충분히 양립할 수 있다." 그가 현대 물리학이라고 말할 때, 분자·원자·아원자 입자와 같은 미시적 수준의 물질계를 이해하고자 하는 양자역학을 뜻하는 것이다. 또한, 노벨상을 받은 신경 과학자인 존 에클스John C. Eccles는 그 문제에 하나의 이원론적 해결책을 내놓았다. 그와 양자 물리학자 프리드리히 베크Friedrich Beck는 어떻게 이성이 에너지 보존의 법칙을 어기지 않으면서 뇌에 작용할 수 있는지 양자역학을 이용하여 하나의 메커니즘 가설을 세웠다. 이것은 신경 세포 사이의 연결부위(시냅스)로 신경 전달 물질이라는 화학물질을 내보낼 가능성을 높임으로써 뇌에 영향을 주는 정신적 의도를 포함한다.

물리학과 초자연적 현상의 영역에서, 일부 물리학자들은 그 둘이 양립할 수 없다는 생각에 도전했다. 엘리자베스 라우셔Elizabeth Rauscher와 러셀 타르그Russell Targ는 4차원의 시간과 공간이 초심리학적 연구의 결론을 통합할 수 없다고 주장했다. 그러나 "복합 민코프스키 공간"으로 알려진 우주-시간의 기하학적 모델은 초심리학의 주요 발견을 설명하기 위해 성공적으로 이용될 수 있다. 이에 반해서, 오코스타 드 보레가O. Costa de Beauregard는 기하학적 시간-공간 개념은 심지어 심령 현상을 설명하는 데에도 필요하다는 견해로 도전장을 내밀었다. 그는 초자연적 현상의 발생은 명백히 이론 물리학에 포함되며, 예지·텔레파시(정신감응)·염력은 이론물리학의 법칙에 따라 일어난다고 말했다. 사실 그는 "'비이성'과는 거리가 멀다. 초자연적 현상은 오늘의 물리학으로 가정되었다"라고 썼다. 노벨상을 받은 물리학자인 브라이언 조셉슨Brian Josephson은 노벨상 100주년을 기념하여 영국 우정 공사가 발행한 우표 한 세트에 덧붙인 짧은 기사를 기고해서 논쟁을 일으켰다. 기사에서 그는 양자 이론이 이제 정보와 전산 이론과 결합하여 "이러한 발달로 전통 과학계에서 아직도 이해되지 못한 텔레파시와 같은 과정을 설명하게 될지도 모른다"라고 썼다. 그는 결국에는 그러한 텔레파시와 같은 현상과 이성, 물질 사이의 상호작용은(나는 이에 대해서 곧 논의하겠다) 과학적으로 수용될 것이고 승인될 것으로 생각한다고 썼다.

우주에서의 의식의 중요성에 관한 영역에서, 아원자 입자는 실험자가 관찰함으로써 입자들을 한 가지 가능성으로 제한하기 전에는 몇 가지 잠재적 현실이 동시에 존재할 수 있다는 것이 실험으로 증명되었다. 이는 이해하기에 난해한 개념일 수 있으니, 여기 하나의 예를 들겠다. 이중 슬릿 실험이라는 고전적 실험에서 빛의 입자, 즉 포톤은 물리학자가 그 슬릿들 옆에 탐지 장치를 설치해서 각각의 포톤이 통과할 때 기록하지 않으면 넓게 퍼져서 두 슬릿을 동시에 통과하는 듯 보이면서 파동처럼 움직인다. 관찰자가 기록할 때는, 각각의 포톤은 둘 중 하나의 슬릿을 통과하지 두 슬릿을 다 통과하지는 않는데, 이는 그 관찰이 포톤들에게 둘 중 하나의 길로 내려가도록 강제한다는 인상을 준다.

탁월한 물리학자인 존 휠러(John Wheeler: 다른 많은 업적 중에서도 블랙

휠이라는 이름을 처음 사용한 것으로 유명하다)는 이 개념을 확장해서 현재의 관찰자의 의식이 과거의 사건들에 영향을 미칠 수 있음을 증명했다. 그는 지구의 천문학자가 먼 퀘이사(준성)에서 온 빛의 입자를 현재에 관찰하고 측정하면 관찰하기 수십억 년 전에 그 입자가 택한 진행 방향에 영향을 미칠 수 있음을 보여주는 사고 실험을 개발했다. 그 실험은 나중에 실험실에서 그대로 증명되었다. 휠러는 양자 수준에서 우주는 미래뿐 아니라 과거도 마찬가지로 아직 결정되지 않은 하나의 진행 중인 일이며, 의식이 있는 관찰자가 우주를 위해 다수의 가능한 양자 과거 중 하나를 선택하도록 도울 수 있는 하나의 요인이라고 생각한다. 스탠퍼드 대학의 물리학자 안드레이 린데Andrei Linde는 한층 더 나아가 의식이 있는 관찰자들이 우주의 본질적인 구성 요소라고 말한다. "나는 의식을 무시하는 모든 것에 통하는 이론(물리학의 목표는 중력과 상대성 원리의 거시적 우주와 양자역학의 미시적 우주 둘 다를 설명하는 우주에 대한 통합 이론을 갖는 것)은 상상할 수 없다."

우리가 이러한 잘 알려진 과학자들의 개념을 병합하면(우리는 뇌로부터 분리하여 의식을 고려해야 한다는 것과 현대 물리학이 초자연적 현상을 설명하는 데 이용될 수 있다는 것, 의식이 우주의 본질적인 구성 요소라는 것) 우리는 의식에 관한 유물론의 평가절하와 매우 다르게 그것을 보게 된다. 이 관점으로는 우주에서 의식은 본질(정수)이며 독자적인 힘이다. 그리고 의식이 만들어내는 것으로 생각되는 초심리학적 현상은 현대 물리학이 이해하는 것과 부합한다. 이 관점이 옳다면 우리의 사례들이 제공하는 것을 넘어서, 의식이 두뇌와 무관하게 독립적으로 작용한다는 개념을 뒷받침하는 증거를 찾을 수 있어야 할 것이다.

증거의 다른 조각들

사실, 여러 영역의 연구자들은 의식이 개인의 뇌에 한정되지 않는다는 증거를 내보였다. 연구 결과는 사람의 의식(정신적 노력)이 대상(그 사람과 다른 장소의 살아 있는 것들)에 영향을 줄 수 있다고 지적한다. 이는 의식이 그 사람의 뇌에서 얼마간 떨어져서도 영향을 주었다는 것을 뜻한다. 어떤 연구 그룹은 오직 그들의 정신만을 이용하여 물리적 시스템의 기능에 영향을 줄 수 있는지 살펴보았다(이것은 이성-물질 상호작용이라 불린다). 이 연구에서, 실험에 참가한 사람들은 이성으로써 난수 발생기라 불리는 기계 장치의 출력 값을 바꾸려고 시도해 그 출력 값을 무작위가 아니게 만들려고 했다. 이것은 당신의 이성으로 동전 던지기 결과에 영향을 미쳐서 앞면이 절반의 확률보다 더 많이 나오게 하려는 것과 같다. 이 연구는 작지만 의미심장한 결과를 보여주는 산더미만 한 데이터를 만들었다. 68명의 다른 연구원들이 800건 이상의 연구를 조사해서 "어떤 환경에서는 의식이 무작위의 물리적 구조들과 서로 작용한다는 결론을 피하기는 어렵다"라는 결과를 도출했다.

다른 연구 그룹은 정신적 의도가 다른 살아 있는 유기체에 미치는 영향을 조사했다. 이 영역은 살아 있는 시스템들과의 직접적인 정신 상호작용, 'DMILS Direct Mental Interaction with Living Systems'라고 알려졌다. 연구자들은 그중에서 식물의 성장, 동물의 마취 후 회복, 동물의 종양 성장, 동물의 상처 치료, 효모와 박테리아의 증식을 포함해 여러 과정의 비율에 영향을 주는 피험자들의 능력을 조사하는 아주 많은 연구를 했다. 마지막 결산으로 이루어진 191건의 통제된 연구 가운데 83건이 우연일 확률이 100분의 1 이하인 것으로 통계상 두드러진 결과를 나타냈다. 또 다른 41건은 100분의 2에서 100분의 5만이 우연히 일어난 것 같은 결과를 보여주었다. 여기에서 우리는 아주 적은 수의 연구만을 우연한 결과로 볼 수 있으며, 191건 중 124건이 결과를 나타낸 것이라고 말할 수 있다.

어떤 연구들은 실험 참가자들이 기도를 통해서든 또는 더 일반적으로 원격 치유라고 알려진 것을 통해서든 환자들의 상태가 향상되도록 시도함으로써 한 사람의 의식이 다른 사람의 건강 증진에 이바지할 수 있는지 구체적으로 조사했다. 말 그대로 원격 치유는 사람에게서 떨어져 있는 동안 정신력만을 이용하여 그 사람의 건강을 증진하려고 시도하는 행위다. 이러한 연구에서 환자들은 실험 참가자들이 그들을 위해서 기도를 했는지도 원격 치유를 시도했는지도 모른다. 연구는 심장병과 에이즈 같은 상태에 긍정적인 결과를 나타냈다. 한 리뷰에서 23건의 연구 가운데 13건이 두드러지게 중요한 치유 효과를 나타낸 것을 발견했다. 이는 우리가 우연히 일어났을 것으로 예상한 것보다 훨씬 높은 결과다.

기계, 살아 있는 유기체, 환자들과의 이런 모든 연구는 의식이 뇌와 떨어져서 영향을 받을 수 있음을 암시한다. 비록 이것이 의식이 뇌가 죽은 뒤에도 살아남는다고 말하는 것과 같지는 않지만, 만약 의식이 물리적으로 뇌와 분리된 방식으로 작용할 수 있다면, 마찬가지로 우리는 뇌 기능으로부터 장차 분리되어 작용할 수 있는지 묻지 않을 수 없다.

환자가 죽은 뒤에도 의식이 지속한다는 생각을 뒷받침하는 다른 증거는 존재하는가? 이 질문으로 들어간 연구 분야가 임사 체험의 분야다. 죽음에 아주 가까이 갔던 한 사건에서 살아남았거나 임상적으로 짧은 동안 죽은 상태였던 많은 사람이 그 시간 동안 겪은 체험을 보고한다. 이들은 자주 자신들의 몸을 떠나는, 그리고 위에서 사건들을 목격하는, 그런 다음 다른 영역에 가서 거기에서 작고한 친척들이나 신앙의 대상들을 만난 감상을 포함한다. 이들 대부분은 주관적이어서 물론 증명할 수 없다. 그러나 어떤 사람들은 임사 체험 동안에 그들 아래에서 일어난 듣거나 본 사건들을 보고했고 나중에 그것이 실제로 일어난 것으로 증명되었다.

그중 하나인 팸 레이놀즈Pam Reynolds는, 나중에 그녀가 깨어난 뒤로는 볼 수 없었던 의료 장비들과 뇌동맥류 수술 도중에 체온이 60°F(15.6℃)까지 내려갔고, 심장이 멈췄으며, 피는 몸에서 빠져나가서 그녀가 의식이 없을 때 수술실에서 주고받은 대화를 정확히 묘사했다.

또 하나의 예는 버지니아 대학의 브루스 그레이슨Bruce Greyson 박사가 알 설리반이라는 남자의 응급관상동맥우회수술을 하는 동안의 체험 보고를 연구한 것이다. 설리반은 임사 체험 도중에 수술 장면을 내려다보았을 때 의사가 자기의 팔꿈치를 찰싹 때리는 것을 보았다고 말했다. 그 설리반의 심장외과 의사는 자신이 수술할 때 손을 문질러 닦은 다음에 팔꿈치를 찰싹 때리는 별난 습관이 있다고 그레이슨 박사에게 확인해주었다.

또 다른 연구 영역은 유령에 관한 보고에 초점을 둔다. 그 영역은 육체적으로 존재하지 않는 사람이 찾아왔다는 풍문들이다. 이러한 연구는 1800년대 말에 시작되었다. 그것은 살아 있거나 죽은 사람을 포함하고, 일부는 죽음의 순간을 맞이하고 있는 사람의 방문을 포함한다. 그런 경우, 유령의 목격자가 그 목격된 사람이 죽음을 맞이하고 있다고 생각할 만한 아무런 이유가 없다. 다수의 보고에서, 사람들은 그 당시에 그들이 알고 있을 리가 없었던 죽음의 본질에 대해 알게 된 자세한 내용을 설명했다. 집단의 사례도 일어났는데, 한 사람 이상이 유령을 보았다.

죽은 자와 대화했다고 주장하는 영매들과의 조사 또한 1800년대 말에 시작되었다. 비록 어떤 영매들이 사기꾼으로 폭로되거나 보통의 수단으로는 추론할 수 없는 어떤 정보도 제공하지 못했다고 판명되었다. 그렇다고 해도 어떤 타고난 재능이 있는 개인들은 리딩readings을 받으러 온 참석자들과 그들의 작고한 사랑하는 사람들에 관한 구체적이고 사적인 정보를 설명할 수 있었다. 1880년대에 그러한 영매인 레노레 파이퍼Lenore Piper 부인을 초기 미국의 심리학자 윌리엄 제임스William James가 처음 연구했었다. 그녀는 또한 영국으로 초대되어 심령 연구회the Society for Psychical Research의 연구 대상이 되었다. 조사자들은 파이퍼 부인이 예비 참석자들에 관한 정보를 찾아내려 하였는지 확실히 하려고 탐정이 몇 주간이나 미행하도록 하는 것과 같은 대책을 세우며 전력을 기울였다. 그러한 과정에서, 그녀는 리딩을 받으러 온 사람들에 관해 대단히 자세한 내용을 기록해서 연구 자료를 만들었다. 오스본 레너드Osborne Leonard 부인은, 20세기 초의 영국의 영매인데, 비슷하게 연구가 이루어졌고 같은 감명을 주었다. 그녀는 특별한 능력을 나타내 그 당시에 참석자가 몰랐던 정보를 제공해주었고 나중에 정확한 것으로 확인되었다.

최근에는 많은 영매가 텔레비전 유명 인사가 됨으로써 사실상 영세업이 되었다. 이 새로운 그룹은 파이퍼 부인과 레너드 부인과 같은 강도로 조사를 받지 않는 한편, 일부가 최근의 연구들에 참여했고, 다른 연구들도 진행 중이다.

이러한 분야 각각은, 강점과 더불어 약점도 있다. 그러나 그들을 그룹으로 고려한다면, 왜 주류 과학계에서 이 연구에서 제출한 모든 증거를 무시했는지 의아할 것이다. 과학은 매우 보수적이고, 그 안정성은 새로운 세계의 이해가 그것에 관한 이전의 앎과 합치해야 한다는 생각에 놓여 있다. 생물학자 윌슨E. O. Wilson은 “통섭統攝, consilience”

이라는 용어를 써서 이것(서로 다른 분야의 이론과 실제가 연결되어 보편적인 지식의 기초가 형성될 때 지식이 "함께 도약하는 것")을 설명했다. 그가 말한 대로, "살아남을 가능성이 가장 높은 과학적 설명은 연결될 수 있고 서로 일치한다고 증명될 수 있는 것들이다."

그러한 견해가 의심의 여지없이 사실이지만, 그것은 주류 과학이 가능한 한 오래 현 상태를 유지하기를 강력히 원하게 유도하며, 나중에는 아주 명백해질 새로운 앎을 때로 받아들일 수 없게 만들 수 있다. 그 분야의 역사는 주류 과학계가 통념에 도전하는 어마어마한 양의 증거에 등을 돌린 불운한 예들로 가득 찼다. 적어도 1633년에 지구가 태양 주위를 돈다는 개념을 지지한다는 이유로 종교재판을 받아야만 했던 갈릴레오 시절까지 돌아간다.

다른 특별히 악명 높은 예는 하늘에서 그들의 밭으로 떨어진 바위들에 관한 농부들의 보고에도 운석의 존재를 인정하는 데 실패했던 과학자들을 포함한다. 과학자들은 그런 생각을 어이없이 여긴다. 하늘에 돌이라고는 없는데, 어떻게 하늘에서 돌이 떨어지겠는가? 불쌍한 이그나즈 젬멜바이스Ignaz Semmelweis는 1800년대의 산부인과 의사로, 의사가 환자를 진찰하기 전에 손을 씻는다면 분만 중 사망률이 두드러지게 떨어진다는 데이터를 산출하여 비방을 받은 뒤에 한 정신병 치료 시설에서 죽었다.

20세기에 알프레드 베게너Alfred Wegener의 대륙이동 개념은 뒷받침하는 상당한 증거가 있는데도 처음부터 비웃음을 샀다. 한 지질학자는 그의 이론을 "베게너의 가설을 믿는다면, 우리는 지난 70년 동안 배운 모든 것을 잊고 아주 새로 시작해야 한다"라고 평가했다. 수십 년을 묻혀 있었던 그의 이론은 지금은 판구조론의 일반적인 전제가 되었다.

주류 과학계에서는, 물론 많은 괴짜 가설을 마땅히 거부했다. 어느 가설은 받아들이고 어느 가설은 거부할 것인지 결정하기는 어렵다. 과학의 보수적인 본성이 가장 큰 강점이자 가장 큰 약점이었다. 세계에 대한 근본적인 이해가 거의 대륙이동만큼이나 천천히 변화하는 경향이 있으나, 새로운 가설을 쉽게 받아들이는 데 대한 저항 때문에 그 이해가 제멋대로 흔들리지 않고 굳건히 지켜지는 것이다. 통섭을 위한 욕구가(현재 이해의 옷감에 짜이는 새로운 앎의 능력) 정도에서 벗어난 신념을 걸러내도록 돕는다. 그러나 받아들임으로써 새로운 통찰 또한 유지할 수 있다.

환생의 개념이 대체로 세계에 관해 우리가 아는 것과 일치할 것인가, 즉 우리가 안다고 생각하는가, 이것은 우리에게 던져진 질문이다. 문제는 환생이 어떻게 이루어지는지 설명할 적당한 이론이 없다는 것이다. 우리는 의식이 뇌에 한정되지 않았다는 생각에 기초한 이론의 윤곽만을 가지고 있다. 특정한 개인의 의식은 죽은 뒤에도 계속 살아남아 발달기의 태아에 달라붙을 수 있다는 것이다. 그때 의식은 기억과 감정, 심지어 트라우마도 지니고 있다.

비록 그러한 개념이 유물론적 세계관과 부딪치지만, 내가 물리학자들에 의해 최근에 제안된 개념과 더불어 설명했던, 몸과 분리되어 살아남은 의식에 대한 증거를 고려하면 유물론자의 우주관과 충돌하는 것은 모두 거짓이라고 말하는 포괄적 진술은 미래의 어느 날 운석 현상에 대해 보였던 과거 주류 과학계의 거부 반응처럼 근시안적인 것으로 판명될 위험이 있음을 알 수 있다. 양자역학 분야는 의식 세계가 우리의 다른 지식과 얼마나 일치할 수 있는지를 보여주는 표본을 마련해줄 것이다. 우주의 제일 작은 입자의 세계가 그 입자로 이루어진 더 큰 세계와 매우 다른 법칙을 가진다. 이는 앞서 가는 과학자들이 양자 불가사의라고 부른다. 그러나 양자역학 분야는 더 큰 우주 이해와 나란히 받아들여졌다. 비슷하게, 의식 세계 법칙은 물질 우주 법칙과 아주 다르다. 그러나 이는 우주 전체의 부분으로 그것의 수용을 막지 않을 것이다. 우리는 대부분의 주류 과학계가 환생을 받아들이기 전에 의식에 관해 더 많이 이해할 필요가 있겠다. 그러나 현재 널리 인정받는 과학자들의 견해가 통섭이 언젠가 가능할 것이라고 암시하고 있다.

알려지지 않은 메커니즘들

유물론과 비슷한 문맥의 논쟁은 환생을 가능성으로 고려하지 말아야 한다는 것이다. 그것을 설명할 메커니즘을 모르기 때문이다. 우리는 어떻게 의식이 몸도 없이 살아남을 수 있는지 모르고, 어떻게 발달기의 태아에 영향을 줄 수 있는지 모른다, 등등 이러한 논쟁의 약점은 겉으로만 보아도 아주 분명한데, 다른 문맥에서 보면 더욱 그렇다. 다행히도 의학 분야는 메커니즘이 알려지기를 기다리지 않고 그 전에도 효과적인 치료법을 얻어낸다. 의사들은 작용 기전을 알기 전에도 수많은 약물 치료를 성공적으로 수행해왔다.

중력의 작용은 아이작 뉴턴이 그 개념을 주창했던 당시에는 완전한 수수께끼였으나, 사람들은 그런데도 그것의 존재를 받아들였다. 알베르트 아인슈타인이 중력이 공간과 시간의 비틀림이라는 일반 상대성 이론을 주창할 때까지 그것을 설명할 메커니즘을 갖지 않았다. 이 사례는 어떠한 메커니즘도 상상할 수 없다는 논쟁조차도 한 개념을 거부할 만한 건 아니라고 설명한다. 뉴턴이 중력 개념을 주창했을 때 시간과 공간이 휜다는 것은 확실히 상상할 수 없었다. 어떠한 메커니즘도 가능하지 않은 게 분명하다고 말할 작정이 아니라면, 우리가 단지 그 메커니즘을 모른다고 해서 한 개념을 버리지는 않을 것이다.

인구 폭발

인구 증가를 생각할 때, 환생은 불가능하다고 주장하는 사람들이 있다. 그들의 추론은 현대의 인구 증가는 현재 살아 있는 모든 사람이 여러 번의 전생을 거쳐 환생해왔을 수가 없음을 의미한다. 현대 인구가 과거보다 훨씬 더 많기 때문이다. 다수의 반론이 이 주장의 발판을 잃게 한다. 가장 먼저, 환생이 모두에게 일어나는 것은 아니다. 누군가는 "마치지 못한 업무" 때문에, 또는 그들이 죽은 방식이나 다른 요인 때문에 이전 생 이후에 다시 태어날 테지만, 다른 이들은 다시 태어나지 않을 것이다. 현대인 일부는 대부분이 그렇지 않더라도 이전 생들을 살았을 것이다. 우리는 또한 새로운 개인이 창조되지 않았으리라 생각할 이유가 없다. 그러니 다시, 모든 개인이 복수의 삶을 살았다 해도, 현재 살아 있는 어떤 사람들은 전생을 살았을 수 있고 반면에 어떤 사람들은 처음으로 여기 왔을 것이다. 어떤 상황이든, 주어진 시간에 살아 있는 사람들의 수는 관계가 없을 것이다.

존스 홉킨스 공중위생학교the Johns Hopkins School of Public Health의 데이비드 비샤이David Bishai는 우리가 인구 증가에 직면하여 환생을 설명하기 위해 이런 시나리오를 가질 필요조차 없다는 것을 보여주었다. 그는 얼마나 많은 사람이 지금까지 지상에서 살았는가의 문제로 보았다. 우리가 고대의 인구 규모에 관해 많은 것을 모르니까, 측정은 물론 요구된다. 그리고 판단은 우리가 인류로 치는 초기 조상에 관한 판단이 먼저 이루어져야 한다. 비샤이 박사는 BCE(Before the Common Era: 비크리스트교도가 BC에 대한 기호로 사용-옮긴이) 기원전 5만 년을 인류 시작점으로 사용한 계산을 인용한다. 그 계산은 지금까지 1천5십억 명의 인간이 지상에 살았었다고 추정했다. 인구는 금세기 말에 최대 100억이 될 것으로 예견했으니, 물론 과거 인구 수는 환생을 허용할 정도로 물론 아주 많다. 비샤이 박사는 삶과 삶 사이의 평균 시간은 인구 증가를 참작하여 단축해야 한다고 분명히 지적했다. 물론 우리는 생애들 사이의 평균 시간이 일정하게 유지되어야 한다고 생각할 이유가 전혀 없다. 그러므로 환생은 인구 증가에 좌우되지 않는다.

알츠하이머병

또 다른 주장은 뇌 손상이 일어나 기억과 성격을 상실하는 알츠하이머병이 의식이 생기기 위해서 온전한 뇌가 필요하다는 사실을 말해준다는 것이다. 뇌가 부분적으로 파괴되어도 기억과 성격이 살아남을 수 없다면, 죽어서는 더더욱 살아남기가 어려울 것이다. 이 사실을 고려할 때, 우리는 기억과 성격을 표현하는 데 온전한 뇌가 필요하다는 것을 인정할 수 있지만, 그렇다고 곧 두뇌가 기억과 성격을 만들어낸다고 말할 수는 없다. 윌리엄 제임스William James는 1800년대 말에 죽음 뒤의 삶의 전반적 문제와 관련하여 이 물음을 고찰했다. 그는 뇌가, 생각을 만들어낸다기보다는, 그것을 승인하고 전달할 것이라고 했다. 이 전달 이론에서, 그는 뇌를 그것을 통과하는 빛의 색깔을 거르고 제한하지만, 빛 자체를 만들어내지는 않는 색 유리에 비유했다. 그는 의식이 자연계에서 그것을 전달하는 것이 뇌에 달렸지만, 이 의존은 한 삶이 끝난 뒤에 초자연적으로 살아남을 가능성과 거의 모순이 없다고 지적했다. 그는 뇌가 노화(부패)하거나 한꺼번에 멈출 때, 그것과 연관된 의식의 흐름도 이 자연계에서 사라지지만, 그 의식을 관장하는 "존재 범위"는 여전히 손상되지 않을 수 있다고 말했다.

나는 제임스가 다음의 유추를 인정한 것인지 모르지만, 우리는 텔레비전이라는 현대적 예를 생각해볼 수 있다. 당신의 텔레비전이 고장 나면, 그것이 공급하던 이미지 흐름이 더는 존재하지 않아 즐길 수 없지만, 그것이 단순히 그런 이미지를 창조한 것이 아니라 전달한 것이기에, 다른 텔레비전을 가져와 당신의 집에 그 이미지를 살려낼 때까지 텔레비전 프로그램들은 여전히 존재한다. 비슷하게, 자연계에서 특정한 뇌를 통해 표현하던 의식은 그 뇌가 파괴되거나 죽은 뒤에도 이어질 수 있으며, 그것은 이제 나중에 새로운 전달 장치인 새로운 뇌와 제휴할 것이다.

이런 추론으로 그런 현상이 실제로 일어나는 것을 증명하지는 못하지만, 제임스는 뇌가 무에서 의식을 만들어낸다는 견해가 두뇌가 의식을 전달하는 기관이라는 의견보다 더 단순하지도 않고 더 믿을 만하지 않다고 지적했다. 과학은 정말 오늘날 100년 전 제임스의 시대에 이룬 것보다 뇌에서 의식의 원천을 정확히 나타내는 데 한 걸음

더 나아간 진보를 이루었다.

일부 사람들이 환생에 대응하여 내놓은 또 하나의 "주장"은 단지 그 생각이 어처구니없다는 것이다. 하지만 비웃음은 조리 있는 논의를 대치하기에는 초라하다. 중요한 문제는 환생을 부조리하게 하는 환생과 관련한 어떤 것을 명확히 하는 것이다. 나는 가장 예리한 과학적 이성적 비평을 말했다고 믿으며, 그것을 즉각 물리칠 어떠한 이유도 알지 못한다.

종교적 거부

그 스펙트럼의 다른 끝에서, 어떤 사람들은 그들의 종교적 신념과 충돌하는 환생의 개념을 거부한다. 그러한 반대 제기는 유대교와 기독교 신념인 경향이 있으니, 그 종교를 살펴보겠다.

환생이 유대교와 기독교 교리의 요소는 아니라 해도, 그 종교의 일부 교인들은 그렇게 믿고 있다. 오늘날 서양에서 다수는 개인적으로 환생을 믿으며, 유대교와 기독교 그룹의 일부는 그들의 신념에 환생을 포함했다. 환생을 포함하는 유대교의 카발라는 유대교 하시드파의 신념 체계의 한 부분이다. 초기 기독교의 일부 그룹은, 특히 그노시스파 기독교도는 환생을 믿었고, 남부 유럽의 일부 기독교인은 CE

553년 제2콘스탄티노플 회의 전까지는 그것을 믿었다. 그 회의에서 정확히 무슨 일이 일어났는가 하는 것은 논란의 소지가 되어왔으나, 그곳의 교회 지도자들은 수태 이전에 영혼이 존재한다는 개념을 비난했던 것으로 믿어졌다.

신약성서에 환생을 언급하는 듯한 구절이 있다. 마태복음 11장 10절에서 14절까지, 그리고 17장 10절에서 13절까지에서, 예수는 세례 요한이 수세기 전에 살았던 선지자 엘리야라고 말한다. 이는 은유적인 표현은 아닌 것 같다. 일부는 이에 대한 반론으로 엘리야는 구약에 의하면 죽지 않았고 회오리바람으로 하늘로 올라갔으므로 그는 지구에 다시 태어났다기보다는 돌아왔던 것이라고 지적한다. 누가복음은 세례 요한의 탄생을 설명하는 데 이런 식의 추리를 단호히 부정한다. 아기로서 삶을 시작한 것이지 지구에 돌아왔던 성숙한 예언자로서가 아니라는 것이다.

또 하나의 환생 가능성에 관한 말은 요한복음 9장 2절에서 예수에게 제자들이 특정한 사람이 눈먼 사람으로 태어났다면 그나 그의 부모의 죄 때문인지 물었을 때 나온다. 이것은 명백히 그들이 사람이 태어나기 전에 죄를 지을 기회가 있었다고 생각했던 것을 암시하고, 그것은 현생 이전에도 존재했음을 암시한다. 대답으로, 예수는 그 가능성을 부인하지 않는다. 눈 먼 사람은 하나님의 일이 그를 통해 현시되도록 하기 위해 태어났다고 말하고는, 그의 눈을 치유한다.

이러한 구체적인 구절들 너머에, 우리는 환생이 유대교와 기독교의 일반 교리와 충돌하는지 고려해야 한다. 환생이 존재한다는 것은 우리가 죽음 뒤에 삶의 완전한 이해에 도달하지 못했다는 것을 뜻할 것이다. 다른 많은 종교적 문제들 또한 선명하지가 않다. 성경은 복수의 해석이 가능해서, 다양한 교파의 다른 관점이 해석을 분명히 한다. 성경은 환생의 개념을 확실한 것으로 자세히 설명하지 않았으나, 환생이 성경 내용과 꼭 충돌하지는 않는다. 사실, 천국과 지옥의 개념과도 꼭 충돌하는 것은 아니다. 일부 시아파 이슬람교도를 포함하여 환생의 신념이 있는 일부 사람들은, 일련의 삶을 살고 나서 최후의 심판 날이 오면, 그때 신이 영혼들을 그들의 다양한 삶 전체에 걸친 행위의 도덕성을 근거로 천국이나 지옥으로 보내기 때문이다.

게다가, 환생의 교리는 다른 주요 종교계와 마찬가지로 유대교와 기독교의 사랑과 자비에 주어진 가치와도 물론 충돌하지 않는다. 그것은 단 한 번의 삶이든 일련의 삶이든 사랑에 찬 윤리적 삶이 중요하다는 개념을 바꾸지 않는다.

요약하면, 우리는 여러 가지 환생에 대한 비판을 살펴보았는데, 사람들이 환생을 불가능하다고 느끼는 것에 관한 아무런 확실성도 찾아볼 수 없었다. 우리는 몇몇 반론을 살펴보았는데(예를 들어, 거기에는 죽은 뒤 살아남는 아무런 증거가 없다는 주장, 인구증가는 환생을 배제한다는 주장 등) 그것은 그저 그렇지는 않다는 것을 알았다. 우리는 또한 다른 비평가들 누구도 그것을 뒷받침하는 증거를 무시하는 것이 정당화되지 않음을 알았다. 어떠한 것도 1=2를 믿듯이 환생 가능성을 믿게 하지는 않았다. 우리는 그 개념을 부인할 적당한 이유가 없고 이 몸의 작용은 우리의 손이 닿지 않는 곳에 있다. 칼 세이건이 썼듯이, 우리는 이 작업이 만들어낸 증거를 진지하게 연구해야 한다.

chapter

10

환생의 증거가 우리를 이끄는 곳

A Scientific Investigation of
Children's Memories of Previous Lives

Life before Life

전생 기억에 관해 가능한 설명을 검토해보자. 모반과 선천적 결함이 있는 사례의 가장 일반적인 설명은 모반을 우연한 일치로 보는 것과 아이들의 진술을 정보 제공자가 잘못 기억했다고 보는 것이다. 보통의 수단이라는 일반적인 설명은 이전 생 인물이 주인공의 가족 구성원이었거나 한 마을에 살았던 사례에 해당한다. 또 정보 제공자가 잘못 기억한 것은 가장 많은 사례에 해당하는 일반적인 설명이다. 그것은 분명 충분하지 않으나, 이전 생 인물이 확인되기 전에 작성한 아이의 진술을 받아쓴 기록이 있는 사례에서 일반적인 설명을 적용하려면 기만의 수단에 의존해야 한다. 아이들의 전생 습관에 관한 가장 일반적인 설명은 우연한 일치와 결합한 환상이지만 모두 약점이 있다. 마지막으로, 아이가 이전 생과 관련된 사람이나 사물을 알아본 사례에서, 우리는 정보 제공자가 잘못 기억한 것으로 사례 대부분을 설명할 수 있으나 통제된 알아보기 시험에 관한 설명이 가능한 것은 역시 오로지 기만뿐이다.

많은 사례들에서 정보 제공자의 잘못된 기억이 가장 일반적인 설명이므로 그 가능성을 고찰했던 몇 가지 연구를 제시하고 싶다. 첫 번째 연구는 스티븐슨 박사와 케일 박사가 각각 다른 시간에 사례를 조사하고 기록한 것을 비교한 것이다. 연구는 케일 박사가, 스티븐슨 박사가 20년 전에 연구했던 몇 가지 사례를 본의 아니게 재조사하게 되면서 시작되었다. 그는 일부러 스티븐슨 박사의 초기 연구들을 더 재조사해서 15건을 연구했다. 이 연구를 통해 가족들의 보고가 되풀이되면서 과장되는지 알아보고자 했다. 결국은 정보 제공자가 잘못 기억할 가능성 이면에 있는 원래 생각인 '아이가 이전 생 인물의 가족과 만나기 전에 설명한 것보다 가족이 이전 생 인물의 삶에 관해 상세 정보를 주었다고 믿는 것'을 알아보려는 것이었다. 케일 박사는 가족들의 진술이 스티븐슨 박사에게 주었던 원래 기록보다 더 덧붙여졌는지 알아보고자 했다.

케일 박사는 주인공의 가족들이 스티븐슨 박사에게 원래 제공했던 정보를 모른 상태에서 그 가족들을 다시 취재했다. 심지어는 일부러 몇 년 전에 스티븐슨 박사가 조사했던 사례의 주인공에 관한 이름과 주소만 가진 채 조사를 시작했다. 케일 박사는 가족들을 새로 취재한 내용을 기록했다. 조사를 일단 끝내자, 그와 스티븐슨 박사는 정보를 스티븐슨 박사가 몇 년 전에 취재했던 내용과 비교했다. 시간이 지났으니 내용은 똑같지 않았으며, 어떤 사례에서는 케일 박사가 취재한 사람들이 20년 전에 스티븐슨 박사가 취재 가능했던 사람들과도 다소 달랐다.

케일 박사와 스티븐슨 박사가 각자 수집한 정보를 검토했을 때, 그들은 사례 중 단 한 건만이 증인들이 말한 것에 의해 더욱 강력해졌다는 것을 발견했다. 사례에서 주인공의 가족은 케일 박사에게 스티븐슨 박사에게는 말하지 않았던 한 사건을 묘사했다. 주인공이 이전생 인물, 즉 주인공의 죽은 형이 아주 접근하기 어려운 장소에 있는 높은 선반에 두었던 특정한 숟가락을 발견한 것이다.

세 가지 다른 사례에서 기록의 강도는 기본적으로 똑같았다. 전반적으로, 그 사례들은 시간이 흘렀어도 더 강해지거나 약해지지 않았다. 다른 11건의 기록은 케일 박사가 가족들과 이야기했을 때는 사실 약해졌다. 이는 정보 제공자들이 몇 년 전에 스티븐슨 박사에게 주었던 것보다 종종 덜 상세한 정보를 제공했기 때문이다. 많은 사람들이 시간이 흐르면 사건의 세세한 내용을 점점 덜 기억하게 되므로 이런 현상이 합리적이지 않은 것은 아니다. 그것은 시간이 지나도 사람들의 마음속에서 사례들이 더 강해지지 않고, 실제로는 이 기억이 시간이 지남에 따라 약해졌다는 것을 나타낸다. 우리가 살펴보았듯이, 사례 대부분은 증인들이 진술이나 사건을 부정확하게 기억하는 것이 틀림없다고 결론짓게 하는 요소들을 포함한다. 이 연구는 그런 결론에 전혀 해당하지 않는다.

시보 슈텐Sybo Schouten 박사와 스티븐슨 박사는 이 문제를 다루는 다른 연구를 진행했다. 그들은 가족들이 만나기 전에 아이의 진술을 받아쓴 기록이 있는 사례와 그런 기록이 없는 사례를 비교했다. 두 박사는 부모가 이전 생 인물에 관한 아이의 진술을 과장한다는 생각을 분석하고 있었다. 그들은 만약 이것이 사실이라면, 그런 기록이 없는 사례보다 두 가족이 만나기 전에 아이가 실제로 말한 것을 입증하는 받아쓴 기록이 있는 사례가 더 적은 진술을 포함할 것이고 덜 정확할 것이라고 예상했다.

받아쓴 기록이 있는 사례가 인도와 스리랑카에서 주로 나왔기에, 슈텐 박사와 스티븐슨 박사는 정확한 진술의 수와 부정확한 진술의 수가 정해져서 기록된 두 나라의 철저히 조사된 모든 사례를 두루 검토했다. 두 가족이 만나기 전에 받아쓴 기록이 있는 21건의 사례와 그런 기록이 없는 82건의 사례를 뽑아서 두 그룹을 비교하였다. 그들이 발견한 것은 놀라웠다. 받아쓴 기록이 있는 사례에서 진술 개수의 평균이 25.5인 반면에 그런 기록이 없는 사례의 평균은 두드러지게 낮아 18.5였다. 정확한 진술의 비율은 두 그룹 다 기본으로는 같았다 (받아쓴 기록이 있는 사례 76.7퍼센트와 그런 기록이 없는 사례 78.4퍼센트).

그러므로 그 연구 결과는 기억의 착오 때문이라면 정보 제공자들이 아이가 실제로 두 가족이 만나기 전에 진술한 것보다 더 많이, 더 정확히 진술했다고 생각했으리라는 우리 예상과는 반대다. 받아쓴 기록이 없는 사례에서 정보 제공자들은 아이가 진술을 더 적게 했다고 생각했는데, 아마 아무도 받아쓰지 않아서 그들이 진술의 일부를 잊어버렸기 때문일 것이다. 슈텐 박사와 스티븐슨 박사가 지적하듯,

만약 가족들이 아이가 이전 생 인물에 관해 두 가족이 만나기 전에 실제로 설명했던 것보다 더 많은 정보를 가졌으리라 여겼다면, 그들의 생각은 데이터에 측정할 수 있는 영향을 줄 만큼 강하지는 않았던 것이다.

이 연구는 사례들에서 기록이 시간이 지나면서 더해지지 않고 덜 상세해지는 것을 나타내는 이전 연구 결과와 잘 들어맞는다. 받아쓴 기록이 있는 사례들에 있는 진술 개수보다 받아쓴 기록이 없는 사례들에서 정보 제공자가 아이들의 진술을 덜 기억하기 때문이다. 이것은 시간이 지나면 사례 대부분의 강도가 약해진다는 스티븐슨 박사와 케일 박사의 발견과 일치한다. 이 두 연구를 종합해보면 증인들이 전생에 관한 아이들의 진술을 실제보다 더 인상적인 것으로 잘못 기억한 것이 사례의 주요 원인이라는 제안에 대해 의구심이 생긴다. 만약 그 제안대로라면 시간이 지남에 따라 증인들의 기억이 점점 정확성을 잃어갈 것이니 보고들은 점점 더 강력해질 것이라고 예상할 수 있을 테지만, 사실은 그 보고들이 종종 더 약해졌다. 그리고 아이들이 실제 진술 기록들을 포함하는 사례들에서 진술이 더 적고 정확한 것들도 더 적을 것으로 예상될 텐데, 실제로는 더 많은 진술이 있고 정확성의 비율도 같다.

다수의 사례들에 있어서 가장 일반적인 설명이 정보 제공자의 잘못된 기억이라고 한다면, 보통의 수단을 통해 사례들을 설명할 확실한 방법이 없다는 말이 되고 만다. 물론 앞에서 살펴보았듯이, 단 하나의 일반적인 설명이 모든 유형의 사례를 설명할 수 없겠지만 가장 일반적인 설명에 대해 심각한 의문을 던지게 되니 이것은 특히 곤란한 일이다.

어떤 설명도 모든 사례를 설명할 수 없으므로, 이 시점에서 보통의 수단을 통해 설명하려면 실현 가능한 단 하나의 길은, 각각의 사례들이 보통의 과정을 도출하는 것 자체가 완벽하지 않으며, 각 사례들마다 다른 과정이 연관되어 있다고 말하는 것이다. 이를 고려하면 우리는 첫째, 완벽한 사례는 존재하지 않는다는 것을 알아야 한다. 과학에서 완벽함은 좀처럼 찾아볼 수 없다. 어떤 의학 연구에 대해서도 누군가는 항상 그것을 비판할 방법을 찾거나 그 결과를 의심할 수 있기 때문이다. 특히 자연 발생적인 현상의 연구에서 더 그렇다. 이러한 사례들은 가능한 가장 적합한 사례들을 만들고자 모든 조건을 통제하는 실험실에서는 일어나지 않는다. 그것들은 조건이 통제되지 않는 실재 세계에서 일어난다. 자연에서 일어나는 어떤 현상은 실험실에서는 다시 만들어낼 수 없다. 그리고 그것들이 연구할 만큼 중요하다고 생각하면 수반되는 한계를 받아들여야 한다.

이들 사례의 어느 것도 완벽하지 않으며, 우리는 그것을 인정한다. 완벽하지는 않지만 우리는 한편으로 부모의 부정직성, 또 다른 곳에서는 우연한 일치, 또는 아이가 엿들은 전생에 관한 대화, 혹은 잘못된 기억이 각각의 사례를 설명할 수 있다고, 아마도 그 원인들을 다 합쳐서 모든 사례들을 설명할 수 있을 것이라고 주장할 수 있다.

그런 설명들이 만족스러운가? 예를 들어 특정한 사례에서, 우연한 일치라는 설명도 말이 되지 않지만 그럴 수도 있다고 생각할 수도 있다. 2,500건의 사례 모두를 설명하는 데 그런 추리를 이용한다면, 우리는 가망이 없는 일을 택하는 것이고 그것에 지나치게 많은 것을 기대는 것이다. 각각의 개인 사례에서 있을 법한 어떤 결점을 찾다보면 나무들을 보느라 숲을 못 보는 것처럼 느껴지기 시작할 것이다. 뒤로 물러나 이 세계적 현상을 전체로 바라보면, 놀라운 사건의 양식이 보인다. 비록 그 사례들이 단순히 증거일 뿐이지 초자연적 과정의 "증거"는 아니라 해도, 일반적인 설명의 취약점을 생각하면, 나는 일반적인 설명들이 하나로 모여 가장 강한 사례들을 적절히 설명할 수 있으리라고 생각하지 않는다. 나는 그것들이 실패할 것이라고 생각한다. 그러므로 초자연적인 설명으로 눈을 돌려 그것이 더 나은 설명을 제공할 수 있을지 알아보아야 한다.

우리가 다른 유형의 사례들을 모두 함께 살펴보면, 환생은 전반적으로 프사이나 빙의보다 훨씬 더 직접적인 설명을 제공한다. 환생은 다른 두 가지의 설명보다 모든 사례를 더욱 쉽고 확실하게 설명한다. 중요한 것은 그 사례들이 일반적인 설명보다 환생의 주장에 더 적합하도록 초자연적 과정의 충분한 증거를 제공하는가이다.

스티븐슨 박사는 "환생이 우리가 조사한 강한 사례들에 관한 (비록 유일하지는 않지만) 최고의 설명이다"라고 확신하게 되었다고 썼다. 좀 더 조심성 있게, 나는 가장 강한 사례에 대한 최고의 설명은 기억, 감정, 그리고 신체적 부상이 때로는 한 삶에서 다음 삶으로 옮아간다는 것이라고 말하겠다. 이것이 환생을 뜻하는 것이라면, 나의 결론은 스티븐슨 박사와 같지만 그도 썼듯이 우리가 환생에 대해 거의 아무것도 모르기에 나는 더욱 구체적인 용어를 쓰는 것이 더 좋다고 생각한다.

기억, 감정, 그리고 신체적 부상이 때로는 한 삶에서 다음 삶으로 옮아간다는 것이 놀라운 진술이 될지 모르지만 사례의 증거들은 우리를 그 결론으로 이끈다. 그것이 물리학에서 받아들인 많은 개념이 처음 선보였을 때 생각되었던 것보다 많이 놀랍지는 않는 것과 같다. 그리고 그 증거가 환생으로 이끌기에 우리는 그것을 고찰해야 한다. 나는 내가 틀렸을지도 모른다고 생각한다. 스티븐슨 박사가 썼듯이, 이것이 그 사례들에 관한 최고의 설명이지만 유일한 것은 아니다. 그러나 환생을 인정하든 안 하든 회의론자들 또한 틀릴지도 모른다. 그런 회의론자들은 분명 다른 결정을 하겠지만, 환생 개념, 즉 한 삶에서 다음 삶으로 기억과 감정, 신체적 부상이 옮아간다는 것은 지난 40년이 넘도록 이 연구가 만들어낸 증거에 기초한 최고의 결론으로 보인다. 만약 이 결론 때문에 세계가 어떻게 작동하는가에 관한 유물론의 몇몇 가정에 문제를 제기할 필요가 생긴다면, 그렇게 하도록 하자.

이 문제를 이해하려 한다면, 우리는 일부 물리학자가 의식이 뇌와 분리된 실체이고 우주에서 중요한 기능을 하는 어떤 것으로 생각하는가를 염두에 두어야 한다. 적어도 미시 양자 세계의 수준에서 의식이 있는 관찰은 미래와 심지어 과거에도 영향을 줄 수 있는 듯 보인다. 그리고 의식이 정말로 우주의 근본적인 부분이라면, 세계는 물질 세계에서 우리가 일상으로 보는 것보다 더욱더 복잡하고 놀라운 곳이리라.

물리학에서의 상대성 원리와 양자역학 개념은, 우주가 우리의 일상 경험이 말해주는 것과는 상당히 다른 모습이라는 것을 보여주었다. 비슷하게 우리 대부분은 우리 자신의 의식만을 알아차리고 있고, 그 알아차림을 개인의 뇌로 처리한다. 이것은 의식이 개인의 뇌에 일어나고 있는 듯한 것 너머, 우주 안에서의 한 인자라는 증거를 완전히 받아들이는 데 곤란을 주는 원인이 될지도 모른다. 의식이 우주의 근본적인 부분이라면, 우리는 그것이 단지 뇌 기능의 부산물이라고 논리적으로 결정할 수 있는가를 고려해야 한다. 존 휠러가 주창했듯 의식적인 관찰이 수십억 년 전에 빛의 입자가 택한 경로를 바꿀 수 있다면, 의식이 단지 인간 두뇌의 임시적인 상태로써 우연히 발현했다는 가설은 말이 되는 것일까? 그렇지 않다고 생각한다. 우리는 우주의 근본적인 구성 요소가, 만약 그것이 의식이라면 이곳 지구에서 우리의 작은 뇌로부터 분리되어 존재한다고 추측할 수 있다. 비록 우리의 일상 경험이 의식은 출생과 더불어 시작하고 죽음과 더불어 끝난다고 말해준다 해도, 합당한 대안은 우리의 뇌가 한

평생 의식의 탈것으로서 봉사한다는 것이고 의식이 출생 전에 존재했고 죽음 뒤에도 이어져서 그것이 새로운 몸에서 다른 탈것을 찾는다는 것이다.

우리 사례의 증거가 이 생각을 뒷받침한다. 이 장의 나머지는, 만약 이것이 진실이라면 그 사례들이 우리에게 환생의 과정에 관해 드러낼지도 모르는 것을 고려할 수 있는 관점에서 움직일 것이다. 우리가 그렇게 하려면 상당한 양의 추측을 해야 할 것이고, 의식의 세계가 물질 우주와 매우 다르게 작동할 수도 있다는 것을 기억해야 한다. 우리가 환생에 관해 얻는 어떠한 결론도 이 시점에서는 불확실하다. 그러나 우리에게는 탐험할 몇 가지 매혹적인 문제가 있다.

누구나 환생하는가

환생 증거를 찾으려 할 때, 한 가지 태도는 그것이 개별적으로 어떻게 영향을 줄 수 있는가를 생각하는 것이다. 명백히 우리는 모두 작고한 사랑하는 사람들을 다시 볼 기회를 좋아할 것이다. 우리는 패트릭 크리스틴슨의 엄마가 걸음마하는 아이 때 죽은 첫째 아들이, 그녀에게 다시 돌아왔다고 확신했을 때 느꼈을 감정에 관해 생각할 수 있다.

불행히도 전생 기억을 보고하는 아이들에게는 진실인 것이 우리

같은 사람들에게는 진실이 아닐 수도 있다는 것을 기억해야 한다. 그들은 독특한 그룹일지도 모르며, 그들이 환생했다손 치더라도 그 외 다른 사람은 그렇지 않을지도 모른다. 예를 들어 전생을 기억하는 아이들은 지구적 경험과 계속 이어지는 문제가 있어서 다시 돌아오게 되었는지도 모른다. 앞서 논의한 대로, 죽음의 방식이 밝혀진 사례에서 이전 생 인물의 70퍼센트가 비정상적으로 죽었고, 자연사 중 다수도 마찬가지로 갑작스럽게 죽었다. 이는 참사나 돌발사가 다른 유형의 죽음보다 전생을 기억하는 아이의 사례를 만들어낼 가능성이 훨씬 더 많다는 것을 암시한다. 그런 죽음은 아마도 지구와 연결될 때 주인공들을 정상이 아닌 예외적인 상태로 이끄는 한 요소일지 모른다. 죽은 뒤에 의식은 대체로 더 큰 우주 의식에 섞이거나 다른 존재 영역인 천국 등으로 떠나갈 것이다. 심지어 우리의 사례들이 환생에 관한 이치에 맞는 예라고 할지언정 죽음 뒤의 삶에 관한 전통 유대교와 기독교의 관점이 일반적으로 옳을지도 모른다.

한편 환생은 보통 이전 생으로부터 이어지는 기억이 없이 일어날지도 모른다. 비록 우리 대부분이 그것을 기억하지 못하더라도 모두 전생이 있을 수도 있다. 이것이 사실이라면, 예기치 않은 죽음과 같은 전생에서의 요인이나 다음 생에서의 어떤 요인에 의해서 일반적인 과정이 방해받을지도 모른다. 그로 인해 다음 생에서 특정한 기억이 남아있게 될 것이며, 모두가 환생한다 해도 그 사례들은 기억이 남아 있다는 이유로 특이한 것이 될 것이다.

그 사례들은 특이한 전생 또는 단지 특이한 전생의 기억 중 어떤 가능성이 더 그럴듯한지 답하지 않는다. 그렇기는 하지만 어떤 상황에서는 환생이 일어남을 나타낸다. 비록 우리는 모두 작고한 사랑하는 사람들이 우리에게 돌아오는 것을 보거나 우리 자신이 죽은 뒤에 아이들이나 손자들에게 돌아가는 것을 좋아하겠지만, 이러한 사례들은 환생이 보편적인가 아닌가의 물음에 관한 답이 되지 않는다. 그것들은 적어도 어떤 상황에서는 우리가 '환생할 수 있다'는 증거를 마련해주는데(그것은 확실히 중요한 발견이다) 우리가 모두 실제로 환생하는지는 나타내지 않는다.

만약 모두가 환생한다 해도 기억이 있는 사례에서 나타나는 패턴들은 나머지 다른 경우에는 적용될 수 없을 것이다. 죽음의 유형, 즉 어떤 다른 요인은 기억을 지속해갈 수 있는 양식을 만들어내는 보통의 과정을 바꿀지도 모른다. 예를 들어, 전생 기억이 있는 아이들은 다른 사람들보다 특정 장소에 더 연결되어 있을지도 모른다. 이러한 아이들은 이전 생 인물이 살았던 곳에서 가까이 환생하는 경향이 있다. 그러나 기억 없이 환생한 다른 아이들은 그런 경향이 없을지도 모른다. 더욱이 삶과 삶 사이의 몇 년을 특별한 장소에서 머물렀던 것을 묘사하는 아이들은 환생한 모두의 전형이 아닐지도 모른다. 우리는 전생 기억이 있는 아이들과 기억이 없이 환생하는 아이들의 사례 사이에 다른 차이점들도 역시 발생할 수 있다는 것을 염두에 두어야 한다.

환생한다면, 무엇이 환생하는가

이러한 제한에도 여전히 우리는 이 사례들을 자세히 검토해서 그들이 죽은 뒤의 삶에 관해 무엇을 말하는지 알아야 한다. 문제는 이것이다. 만약 이 사례들이 환생의 예라면, 정확히 무엇이 환생하는가? 사례들은 기억, 감정, 그리고 육체적 트라우마가 미래의 삶에 옮겨질 수 있다는 것을 보여준다. 나는 이어지는 의식을 언급했으나, 이것은 아주 구체적인 용어는 아니다. 다른 용어들, 예를 들어 "영혼" 또는 "아스트럴체"도 쓸 수 있는데, 그것들은 우리가 정확하다고 느끼지 않을 수도 있는 함축적인 의미가 있다. 그 이유로 스티븐슨 박사는 그리스어 "영혼을 품고 있는"이라는 뜻에서 가져온 "사이코포어psychophore"라는 용어를 새로 만들어서 죽은 뒤에 기억을 나르는 탈것을 묘사했다.

이 실체, 사이코포어 또는 의식은 아이들이 이전 생 인물이 죽은 뒤에 일어났던 사건들을 설명하는 사례들에 근거하여 새로운 정보를 얻을 수 있는 듯하다. 우리는 의식이 명백히 눈과 귀와 같은 감각 기관을 갖고 있지 않으므로 어떻게 그렇게 할 수 있는지 의아할 것이다. 그 대답은 그것이 초자연적 수단을 통해 정보를 얻을 수 있다는 것이 될 수밖에 없다. 이것은 몸 위로부터 사건을 바라본 것을 종종 묘사하는 임사 체험을 한 환자들의 보고와 비슷하다. 또한 이것은 보통 감각 기관으로는 얻지 못하는 정보를 얻을 수 있는 어떤 사람들을 보여주는 다른 초심리학 연구들과도 일치한다. 그들은 초자연적 수단을 통해 정보를 얻는데, 우리는 그런 수단이 무엇인지 알지 못하지만 만약 어떤 사람이 살아 있는 동안 그렇게 할 수 있다면, 그 의식이 육체의 죽음 이후에 살아남을 때에도 그렇게 할 수 있으리라고 논리적으로 추론할 수 있다.

우리는 환생은 어떤 실체가 한 삶에서 다음 삶으로 이어졌다는 것을 뜻한다고 생각하는 경향이 있지만 많은 불교도, 특히 소승불교도들은 그 경우가 아니라고 말한다. 그들의 교리 아나타anatta, 즉 "영혼 없음"은 "자아"란 없으니 하나의 삶에서 그다음 삶으로 이어지는 실체는 없다고 강조한다. 한 사람이 죽는 순간 새로운 인격이 존재의 세계 안으로 들어온다. 마치 꺼져가는 양초의 불꽃이 다른 양초에 불을 붙일 수 있는 것처럼 전생의 인물이 일으킨 카르마의 힘이 재탄생으로 이어지도록 이끌기 때문에 인격들 사이의 연속성이 일어나지만 정체성은 유지되지 않는다. 나는 불교학자는 전혀 아니기에 이 개념을 받아들이기는커녕 완전히 이해하지도 못한다. 그러나 이 교리에도 불구하고, 사실 거의 모든 불교 신자들이 실제적인 실체가 재탄생한다는 것을 분명 믿는다고 적어도 언급할 수 있다.

스티븐슨 박사가 주목했듯이 우리의 사례들은 어떤 탈것이 지속하는 기억을 태워 다음 삶으로 옮겨갔다는 것을 암시한다. 단지 기억과 감정 말고도 뭔가 더 살아남았을 것 같다. 나는 의식이 어느 한 생애에서 부상을 당해 큰 심적 외상을 입었을 때, 그것이 발달기의 태아에게 영향을 주어 새로운 몸에 비슷한 흔적을 만들어내어 모반이 생긴다는 것을 말했었다. 나는 그런 과정이 우리가 그것을 의식이라 부르든 사이코포어라 부르든 어떤 다른 용어로 부르든 다음 삶으로 그 부상의 영향을 옮겨주는 '어떤 것(뭔가가)' 없이 그런 과정이 일어날 수 있으리라고 상상하기는 어렵다. 일부 불교도는 물론 동의하지 않겠지만, 우리의 사례들은 어떤 실체가(그것을 나는 의식이라 부른다) 한 삶에서 다음 삶으로 이어질 수 있다는 것을 함축한다.

육체적 트라우마가 발달기의 태아에게 흔적을 만들 정도로 의식에 영향을 끼칠 수 있다는 사실은 의식이 육체에 영향을 줄 수 있다는 것을 암시한다. 이는 우리의 논의를 9장의 이원론과 비물질적인 생각이 물질계, 즉 이 경우에는 발달기의 태아에게 영향을 줄 수 있는가의 문제로 돌아가게 한다. 이 사례들은 그렇다고 암시한다. 게다가 그 사례들은 이성 자체가 트라우마적 사건들에 의해 영향받을 수 있다는 것을 나타낸다. 우리는 4장에서 환자들이 최면 상태로 재경험할 때 육체적 흔적을 만들어내는 사례들을 논의했다. 환생 사례들은 그런 영향이 다음 삶으로까지 지속할 수 있다고 알려준다. 그 트라우마들은 의식에 "상처 자국"을 남겨서 그것들이 의식이 점유한 새로운 몸에 영향을 줄 수 있을 정도다.

트라우마의 영향이 오래 지속되는 현상은 처음에는 이상하게 보일지 모른다. 현생에서도 트라우마적인 사건들이 마음에 영향을 미칠 수 있다는 사실을 기억해낼 때까지는 말이다. 두드러진 감정적·육체적 트라우마를 경험한 사람들은 원래의 사건이 일어나고 수년 뒤에 같은 증상들을 경험하는 심적 외상 후 스트레스 장애로 발달할 수 있다. 그런 트라우마가 상처 자국으로든 공포증으로든 의식과 함께 다음 삶으로 여행하여 갈 수 있는 것을 알게 되더라도 우리는 놀라지 말아야 한다. 우리는 하나의 삶이 끝났을 때 모든 지나간 어려움이 사라지기를 기대할지도 모르지만, 이 사례들은 그렇지 않다는 것을 알려준다.

언제 어디서 환생할까

이제 살아남은 의식들이 어떤 통제장치를 거쳐 언제 어디서 재탄생하는지 고찰해보자. 사례 다수에서 아이들은 그들이 다음 부모를 선택했다고 보고했다. 아시아 사례에서 아이들은 때로 미래의 부모 중 한 명을 만나서 그 사람을 따라 집으로 가 가족과 합류하기로 했다는 일화를 묘사한다. 미국의 사례에서는 아이들이 천국에 있었던 것과 다음 부모를 선택한 것에 관해 말할지도 모른다. 그 이야기들이 분명 증명할 수 없더라도, 일부 아시아 사례는 적어도 부분적으로는 증명되었다. 그 사례에서 주인공의 부모는 수태할 즈음에 아이가 묘사한 지역에 간 적이 있었다.

또 다른 사례에서 아이들이 함께 사는 가족에 관한 불평을 생각해보면 부모를 선택한 어떤 징조도 보이지 않는다고 결론지을 수도 있다. 대부분의 아이가 삶들 사이의 시간에 관한 어떠한 기억도 보고하지 않은 까닭에, 우리는 아이들로부터 결정에 관여한 것이 있는지 없는지 암시를 얻지 못한다. 아이들이 다만 그렇게 했던 기억에 접근하지 못하게 되어 있을 가능성도 있다. 우리가 확실히 알 방법은 없지만 다양한 사례를 고려하면, 어떤 사람들은 부모나 재탄생할 장소를 선택할 가능성이 있다.

이것은 누구나 환생 과정에서 결정에 조금이라도 참여하는가에 관한 더 커다란 문제를 가져온다. 만약 각자의 의식이 재탄생을 결정하지 않는다면, 안내자, 천사, 또는 신들이 결정하는가? 또는 그것이 자연적으로 무작위로 일어나는가? 여러 가지 신앙 체계는 사람이 어떻게 다음 삶으로 가는가에 관한 다른 시나리오가 있다. 우리 주인공들 중 소수가 그들의 현재 가족에게로 안내한 안내자들에 관하여 말하기는 하지만, 대부분의 많은 아이들이 삶들 사이의 시간에 관해서는 아무것도 말하지 않으므로, 우리 사례들은 이 중요한 문제에 정말이지 아주 약간의 빛만을 비춰줄 뿐이다.

이런 문맥에서, 우리는 재탄생의 장소를 구체적으로 살필 수 있다. 이 사례들로부터 우리가 끌어낼 수 있는 하나의 결론은 아이가 전생 기억을 유지하는 상황에서 적어도 재탄생이 일어나는 장소가 무작위는 아니라는 것이다. 대부분의 아이가 그들이 현재 사는 같은 나라에서의 전생을 보고한다. 그리고 그중 많은 아이가 그들이 같은 마을에 살았거나 심지어 같은 가족이었다고 말한다. 이것은 무엇을 의미할까? 지리적 제약이 의식이 재탄생하는 곳에 영향을 미친다는 것이 하나의 가능성이다. 의식이 좁은 지역에 한정된다는 생각이 이상한 듯해도 특정한 장소, 예를 들어 이전 생 인물이 죽은 장소에서 미래의 부모 중 한 명을 만날 때까지 머물렀다는 일부 아이들의 이야기와 들어맞는다.

나는 감정으로 엮인 특정한 지역이 의식적으로 더 끌린다고 생각한다. 우리 대다수는 자신이 특정한 나라 사람이라고 강하게 동일시한다. 그래서 우리는 자연스럽게 같은 나라에 다시 태어날 가능성이 더 많을 것 같다. 덧붙이면 사람들은 특정한 장소에 감정적 집착이 있어서 그곳으로 다시 이끌려 돌아갈지도 모른다. 가장 중요한 것으로 개인의 다른 사람들과의 연결 고리는 다시 태어날 곳을 정하는데 큰 역할을 할 수 있다. 한 가족에서 이루어진 사례를 보면 강한 감정적 연결이 계속되기 때문에 아이들은 그 가족으로 다시 태어날지도 모른다. 특히 이전 생 인물이 어렸을 때 죽었던 사례에서는 주인공의 의식이 가족에게 여전히 밀접하게 묶여 있어서, 같은 가족에게서 다시 태어났을지도 모른다. 그것이 어떻게 이끌렸는지에 관한 메커니즘은 물론 수수께끼다. 그러나 거의 자기적 끌림으로 특정한 장소나 가족에게 개인들이 끌려가는 의식 세계의 감정적 힘을 상상할 수 있다.

다른 나라에서의 전생을 보고하는 아이들의 사례에서 이러한 통찰이 가능함을 알 수 있다. 사례들에서 아이들은 보통 전생에 현재 사는 나라에서 죽었다고 말하는데, 제2차 세계대전 중에 미얀마에서 죽었던 일본군이었다고 말하는 미얀마의 아이들이 그 예다. 아이들은 마치 미얀마에서 죽은 뒤에 그곳에 갇힌 듯이 일본으로 돌아가고자 하는 열망을 표현한다. 우리는 그들이 그곳에 지리적으로 갇힌 것인지 감정적으로 묶인 것인지 모른다. 그들 다수가 미얀마 사람들에게 아주 가혹한 행동을 했는데, 군인으로서의 그런 행동이 해결되지 않은 감정의 연결 고리를 만들었고, 그로 인해 그들은 다음 생에도 미얀마에 머무르게 되었을 것이라고 추측할 수는 있다.

그 설명이 지리적이든 감정적이든, 우리는 이러한 사례들을 통해 개인이 한 삶의 끝 무렵에 그 다음 삶과 어떤 연결 고리를 갖는 것을 알 수 있다. 우리는 이것이 일반적인 진실인지 단지 기억이 지속한 사례일 뿐인지 모른다. 그러나 이러한 사례들은 어떤 상황에서 연결 고리들이 확실히 다음 삶으로 이어지는 것을 나타낸다. 일본군이었던 기억을 보고하는 미얀마 아이들 사례에서, 아이들은 미얀마에 태어났지만 여전히 일본을 그리워하기 때문에 미얀마와 일본 둘 다에 하나의 연결 고리가 지속된다.

카르마의 문제

카르마(업보)는 환생한다고 믿는 많은 종교, 특히 불교와 힌두교에서 중요한 부분을 차지하는 개념이다. 다양한 종교 체계에서 이 책에서는 모두 거론할 수 없는 중요한 세부 요소를 많이 포함하고 있다. 카르마는 한 개인의 행동이 그 사람의 미래 상황을 한정한다는 신념이다. 이것은 전생의 행위들이 현재 삶에서 개인의 상황에 영향을 미친다는 생각을 포함한다. 방금 보았던 미얀마-일본 사례들을 예로 들면, 일본군이 미얀마 사람들에게 저지른 과거의 잘못된 행위들이 미얀마 사람으로 다시 태어나게 한 원인이 되었다는 설명이다.

우리의 사례들이 카르마가 존재한다는 어떤 증거를 마련해주는가? 그 질문에 답하기 전에 하나의 문제를 지적해야겠다. 카르마의 법칙에 따르면 현생의 상황들이 단지 전생의 행위뿐 아니라 이전의 모든 생의 행위에 의해 영향을 받을 것이므로 바로 전생의 영향만을 평가하기는 어렵다는 점이다.

나는 우리 컴퓨터 데이터베이스를 검토하여 이전 생 인물의 어떤 특성이 주인공이 타고나는 상황을 결정하는데 영향을 끼치는지 알아보았다. 특히, 이전 생 인물과 관련된 몇 가지 항목을 살펴서(PP가 성인 같았는가, PP가 범죄자였는가, PP가 윤리에 어긋난 행위를 했는가, PP가 인자하고 관대했는가, PP가 종교의식에 열성적이었는가?) 그들 중 누구라도 주인공의 경제적 지위, 인도의 사례처럼 주인공의 카스트 계급 같은 사회적 신분과 연관이 있는지 알아보았다. 그렇게 하는 데 있어, 나는 애정이 깊고 뒷받침을 잘해주지만 가난한 부모를 둔 한 아이를 긍정적 환경에 태어난 것으로 고려해야 하는데, 그러나 우리는 적어도 경제적으로 낮은 수준보다는 더 높은 수준에 속해야 긍정적 환경에 포함될 가능성이 많다는 것을 염두에 두어야 한다.

내가 상호관계 시험을 했을 때, 주인공의 환경과 상호관련 있는 것은 이전 생 인물의 한 가지 특성뿐이었다. 이전 생 인물의 고결한 인품이 주인공의 경제적 지위와 아주 강한 상호관계를, 그리고 주인공의 사회적 신분과 두드러진 상호관계를 보여주었다. 결과는 이전 생 인물이 고결하게 여겨질수록, 주인공이 더 높은 경제적 지위와 사회적 신분을 가질 가능성이 있다는 것을 뜻한다. 그러나 고결성은 또 인도 사례에서 주인공의 카스트 계급과 관련이 없었으며, 이전 생 인물의 다른 어떤 특성도 주인공의 환경과 관련이 없었다. 그러므로 우리는 고결성 항목이 보여주는 상관관계가 통계상의 요행일 뿐일지도 모른다는 점을 고려해야 한다. 그리고 전생의 카르마가 재탄생할 때 환경에 영향을 준다는 증거도 거의 없다.

카르마의 영향에 대한 또 하나의 반대 요인은 내가 4장에서 언급했던 것이다. 모반과 타고난 신체 결함 사례는 아이들이 전생에서 고통을 당한 기억이 있는 상처들과 들어맞는 손상을 포함한다. 만약 카르마가 그것에 대한 원인이라고 생각한다면, 우리는 그것들이 이전 생 인물이 스스로 고통당했던 것들보다 오히려 다른 사람에게 준 상처들과 들어맞을 것으로 예상할 수 있다. 그러나 우리는 모반과 신체 결함이 카르마의 영향이라는 생각을 뒷받침하지 않는다고 말할 수밖에 없다.

되풀이하면, 카르마의 가르침은 매우 복잡하다. 그것이 이 책의 결과물을 어느 정도 설명할 수 있을지도 모르지만, 우리 사례들이 그것을 증명하기에는 역부족이라고 결론 내려야 한다.

지속되는 감정들

많은 이들이 다른 사람들에게 주는 사랑과 긍정의 감정이 한평생보다 더 오래 갈 수 있다고 생각하고 싶을 텐데, 아이들의 사례는 우리에게 그런 희망을 준다. 사례에서 보았던 모반과 공포증의 현상이 그를 보여주고 있다. 아이들은 또한 전생의 가족에게 계속해서 사랑을 표현하고 지속한다.

이것은 특히 한 가족 사례에서 분명히 나타나는 듯하다. 1장의 윌리엄은 할아버지가 엄마에게 말한 것과 똑같이 언제나 엄마를 돌봐주겠다고 말했다. 4장의 여러 모반이 있는 패트릭 크리스틴슨은 이전생에서 맏아들로서의 짧은 생애를 마치고 엄마를 떠날 때에 관해 말했는데 지금은 아주 친밀한 관계에 있다. 이와 같은 예는 사랑이 죽은 뒤에도 살아남아 다음 삶으로 이어질 수 있다는 것을 보여준다.

3장의 애비 스완슨은 자신이 외증조할머니였다고 말했다. 그 말이 옳다면, 아이는 전생에서 엄마와 맺었던 아주 다른 관계로 돌아왔다. 할머니였다가 딸이 되는 것은 꽤 큰 변화지만, 그럼에도 그것은 연로한 부모가 결국 이전에 자신에게 의지했던 아이들에게 의지하게 될 때 한 생애에서도 종종 일어날 수 있는 관계를 반영한다. 아마도 누가 누구를 돌보느냐의 문제는 개인들이 나누는 관계만큼은 중요하지 않다. 그 관계는 한평생을 가로질러 다음 삶으로 이어지는 것이다.

이와 같은 생각은 위안을 줄 뿐만 아니라, 우리 사례들 증거 다수에 근거하여 충분히 진실일 수 있다. 삶들을 가로질러 감정이(역할은 아니고) 연결된다는 생각은 부모가 아이들을 보는 시각에 영향을 줄 수 있다. 부모가 독재적이거나 가혹한 방법으로가 아니라 여행 동반자의 길잡이가 되어 아이들을 훈육해야 한다는 것을 보여주기 때문이다. 비록 아이들에게 방향 안내가 필요하고 부모가 잘 돌보고 있다는 안정감을 주는 것이 필요하기는 하지만, 그들을 손아랫사람이 아닌 인생 여정을 함께하는 동등한 동료로 볼 수 있다.

애비의 사례에서는, 아마도 외증조할머니가 애비 엄마에게 다시 돌아오기로 선택해서 삶의 여정을 계속 함께할 수 있었을 것이다. 그 역할이 이번에는 달라서 애비의 엄마는 애비에게 많은 것을 가르쳐야 할 것이다. 결국 엄마는 애비가 자신에게 배운 것처럼 애비와의 관계에서 많은 것을 배울지도 모른다.

재탄생이 한 가족 안에서 일어나지 않는다면 이 지속하는 연결 고리는, 또는 적어도 그 연결 고리가 만들어내는 새로운 열망은 새로운 삶에서 문제가 될 수 있다. 아이들 다수가 커다란 감정적 혼란을 나타내는데, 그들이 진짜 부모와 격리되어 있다고 느끼기 때문이다. 아이들이 커가면서 해결될 수 있지만 현재 상황일 때는 매우 강렬할 수 있다. 6장에서 밝혔듯이 아시아 부모 대다수는 아이들이 전생에 관해 말한 것을 존중하는데 그들이 환생을 보통 믿기 때문이다. 그러나 그 부모들 또한 아이들에게 현재의 삶이 과거의 삶과는 다르다는 것을 분명히 말해준다. 불행히도 그들은 때로 이 점을 크게 강조하며, 일부는 거친 방법으로 아이가 전생에 관하여 말하기를 멈추게 할 수도 있다.

어쩌면 그것이 큰 그림으로 보면 전생과의 연결 고리를 강조하는 것보다 더 나을지도 모르겠다. 전생에서 비롯된 관계들은 전생에 있으며, 우리는 전생에 집중함으로써 현생의 손실을 만회하지는 않는다. 어떤 아이들은 물론 전생으로부터 불러온 관계들을 지속하고 싶싶은 강한 열망에 큰 고통을 받으며, 현재 부모와의 관계에 영향을 줄 수 있다. 비슷하게 어떤 어른들도 전생 가능성에 사로잡혀 현생 경험을 돌보지 않을 수 있다. 물론 이것은 최선의 길은 아니다. 환생 가능성을 인식함으로써 사람들은 삶의 영적인 면과 타인의 영성에 관한 이해가 더 깊어질 수는 있지만, 이에 너무 집중하지 않았으면 한다.

이런 문맥에서 어떤 사람들은 최면 전생퇴행을 통해 전생을 알고자 한다. 사람들이 최면 퇴행을 통해 전생을 알아낸다 해도 그것이 실제 사건임을 뒷받침할 증거는 거의 없다. 많은 최면술사가 사람들이 최면 상태에서 분명한 전생 기억을, 종종 아주 상세하게 감정까지도 불러오도록 한다. 이러한 "기억들"이 실제로 일어났던 사건들임을 증명하는 데 어려움이 있다. 많은 최면 사례에서 피험자가 고대로부터의 삶을 기억한 듯 보이므로, 그것이 실제로 일어났는지 확인하는 것은 불가능하다. 다른 사례들은 최면에 든 사람의 보고가 역사적 모순을 포함했다. 게다가 일부 사례에서는 피험자들이 몇 년 전에 읽고 나서 잊어버린 어떤 책과 같은, 다른 출처로부터 온 것으로 밝혀진 정보들을 기억해내기도 했다.

8장에서, 최면 상태에서 어떤 극적인 결과를 가져왔던 사례들을 논의했으나, 불행히도, 현생의 기억이든 과거의 기억이든 그것은 매우 믿지 못할 도구다. 최면은 현생으로부터 약간의 범상치 않은 기억들을 불러낼 수 있지만, 그것은 또한 환상적 소재를 만들어낼 수 있다. 최면 상태에서 정신은 텅 비는 경향이 있다. 만약 한 사람이 기억하지 못하는 자세한 내용을 요청받으면, 정신은 항상 어떤 것을 생각해낸다. 이런 일이 한번 일어나면 그 사람은 환상과 실제 기억을 구별하는 데 큰 어려움이 있을 것이다.

이것은 모든 최면 전생퇴행이 가치가 없다고 말하려는 게 아니다. 어쨌든 어떤 어린아이들이 전생 기억을 가질 수 있다면, 논리상 어떤 성인들은 어린 시절 초기 기억을 끄집어낼 수 있는 것처럼 최면을 통해 그런 기억을 발견할 수 있을지도 모른다. 그렇더라도 사례들 대다수는 사람들이 최면 상태에서 보는 이미지가 그들이 살았던 실제 전생에서 나온 것이라는 생각을 지지하는 아무런 증거도 포함하고 있지 않다. 앨런 골드Alan Gauld가 썼듯이, 몇몇 강한 사례들이 발견된다 해도 그것은 흥미롭지만 결론이 나지 않는 거대한 허풍의 홍수가 끌고 내려간 뒤에 남는, 아주 작은 잔류물 조각이 될 것이다. 사람들은 어리석게도 그것을 얻으려고 평생을 낭비할 수 있다.

부모에게 주는 조언

부모들은 자주 전생을 이야기하는 아이들을 어떻게 대해야 하는지 우리에게 조언을 구한다. 사례마다 개인적 차이가 있지만, 나는 도움이 될 만한 약간의 일반적인 안내를 하고자 한다. 첫째, 부모는 이러한 진술이 정신병이 아니라는 것을 알아야 한다. 우리는 아이가 다른 부모, 다른 집, 또는 전생의 죽음을 기억한다고 주장했던 많은 가족과 면담했는데 그 아이들은 정신 건강상 어떠한 문제도 보이지 않았다.

몇몇 연구에서 이런 문제를 다루었다. 나는 최근에 동료인 돈 니디퍼Don Nidiffer 박사와 연구를 마쳤는데, 그 연구에서 우리는 전생을 기억하는 15명의 미국인 어린아이들의 심리 검사 결과를 살폈다. 검사 당시 아이들은 세 살에서 여섯 살까지의 연령층이었는데, 우리는 그들이 꽤 총명하다는 사실을 발견했다. 문제 행동 측정 눈금을 볼 때, 아이들의 평균치가 모두 평범한 범위에 속했었고, 아무도 정신적 문제를 나타내는 어떠한 증상도 보이지 않았다.

이러한 결과는 얼렌더 해럴드슨Erlendur Haraldsson이 그의 동료와 다른 나라의 주인공들을 검사했을 때 발견했던 것과 비슷하다. 스리랑카의 사례 주인공들은 학교 성적은 아주 좋았으나 집에서는 약간의 가벼운 행동장애를 보여주었다. 무엇보다 그 아이들이 다른 아이들보다 더 암시에 걸리기 쉬운 건 아니었다. 다른 사람들이 그들에게 전생 기억을 가졌다고 암시했기 때문에 그들이 전생 기억을 주장했다는 생각을 반대하는 결과다. 레바논의 아이들은 백일몽을 꾸는 경향이 많은데도 아무런 임상 관련 징후가 보이지 않았다. 그 검사 결과 또한 주인공들이 비정상적으로 암시에 쉽게 걸린다고 나오지 않았다. 전반적으로, 아이들의 건강 상태가 양호한 것으로 나왔다.

아이들이 전생을 이야기할 때, 부모들은 때로 어떻게 대응할지 확신이 서지 않는다. 우리는 부모들이 아이들의 보고에 마음을 열기를 추천했다. 아이들 일부는 이런 문제에 관하여 감정적 격렬함을 보여주는데, 부모들은 아이들이 가져오는 다른 화제들과 마찬가지로 주의 깊게 들을 수 있어야 한다.

아이들이 전생에 관해 말할 때, 부모는 특정한 질문들을 많이 하는 것을 자제해야 한다. 아이를 당황하게 할 수 있으며 무엇보다 우리

입장에서 보면 아이가 질문에 관하여 답을 꾸며내게 할 수 있다. 그러면 환상과 기억을 구분하기 어렵거나 불가능해질 것이다. 보통의 주관식의 질문, 가령 "또 다른 것은 기억나니?"는 좋다. 그리고 아이가 치명적 사고 등을 묘사할 때 "무서웠겠구나" 하며 진술한 것을 강조하는 것 또한 매우 좋다.

우리는 부모들에게 아이가 하는 전생에 관한 어떤 진술이든 받아 적으라고 권한다. 이것은 아이들이 충분한 정보를 주어 특정한 고인을 확인해내는 것이 가능한 사례들에서 특히 중요하다. 그런 상황에서, 시간에 앞질러서 기록된 진술을 갖는 것은 아이가 실제로 전생의 사건을 회상했던 결정적인 최고의 증거를 마련하는 것이다.

동시에 부모는 진술에 너무 집중한 나머지 자신들과 아이들에게 현생이 지금은 가장 중요한 것이라는 사실을 잊지 않도록 주의해야 한다. 만약 아이들이 이전 생의 가족이나 집을 바란다고 계속 말한다면, 현재 가족이 이번 삶에서 가진 가족이라고 설명하는 것이 도움이 된다. 부모는 아이들에게 전생은 진정 과거에 속한 것이라고 분명히 해두는 한편, 그들이 말한 것을 받아들이고 존중해야 한다.

부모는 때로 아이들보다 진술에 더 흥분한다. 아이가 고통스럽고 처참한 방식으로 죽은 경험을 묘사하는 것을 듣는 것은 힘들겠지만, 부모나 아이 모두 이번 삶에서는 안전함을 알아야 한다. 어떤 부모들은 아이들 대부분이 다섯에서 일곱 살이 되면 전생에 관해 이야기하는 것을 멈춘다는 것을 알면 위안을 받는다. 몇몇 사례에서처럼 드물게는 그 기억이 청년기나 성인기까지 지속하기도 하지만, 그때에는 어렸을 때보다 보통 훨씬 강도가 약해진다. 많은 경우에 아이들은 성장함에 따라, 심지어 그들이 전생에 관해 얘기한 적이 있었는지조차 기억하지 못한다.

종합하면 부모들은 종종 아이들의 전생 기억에 관한 주장을 진기하게 받아들이는데, 나타난 기억들이 아이들에게는 그들 삶의 경험의 일부일 뿐이다. 아이들은 기억들로부터 빠져나와 전형적인 어린 시절을 살아간다.

영적 추론

우리의 사례들은 의식이 적어도 어떤 상황에서는 죽음에서 살아남을 수 있다는 증거를 제공한다. 그리고 이것은 확실히 우리가 식별할 수 있는 어떤 현저한 발견보다도 더 중대하다. 이것은 우리 각자가 단지 육체를 가진 존재보다 더한 무엇이라는 것을 뜻한다. 우리는 또한 그 육체의 죽음 뒤에도 살아남을 수 있는 의식이 있다. 그 용어를 의식에서 영혼으로 바꾼다면, 우리가 모두 육신과 더불어 영적 요소도 가지고 있다고 말할 수 있다.

만약 우리가 만나는 모든 사람이 물질적 존재일 뿐 아니라 영적 존재라고 결론을 맺는다면, 이 삶을 우리가 서로 대하는 방식을 바꾸는

데 쓸 수 있을까? 승려인 스와미 무클랴난다Swami Muklyananda는 스티븐슨 박사에게 "인도에 사는 우리는 환생이 일어난다는 것을 압니다만, 그것이 어떤 차이도 만들어내지 않습니다. 여기 인도에도 꼭 서양만큼 사기꾼과 악한이 많이 있습니다"라고 말했다. 스티븐슨 박사는 아마도 전체적으로 보면 그 말이 옳겠지만, 환생의 교리에 관한 모든 것을 받아들이는 사람에게는 환생의 신념이 확실한 차이를 만들 수 있다고 지적했다.

나는 우리 각자가 육신만큼이나 관심과 보살핌이 필요할지도 모르는 영성을 갖고 있다는 알아차림이 차이를 만들 수 있기를 바란다. 육신(물질)에만 집중하면 우리가 영적인 부분을 양육하기 위해 해야 할 것이 차단될지도 모르며, 그것은 다른 사람과의 관계에서 우리를 더욱 경쟁적이고 이기적으로 만들 수 있다. 물론 더 큰 영적 세계가 가능하다는 것을 이해한다면 덜 물질적으로 살 수 있다. 우리 모두가 영적 존재라는 것을 완전히 받아들이려면, 분명히 환생 연구에 관한 지식보다 더 많은 것이 필요할 것이다. 그러나 그 지식만으로도 사람들은 더 영적인 삶을 사는 길을 탐험하게 될 것이다.

다른 문제를 생각해보자. 만약 전생을 기억하지 못하는 우리도 환생한다면 구체적인 기억이 떠오르지 않더라도 어떤 감정적 문제들이 생길지 모른다. 아이들은 다른 기질과 다른 감정 반응 방식을 지니고 태어난다. 생물학자는 이를 유전자의 문제로 보고 우리의 감정에 영향을 주는 방식에 집중하겠지만, 우리는 전생으로부터 감정을 옮겨 오는 의식이나 영적인 구성 요소 또한 개입되는지 궁금할 수 있다. 만약 그렇다면 이것은 우리가 어려운 감정적 문제를 해소하기 위해 많은 생애를 거쳐갈지도 모른다는 것을 시사한다. 한 삶에서 다른 삶으로 감정 다발을 옮겨 온다는 생각이 불쾌하더라도, 한평생 삶에서 그것을 다뤄야 한다는 전망은 또한 우리가 아는 것보다 더 많은 문제를 풀 수 있을지도 모름을 암시한다. 환생 개념은 개인이 복수의 삶을 살면서 지혜를 쌓을 수 있어서, 이어지는 삶에서 더 애정이 깊고 평화로워진다는 생각 때문에 많은 사람에게 설득력이 있다. 우리가 수많은 삶을 산 뒤에라도 완벽을 기대할 수는 없겠지만 한 삶보다 더 많이 살면서 진보를 이룬다면 우리는 분명히 완벽에 더 가까워질 수 있다.

철학적으로 들릴 위험을 무릅쓰고, 우리는 더 나아가 그런 추리가 우리 삶의 목적이 한평생에서 다음으로 바뀔 수 있다는 것 또한 암시한다고 추측할 수 있다. 우리는 단 하나의 "삶의 의미"는 찾지 못하고, 오히려 각 삶의 목적이 다르다는 것을 발견할지도 모른다. 어떤 사람은 다른 사람과는 아주 다른 감정 문제에 관해 작업할 것이다. 사랑하는 사람과 연결되고자 온 힘을 쏟으며 씨름하는 사람이 있을 수 있고 또 어떤 사람들은 직업 세계에서 자신을 입증하는 데 집중하면서 홀로 있는 것에 만족할 수도 있다. 아마도 우리는 잘해낼 때까지 자신의 여러 측면을 차례로 하나하나씩 작업해 나가는지도 모른다. 우리가 단 한 번의 삶보다 더 많은 기회를 갖고 단 한평생 동안에 모든 것을 바로잡지 않아도 된다는 생각은 물론 매력적이다. 그러나 어떤 사람들에게는 어떤 종류든 삶의 목적을 발견하기가 어렵다. 이것이 하나의 삶을 살든 그보다 더 여러 개의 삶을 살든 우리의 과업이다. 그러나 우리가 삶의 한 면의 목적을 발견하는 것이 현생에서는 충분하다고 결정한다면 덜 벅찰 것이다. 우리는 한평생 현생의 가치 실현을 위해 모든 종류의 경험이나 성공을 해볼 필요는 없다.

연구가 나아갈 방향

40년 동안 연구를 해왔지만 우리의 이 작업은 여전히 미완성 상태다. 나는 우선 미국의 전생 기억 사례에 계속해서 집중하고자 한다. 사례들의 특별한 국면을 살펴보는 연구와 더불어 더 많은 사람에게 우리의 일이 알려져서, 더 많은 미국 사례와 더 강력한 미국 사례들을 조사할 수 있게 되기를 바란다. 만약 아시아 최고의 사례만큼이나 강력한 미국 사례들을 연구할 수 있다면, 사람들이 이 일을 간과하기가 매우 어려울 것이다. 이곳 미국에서는 사례 찾기가 더 어렵지만, 때가 되면 사례 수집의 성과가 쌓이고 잘 분류 보관되어 일부 아이들이 전생을 기억하는가에 관한 질문에 자신 있게 답할 수 있을 것으로 낙관한다.

우리는 장차 또 다른 도구로써 그 질문에 대답하게 될지도 모른다. 많은 연구자가 거짓 기억(사람들이 실제 일어나지 않은 일을 일어난 것으로 기억한다고 생각하는 일들)과 비교하여 실제 기억을 불러오는 데 어떻게 뇌가 기능하는지 살펴보았다. 이 연구는 현재 준비 단계다. 그것은 사람들에게 낱말 목록을 보여주는 것을 포함한다. 그들은 한 낱말을 보여준 다음 이전의 목록에 그것이 있었는지 묻는다. 때로 사람들은 실제로 보지 않았는데도 그 목록에서 그 낱말을 본 기억이 있다고 생각한다. 그러므로 그들은 거짓 기억이 있다. 연구자들은 사람들이 실제 기억을 불러올 때와 거짓 기억을 불러올 때의 두뇌 활동을 측정하는 두뇌 영상 연구brain imaging studies를 했다. 그래서 그들은 각각 다른 기억을 하는 동안 두뇌의 다른 부분이 활성화한다는 것을 발견했다. 만약 이 연구가 충분히 진전하여 그런 실험이 특별한 개인들만이 그들의 삶 초기의 사건을 정확히 기억하는지 측정할 수 있다면, 우리는 마찬가지로 그것을 전생 기억을 평가하는 데 이용할 수 있을 것이다. 이것이 적어도 몇 년은 걸릴 테지만, 하나의 매혹적인 가능성이다.

우리가 적어도 자신의 만족을 위해서라도, 어떤 아이들이 전생에서 사건들을 기억해낼 수 있다고 점점 인식한다면 이 장에서 더 깊은 문제를 탐구해 갈 수 있다. 우리는 환생 과정에 관해 더 배우고자 하며, 그것이 일어난다면, 이 앎이 사람들이 자신의 삶의 방식을 긍정적으로 바꾸기를 바란다. 다른 연구는 버지니아 대학의 인지연구소에서 진행 중이다. 분과의 현재 수장인 브루스 그레이슨Bruce Greyson

박사는 임사 체험 분야에 주력하고 있다. 그의 최근 연구는 환자에게 심장 제세동기 이식술을 하는 병원 치료실의 높은 곳에 휴대용 컴퓨터를 설치한다. 보통 치명적일 수 있는 심장 부정맥이 이러한 환자에게 시술 중에 유발되기 때문에, 그레이슨 박사는 그들 중 누구라도 임사 체험을 할 것과 특별한 스크린세이버가 시술 중에 휴대용 컴퓨터에 표시하는 것을 설명할 수 있기를 고대하고 있다.

에밀리 켈리Emily Kelly 박사는 유령과 임종할 때 환영을 포함하는 여러 가지 특이한 경험을 조사하는 연구를 했다. 그녀는 현재 사망한 사람이 사랑하는 사람에게 전하고 싶어 하는 어떤 메시지를 전하는 영매 연구를 하는 중이다. 그리고 그 영매들은 지원자로부터 어떤 피드백도 전혀 받지 않고 이 보고를 전해야 한다. 사실 영매들은 결코 그 지원자들과 만나지도 말하지도 않는다. 영매들이 정확한 정보를 제공하면, 우리는 그들이 지원자의 행동이나 말 어느 것으로부터도 그것을 추론하지 않았다는 것을 알 것이다.

이러한 연구들은 재미있다. 우리는 죽은 뒤 살아남을 가능성에 관한 탐구가 진전을 거듭하기 바란다. 인지연구소는 그날그날 꾸려가는 운영을 기금(펀드)에 주는 기부금에 아직도 의존하고 있다. 재정이 넉넉했을 때 부서는 더 많은 연구 프로젝트를 할 수 있었고, 빈약한 동안에는 연구 활동과 직원을 축소해야 했다. 버지니아 주는 인지연구소의 연구를 지원하지 않는다. 상당한 기부를 해준 다른 개인들과 사설 재단과 더불어 체스터 칼슨 같은 사람의 관대함이 이 연구를 가능하게 해준 동력이다. 우리는 이러한 가장 흥미로운 문제, "죽음 뒤의 삶"에 관한 탐구를 위해 연구를 계속해 나가고 또 확장할 정도로 충분한 행운이 따르기를 바란다.

| 끝맺으며 |

어느 날 우리가 죽음에서 살아남을 수 있는지를 확실하게 대답할 수 있게 된다면, 나는 이 아이들의 연구가 그 대답 가운데 중요한 한 부분이 되어주기를 바란다. 그렇게 된다면, 우리 중 가장 작고 가장 어린 사람이 다른 모든 사람과 나눌 지혜를 가졌다는 것을 뜻할 것이다. 그들은 아마도 새로운 몸에 깃든 "오래된 영혼"일 것이다. 우리가 모두 영적 존재라면, 우리는 다른 이들을 깊은 존경심으로 대하려고 열망해야 할 것이다. 그리고 그런 존중하는 마음으로 아이들을 대하는 것에 그들의 말을 경청하는 것이 포함되어야 한다. 이 책의 아이들만큼 다른 아이들도 우리에게 알려줄 중요한 정보가 있을지도 모른다. 그러므로 우리가 가장 놀라운 삶의 여정을 함께하는, 이러한 작은 동료 여행자의 말을 경청할 준비가 되기를 바란다.

아기들의 입으로부터 때로는 보석 같은 지혜가 나오나니….

| 나오는 말 |

전생 기억을 말하는 아이들의 부모들이 경험에 관한 취재에 응할 뜻이 있다면, 우리에게 연락을 주시기 바랍니다. 우리 이메일 주소는 DOPS@virginia.edu입니다. 편지를 보낼 주소는 다음과 같습니다.

Division of Perceptual Studies

University of Virginia Health System

P.O. Box 800152

Charlottesville,VA 22908-0152.

모든 사례는 기밀로 취급될 것입니다. 우리는 출간하는 어떤 보고서에도 가족의 신원을 항상 비밀로 합니다.

| 주 |

들어가는 말

p. 8　케말 아타소이의 사례: Keil & Tucker, 2005.

1장　전에 여기 왔었다고 말하는 아이들이 있다

p. 21　그 비율이 미국 인구의 20~27퍼센트에 이른다: 갤럽 참조, Proctor, 1982; Inglehart, Basanez, and Moreno, 1998. 그리고 the Taylor references 참조.

p. 21　유럽도 이와 비슷한 비율을 보인다.: Walter & Waterhouse, 1999.

p. 21　2003년의 해리스 여론조사에 따르면: Taylor, 2003.

p. 25　후생에 관한 예언을 하는: Stevenson, 2001, pp. 98-99.

p. 25　현재 달라이 라마 경우: Dalai Lama, 1962, pp. 23-24.

p. 26　그곳에서의 46건이나 되는 사례 중: Stevenson, 1966.

p. 26　빅터 빈센트Victor Vincent : Stevenson, 1974, pp. 259-269.

p. 27　슐레이만 카퍼Suleyman Caper: Stevenson, 1997a, pp. 1429-1442.

p. 29　수잔 가넴Suzanne Ghanem: 수잔 가넴의 사례를 조사한 스티븐슨 박사는 사례 보고를 출간하지 않았지만, 그녀는 1999년 출간된 슈뢰더의 책 6장

과 8장에 등장한다.

p. 33 파르모드 샤르마Parmod Sharma : Stevenson, 1974, pp. 109-207.

p. 34 샴리니 프레마Shamlinie Prema : Stevenson, 1977a, pp. 15-42.

2장 이안 스티븐슨과 사례 연구

p. 39 이안 스티븐슨Ian Stevenson 박사: 스티븐슨 박사의 경력에 대한 더 자세한 정보 참조: Stevenson, 1989 and Shroder, 1999.

p. 39 "전생 기억 주장에서 나온 환생의 증거": Stevenson, 1960.

p. 40 "이미 출판된 보고서에 있는 44건의 사례": Shroder, 1999, p. 103.

p. 43 "환생에 관해서, 스티븐슨 박사는 인도에서 일어난 자세한 사례들을 수고를 아끼지 않고 수집했으며": King, 1975, p. 978.

p. 43 "꼼꼼하고, 조심스러우며, 신중하기까지 한 수사관이다.": Lief, 1977, p. 171.

p. 51 케일 박사는 결국 이전 생 인물의 손에 실제로는 중요한 상처가 하나도 없었다는 결론을 내렸다: Keil & Tucker, 2000.

3장 환생을 믿지 않는 일반론

p. 60 다음의 목록은 우리가 고려해볼 만한 다양한 설명들에 대해 다룬 것이다: 가능한 설명에 관한 다른 논의는 7장을 참조, Stevenson, 2001.

p. 68 그 주장은 이렇게 진행된다: 이 사회-심리학적 가설은 Stevenson & Samararatne, 1988에 묘사되어 있다. 다른 논의 참조: Brody, 1979.

p. 69 비센 찬드 카푸어: Stevenson, 1975, pp. 176-205.

p. 74 초심리학에서 해온 방대한 연구: 라딘Radin, 1997을 포함한 수많은 연구들을 접할 수 있다.

4장 트라우마는 어떻게 기억되는가

p. 88 차나이 추말라이웡의 사례: Stevenson, 1997a, pp. 300-323.

p. 90 네칩 윈뤼타시키란의 사례: Stevenson, 1997a, pp. 430-455.

p. 93 엽총상처럼 보이는 모반: Hanumant Saxena in Stevenson, 1997a.

p. 95 인디카 이시와라의 사례: Stevenson, 1997a, pp. 1970-2000.

p. 99 푸르니마 에카나야케의 사례: Haraldsson, 2000.

p. 103 스트레스는 병을 부를 수 있다: Sternberg, 2000.

p. 104 한 가지 주목할 만한 사례에서는: Moody, 1946.

p. 111 스리랑카의 위제라트네라는 소년: Stevenson, 1997a, pp. 1366-1373.

p. 115 달라이 라마는 자서전에서: The Dalai Lama, 1962.

p. 115 스티븐슨 박사는 《환생과 생물학》에 그런 사례를 20건이나: Stevenson, 1997a, pp. 803-879.

p. 115 유르겐 케일 박사와 나는 타이와 미얀마를 여행하는 중에: Tucker & Keil, in press.

p. 116 클로이 맷위셋: Tucker & Keil, 2001.

5장 아이들은 전생을 어떻게 진술하는가

p. 127 수짓 자야라트네: Stevenson, 1977a, pp. 235-280.

p. 132 제임스 맷록 박사: Matlock, 1989.

p. 139 쿰쿰 베르마의 사례: Stevenson, 1975, pp. 206-240.

p. 141 작디시 찬드라의 사례: Stevenson, 1975, pp. 144-175.

p. 145 라타나 웡솜밧의 사례: Stevenson, 1983, pp. 12-48.

p. 146 가미니 자야세나의 사례: Stevenson, 1977a, pp. 43-46.

6장 기억보다 더한 어떤 감정들

p. 166 수클라 굽타: Stevenson, 1974. pp. 52-67.

p. 167 마웅 아예 캬우: Stevenson, 1997a, pp. 212-226.

p. 168 봉쿠치 프롬신: Stevenson, 1983, pp. 109-139.

p. 168 이전 생 인물의 죽음의 형태에 따라 공포증을 보인다: Stevenson, 1990.

p. 169 샴리니에 프레마: Stevenson, 1977a, pp. 15-42.

p. 170 자스비르 싱: Stevenson, 1974, pp. 34-52.

p. 171 마 띵 아웅 묘: Stevenson, 1983, pp. 229-241.

p. 172 칼 이든: Stevenson, 2003, pp. 67-74. 니콜라스 매클린-라이스 박사는 스티븐슨 박사와 함께 이 사례를 조사했다.

p. 172 스와란 라타: Pasricha & Stevenson, 1977.

p. 173 아이들이 놀이할 때: 피험자의 놀이에 관한 참조: Stevenson, 2000.

p. 173 마웅 미인트 소에: Stevenson, 1997a, pp. 1403-1410.

p. 173 라메즈 샴즈: Stevenson, 1997a, p. 1406.

p. 174 일련의 성전환 사례에서: Stevenson, 1997a.

p. 175 일반적으로 성 정체성 장애에 대해 현재 통용되는 생각들을: 클로이 맷위셋의 사례 보고에 참조할 만한 내용이 들어있다, Tucker & Keil, 2001.

p. 177 에린 잭슨: Stevenson, 2001, pp. 87-89.

p. 181 폴록 쌍둥이의 사례: Stevenson, 1997a, pp. 2041-8 그리고 Stevenson, 2003, pp. 89-93.

p. 184 기질: Thomas & Chess, 1984.

p. 186 스티븐슨 박사는 다른 사례에서도 고통에 관해 썼다: Stevenson, 2001, p. 217.

p. 186 비센 찬드 카푸어: Stevenson, 1974, pp. 176-205.

p. 187 마르타 로렌쯔: Stevenson, 1974, 183-203.

p. 187 "에밀리아는 묘지에 있지 않아.": Stevenson, 1974: pp. 187, 196.

p. 187 "그렇게 말하지 마.": Stevenson, 1974: p. 187.

p. 187 이전 생 인물의 가족을 만난 후에 느낄 수 있는 안도감: Stevenson, 2001, p. 281.

7장 친숙한 얼굴 알아보기

p. 200 스티븐슨 박사가 썼듯이, 주인공과 관련된 사람들이: Stevenson, 2001.

p. 204 나지 알-다나프의 사례: Haraldsson & Abu-Izzeddin, 2002.

p. 208 그나나틸레카 밧데위타나의 사례: Stevenson, 1974, pp. 131-149 and Nissanka, 2001.

p. 215 마 최 흐닌 흐텟의 사례: Stevenson, 1997a, pp. 839-852.

8장 죽음과 탄생, 그 사이 어디쯤

p. 233 각 사례의 강력한 정도를 재는 저울을 개발했다: Tucker, 2000.

p. 233 푸남 샤르마: Sharma & Tucker, 2005.

p. 235 비르 싱: Stevenson, 1975, pp. 312-336.

p. 238 디스나 사마라싱에: Stevenson, 1977a, pp. 77-116.

p. 238 수니타 칸델왈: Stevenson, 1997a, pp. 468-491.

p. 244 "과학자들 대부분은, 다양한 기억 체계가": Rovee-Collier, 1997, p. 468.

p. 245 더 오래가고, 이전의 생각보다 더 명확해진다.: Rovee-Collier & Hayne, 2000.

p. 245 "아주 초기의 기억 발달에 관한 문헌에서 합의가 도출되고 있는 이론은": Howe, 2000, p. 19.

p. 246 그러한 기억을 간직할 수 없는 것은: Rovee-Collier, Hartshorn & DiRubbo, 1999.

p. 246 거의 세 살쯤 된 아이가 9개월의 나이에: Myers, Clifton & Clarkson, 1987.

p. 246 세 살 미만의 열 명의 아이들을 취재했는데: Fivush,Gray & Fromhoff, 1987.

p. 247 연구자들은 임산부에게 임신 기간 중 마지막 6주 동안: DeCasper & Spence, 1986.

p. 248 한 보고서에서 치크 박사는 최면 상태의 주인공들이 자궁으로부터의 기억들을: Cheek, 1992.

p. 249 치크 박사는 그 주인공들이 처음에는 자궁 안에서 감각의 인상으로 기억들을 저장했다가 나중에 언어를 이해할 수 있게 되자 그 인상을 정리했을 것으로 생각했다: Cheek, 1996.

9장 과학이 반대하는 견해들

p. 255 "사람들의 결점은 모르는 것이 아니라 그렇지 않은 것을 그렇다고 아는 것이다.": 사람들은 이 문장의 다양한 버전들을 윌 로저스를 비롯한 여러 명의 유명 인사의 말이라고 여기고 있다. 그 중 가장 유력한 저자로서 조쉬 빌링스Josh Billings의 말을 의회도서록(Platt, 1989)에서 발췌하여 인용한다.

p. 255 여러 가지 종교적 신념: 앨미더Almeder가 이런 신념들을 구분함 Almeder, 1997.

p. 256 "책을 쓸 당시에,": Sagan, 1996, p. 302.

p. 258 "표준 물리학과 이원론 사이의 이러한 대립은": Dennett, 1991, p. 35.

p. 258 "이 주장은 19세기 물리학과 '표준 물리학'을 동일시한 데서 비롯한다.": Stapp, 2005, p. 45.

p. 258 "그럼에도 그것은 에너지 보존의 법칙을 비롯한 잘 알려진 물리학 법칙과 충분히 양립할 수 있다.": Stapp, 1993, p. 23.

p. 259 양자역학: 양자역학의 개요 참조, Greene, 1999.

p. 259 그와 양자 물리학자 프리드리히 베크는: Eccles, 1994, Chapter 9.

p. 259 엘리자베스 라우셔와 러셀 타르그는: Rauscher & Targ, 2001, 그리고 Rauscher & Targ, 2002.

p. 259 초자연적 현상의 발생은 명백히 이론 물리학에 포함되며: Costa de Beauregard, 1987, p. 569.

p. 259 예지 · 텔레파시(정신감응) · 염력: Costa de Beauregard, 1998.

p. 259 "'비이성'과는 거리가 멀다.": Costa de Beauregard, 2002, p. 653.

p. 260 "이러한 발달로 전통 과학계에서 아직도 이해되지 못한 텔레파시와 같은 과정을 설명하게 될지도 모른다.": Klarreich, 2001, p. 339.

p. 260 결국에는 그러한 텔레파시와 같은 현상과 이성, 물질 사이의 상호작용은: Josephson & Pallikari-Viras, 1991, p. 199.

p. 260 우주에서의 의식의 중요성에 관한 영역에서: 이 두 문단의 자료 출처, Folger, 2002.

p. 261 "나는 의식을 무시하는 모든 것에 통하는 이론은 상상할 수 없다.": ibid, p. 48.

p. 262 "어떤 환경에서는 의식이 무작위의 물리적 구조들과 서로 작용한다는 결론을 피하기는 어렵다.": Radin & Nelson, 1989, p. 1512.

p. 263 마지막 결산으로 이루어진 191건의 통제된 연구 가운데: Benor, 2001.

p. 263 심장병: Byrd, 1988 그리고 Harris, et al., 1999.

p. 263 에이즈AIDS: Sicher, et al., 1998.

p. 263 한 리뷰에서 23건의 연구 가운데 13건이 두드러지게 중요한 치유 효과를: Astin, Harkness, & Ernst, 2000.

p. 264 환자가 죽은 뒤에도 의식이 지속한다는 생각을 뒷받침하는 다른 증거는 존재하는가?: 짧은 리뷰 참조, Stevenson, 1977b.

p. 264 임사 체험: 임사 체험에 관한 참조, Greyson & Flynn, 1984 그리고 Moody, 1975/2001.

p. 264 팸 레이놀즈: Sabom, 1998. Also, Broome, 2003.

p. 265 알 설리반: Cook, et al., 1998.

p. 265 유령에 관한 보고: Stevenson, 1982.

p. 265 죽은 자와 대화했다고 주장하는 영매들과의 조사: Mrs. Piper와 Mrs. Leonard에 관한 자료 출처, Gauld, 1982.

p. 266 최근의 연구들: Schwartz (with Simon), 2002.

p. 266 "통섭": Wilson, 1998, p. 8.

p. 267 "살아남을 가능성이 가장 높은 과학적 설명은": Wilson, 1998, p. 53.

p. 267 어떻게 하늘에서 돌이 떨어지겠는가?: "하늘에 돌이라고는 없는데, 어떻게 하늘에서 돌이 떨어지겠는가?"라는 인용문은 위대한 화학자 앙투안 라부아지에의 말이라고들 한다. 하지만 나는 그가 정말로 그런 말을 했다고 기록한 문서를 찾을 수 없었다.

p. 267 이그나즈 젬멜바이스: Lyons & Petrucelli, 1987 and Bender, 1966.

p. 268 "베게너의 가설을 믿는다면, 우리는 지난 70년 동안 배운 모든 것을 잊고 아주 새로 시작해야 한다.": 판구조론Plate tectonics, 2002.

p. 271 데이비드 비샤이: Bishai, 2000.

p. 272 1천5십억 명의 인간이 지상에 살았었다고 추정했다: Haub, 1995에 있는 계산.

p. 272 윌리엄 제임스는 1800년대 말에 죽음 뒤의 삶의 전반적 문제와 관련하여 이 물음을 고찰했다: James, 1898/1956.

p. 275 제2콘스탄티노플 회의 전까지는 그것을 믿었다: Head & Cranston, 1977, pp. 156-160.

10장 환생의 증거가 우리를 이끄는 곳

p. 282 첫 번째 연구는 스티븐슨 박사와 케일 박사가 각각 다른 시간에 사례를 조사하고 기록한 것이다.: Stevenson & Keil, 2000.

p. 283 시보 슈텐Sybo Schouten 박사: Schouten & Stevenson, 1998.

p. 287 "환생이 우리가 조사한 강한 사례들에 관한(비록 유일하지는 않지만) 최고의 설명이다.": Stevenson, 2001, p. 254.

p. 293 "사이코포어psychophore": Stevenson, 2001, p. 234.

p. 294 그들의 교리 아나타anatta: 이 서술은 스티븐슨의 아나타에 관한 논의를 요약하고 있다. Stevenson, 1977a, pp. 3-5.

p. 294 사실 거의 모든 불교 신자들이 실제적인 실체가 재탄생한다는 것을 분명 믿는다고: Head & Cranston, 1977, pp. 63-66.

p. 305 많은 최면 사례에서 피험자가 고대로부터의 삶을 기억한 듯 보이므로: Gauld, 1982, pp. 166-171.

p. 306 "그것은 흥미롭지만 결론이 나지 않는 거대한 허풍의 홍수가 쓸고 내려간 뒤에 남는, 아주 작은 잔류물 조각이 될 것이다. 사람들은 어리석게도 그것을 얻으려고 평생을 낭비할 수 있다.": Gauld, 1982, p. 171.

p. 307 스리랑카의 사례 주인공들은 학교 성적도 아주 좋았으나: Haraldsson, 1995; Haraldsson, 1997; Haraldsson, Fowler & Periyannanpillai, 2000.

p. 307 레바논의 아이들은 백일몽을 꾸는 경향이 많은데도: Haraldsson, 2003.

p. 310 "인도에 사는 우리는 환생이 일어난다는 것을 압니다만,": Stevenson, 2001, p. 232.

p. 316 "아기들의 입으로부터 때로는 보석 같은 지혜가 나오나니…": 킹 제임스판 성경, 시편 8장: 2절.

| 참고문헌 |

Almeder, R. 1997. A critique of arguments offered against reincarnation. Journal of Scientific Exploration 11(4): 499-526.

Astin, J. A., E. Harkness, and E. Ernst, 2000. The efficacy of "distant healing": A systematic review of randomized trials. *Annals of Internal Medicine* 132(11): 903-910.

Bender, G. A. 1966. *Great moments in medicine*. Detroit: Northwood Institute Press.

Benor, D. J. 2001. *Spiritual healing: Scientific validation of a healing revolution*. Southfield, Mich.: Vision Publications.

Bishai, D. 2000. Can population growth rule out reincarnation? A model of circular migration. *Journal of Scientific Exploration* 14(3): 411-420.

Bowman, C. 1997. *Children's past lives: How past life memories affect your child*. New York: Bantam Books.

Bowman, C. 2001. *Return from heaven: Beloved relatives reincarnated within your family*. New York: Harper Collins.

Brody, E. B. 1979. Review of Cases of the reincarnation type. Vol. II: *Ten cases in Sri Lanka* by Ian Stevenson. *Journal of Nervous and Mental Disease* 167: 769-4. Broome, K. (producer). 2003, February 5. The day I died [Television broadcast]. London: BBC Two.

Byrd, R. 1988. Positive therapeutic effects of intercessory prayer in a coronary care unit population. *Southern Medical Journal* 81(7): 826-829.

Cheek, D. B. 1992. Are telepathy, clairvoyance and "hearing" possible in utero? Suggestive evidence as revealed during hypnotic age-regression studies of prenatal memory. *Pre-and Perinatal Psychology Journal* 7(2): 125-137.

Cheek, D. B. 1996. An interview with David Cheek, M. D. Interview by Michael D. Yapko. *American Journal of Clinical Hypnosis* 39(1): 2-17.

Cook, E. W., B. Greyson, and I. Stevenson. 1998. Do any near-death experiences provide evidence for the survival of human personality after death? Relevant features and illustrative case reports. *Journal of Scientific Exploration* 12(3): 377-406.

Costa de Beauregard, O. 1987. According to "physical irreversibility," the "paranormal" is not de jure suppressed, but is de facto repressed. *Behavioral and Brain Sciences* 10(4): 569-570.

Costa de Beauregard, O. 1998. The paranormal is not excluded from physics. *Journal of Scientific Exploration* 12(2): 315-320.

Costa de Beauregard, O. 2002. Wavelike coherence and CPT invariance: Sesames of the Paranormal. *Journal of Scientific Exploration* 16(4): 651-654.

Dalai Lama. 1962. *My land and my people: Autobiography of the Dalai Lama*. New York: McGraw-Hill.

DeCasper, A. J. and M. J. Spence. 1986. Prenatal maternal speech influences newborns' perception of speech sounds. *Infant Behavior & Development* 9(2): 133-150.

Dennett, D. C. 1991. *Consciousness explained*. Boston: Little, Brown.

Eccles, J. C. 1994. How the self controls its brain. Berlin: Springer-Verlag.

Fivush, R., J. T. Gray, and F. A. Fromhoff. 1987. Two-year-olds talk about the past. *Cognitive Development* 2: 393-409.

Folger, T. 2002. Does the universe exist if we're not looking? *Discover June*: 44-48.

Gallup, G., with W. Proctor. 1982. *Adventures in immortality*. New York: McGraw-Hill.

Gauld, A. 1982. *Mediumship and survival: A century of investigations*. London: William Heinemann.

Greene, B. 1999. *The elegant universe: Superstrings, hidden dimensions, and the quest for the ultimate theory*. New York: W. W. Norton.

Greyson, B. and C. P. Flynn, eds. 1984. *The near-death experience: Proble ms, prospects, perspectives*. Springfield, Ill.: Charles C. Thomas.

Haraldsson, E. 1995. Personality and abilities of children claiming previous-life memories. *Journal of Nervous and Mental Disease* 183(7): 445-451.

Haraldsson, E. 1997. A psychological comparison between ordinary children and those who claim previous-life memories. *Journal of Scientific Exploration* 11(3): 323-335.

Haraldsson, E. 2000. Birthmarks and claims of previous-life memories: I. The case of Purnima Ekanayake. *Journal of the Society for Psychical Research* 64(858): 16-25.

Haraldsson, E. 2003. Children who speak of past-life experiences: Is there a psychological explanation? *Psychology and Psychotherapy: Theory, Research and Practice* 76: 55-67.

Haraldsson, E. and M. Abu-Izzeddin. 2002. Development of certainty about the correct deceased person in a case of the reincarnation type in Lebanon: The case of Nazih Al-Danaf. *Journal of Scientific Exploration* 16: 363-380.

Haraldsson, E., P. C. Fowler, and V. Periyannanpillai. 2000. Psychological characteristics of children who speak of a previous life: A further field study in Sri Lanka. *TransculturalPsychiatry* 37(4): 525-544.

Harris, W. S., M. Gowda, J. W. Kolb, C. P. Strychacz, J. L. Vacek, P. G. Jones, A. Forker, J. H. O'Keefe, and B. D. McCallister. 1999. A randomized, controlledtrial of the effects of remote, intercessory prayer on outcomes in patient sadmitted to the coronary care unit. *Archives of InternalMedicine* 159(19): 2273-2278.

Haub, C. 1995. How many people have ever lived on earth? *Population Today* 23(2): 4-5.

Head, J. and S. L. Cranston. 1977. *Reincarnation: The phoenix fire mystery*. New York: Julian Press/Crown Publishers.

Howe, M. L. 2000. *The fate of early memories: Developmental science and the retention of childhood experiences*. Washington, D. C.: American Psychological Association.

Inglehart, R., M. Basanez, and A. Moreno. 1998. *Human values and beliefs: A cross-cultural sourcebook*. Ann Arbor, Mich.: University of Michigan Press.

James, W. 1898/1956. Human immortality: Two supposed objections to the doctrine. 2nd ed. Originally published 1898 Boston: Houghton, Mifflin. Republished in 1956 as *The will to believe and other essays in popular philosophy and human immortality: Two supposed objections to the doctrine*. New York: Dover Publications.

Josephson, B. D. and F. Pallikari-Viras. 1991. Biological utilization of quantum nonlocality. Foundations of Physics 21(2): 197-207.

Keil, H. H. J. and J. B. Tucker. 2000. An unusual birthmark case thought to be linked to a person who had previously died. *Psychological Reports* 87: 1067-1074.

Keil, H. H. J. and J. B. Tucker. 2005. Children who claim to remember previous lives: Cases with written records made before the previous personality was identified. *Journal of Scientific Exploration* 19: 91-101.

King, L. S. 1975. Reincarnation. *JAMA* 234: 978.

Klarreich, E. 2001. Stamp booklet has physicists licked. *Nature* 413: 339.
Lief, H. I. 1977. Commentary on Dr. Ian Stevenson's "The evidence of man's survival after death." *Journal of Nervous and Mental Disease* 165: 171-173.

Lyons, A. S. and R. J. Petrucelli. 1987. *Medicine: An illustrated history*. New York: Harry N. Abrams.

Matlock, J. G. 1989. Age and stimulus in past life memory cases: A study of published cases. *Journal of the American Society for Psychical Research* 83: 303-316.

Moody, R. A. 1975/2001. *Life after life: The investigation of a phenomenon-survival of bodily death*. 2nd ed. New York: HarperSanFrancisco.

Moody, R. L. 1946. Bodily changes during abreaction. *Lancet* 2: 934-935.

Myers, N. A., R. K. Clifton, and M. G. Clarkson. 1987. When they were very young: Almost-threes remember two years ago. *Infant Behavior and Development* 10: 123-132.

Nissanka, H. S. S. 2001. *The girl who was reborn: A case-study suggestive of reincarnation*. Colombo, Sri Lanka: S. Godage Brothers.

Pasricha, S. and I. Stevenson. 1977. Three cases of the reincarnation type in India. *Indian Journal of Psychiatry* 19: 36-42.

Plate tectonics. 2002. In *The new encyclopædia Britannica* (Vol. 25, p. 886). Chicago: Encyclopædia Britannica.

Platt, S. ed. 1989. *Respectfully quoted*: A dictionary of quotations requested from the congressional research service. Washington, D. C.: Library of Congress.

Radin, D. 1997. *The conscious universe: The scientific truth of psychic phenomena*. New York: HarperCollins.

Radin, D. I. and R. D. Nelson. 1989. Evidence for consciousness-related anomalies in random physical systems. *Foundations of Physics* 19(12): 1499-1514.

Rauscher, E. A. and R. Targ. 2001. The speed of thought: Investigation of a complex space-time metric to describe psychic phenomena. *Journal of Scientific Exploration* 15(3): 331-354.

Rauscher, E. A. and R. Targ. 2002. Why only four dimensions will not explain the relationship of the perceived and perceiver in precognition. *Journal of Scientific Exploration* 16(4): 655-658.

Rovee-Collier, C. 1997. Dissociations in infant memory: Rethinking the development of implicit and explicit memory. *Psychological Review* 104: 467-498.

Rovee-Collier, C., K. Hartshorn, and M. DiRubbo. 1999. Long-term maintenance of infant memory. *Developmental Psychobiology* 35: 91-102.

Rovee-Collier, C. and H. Hayne. 2000. Memory in infancy and early childhood. In The *Oxford handbook of memory*, ed. E. Tulving and F. I. M. Craik, 267-282. New York: Oxford University Press.

Sabom, M. 1998. *Light and death: One doctor's fascinating account of near-death experiences*. Grand Rapids, Mich.: Zondervan Publishing House.

Sagan, C. 1996. *The demon-haunted world: Science as a candle in the dark*. New York: Random House.

Schouten, S. A. and I. Stevenson. 1998. Does the socio-psychological hypothesis explain cases of the reincarnation type? *Journal of Nervous and Mental Disease* 186(8): 504-506.

Schwartz, G. E., with W. L. Simon. 2002. *The afterlife experiments: Breakthrough scientific evidence of life after death*. New York: Pocket Books.

Sharma, P. and J. B. Tucker. 2005. Cases of the reincarnation type with memories from the intermission between lives. *Journal of Near-Death Studies* 23(2): 101-118.

Shroder, T. 1999. *Old souls: The scientific evidence for past lives*. New York: Simon& Schuster.

Sicher, F., E. Targ, D. Moore, and H. S. Smith. 1998. A randomized double-blind study of the effect of distant healing in a population with advanced AIDS. Report of a small scale study. *Western Journal of Medicine* 169(6): 356-363.

Stapp, H. P. 1993. *Mind, matter, and quantum mechanics*. Berlin: Springer-Verlag.

Stapp, H. P. 2005. *The mindful universe*. http://www-physics.lbl.gov/~stapp/MUA.pdf (accessed March 14, 2005).

Sternberg, E. M. 2000. *The balance within: The science connecting health and emotions*. New York: W. H. Freeman.

Stevenson, I. 1960. The evidence for survival from claimed memories of former incarnations. *Journal of the American Society for Psychical Research* 54: 51-1 and 95-117.

Stevenson, I. 1966. Cultural patterns in cases suggestive of reincarnation among the Tlingit Indians of Southeastern Alaska. *Journal of the American Society for Psychical Research* 60: 229-243.

Stevenson, I. 1974. *Twenty cases suggestive of reincarnation*. (rev. ed.) Charlottesville: University Press of Virginia.

Stevenson, I. 1975. *Cases of the reincarnation type, Vol. I: Ten cases in India*. Charlottesville: University Press of Virginia.

Stevenson, I. 1977a. *Cases of the reincarnation type, Vol.II: Ten cases in Sri Lanka*. Charlottesville: University Press of Virginia.

Stevenson, I. 1977b. Research into the evidence of man's survival after death. *Journal of Nervous and Mental Disease* 165(3): 152-170.

Stevenson, I. 1980. *Cases of the reincarnation type, Vol.III: Twelve cases in Lebanon and Turkey*. Charlottesville: University Press of Virginia.

Stevenson, I. 1982. The contribution of apparitions to the evidence for survival. *Journal of the American Society for Psychical Research* 76: 341-358.

Stevenson, I. 1983. *Cases of the reincarnation type, Vol.IV: Twelve cases in Thailand and Burma*. Charlottesville: University Press of Virginia.

Stevenson, I. 1989. Some of my journeys in medicine. *The Flora Levy lecture in the humanities 1989*. Lafayette, La.: University of Southwestern Louisiana. Also available online at http://www.healthsystem.virginia.edu/personalitystudies/Some-of-My-Journeys-in-Medicine.pdf.

Stevenson, I. 1990. Phobias in children who claim to remember previous lives. *Journal of Scientific Exploration* 4: 243-254.

Stevenson, I. 1997a. *Reincarnation and biology: A contribution to the etiology of birthmarks and birth defects*. Westport, Conn.: Praeger.

Stevenson, I. 1997b. *Where reincarnation and biology intersect*. Westport, Conn.: Praeger.

Stevenson, I. 2000. Unusual play in young children who claim to remember previous lives. *Journal of Scientific Exploration* 14: 557-570.

Stevenson, I. 2001. *Children who remember previous lives: A question of reincarnation*. (rev. ed.) Jefferson, N. C.: McFarland.

Stevenson, I. 2003. *European cases of the reincarnation type*. Jefferson, N. C.: McFarland.

Stevenson, I., E. W. Cook, and N. McClean-Rice. 1989-0. Are persons reporting "near-death experiences" really near death? A study of medical records. *Omega* 20(1): 45-54.

Stevenson, I. and J. Keil. 2000. The stability of assessments of paranormal connections in reincarnation-type cases. Journal of Scientific Exploration 14(3): 365-382.

Stevenson, I. and G. Samararatne. 1988. Three new cases of the reincarnation type in Sri Lanka with written records made before verification. *Journal of Scientific Exploration* 2: 217-238.

Taylor, H. 1998. Large majority of people believe they will go to heaven; only one in fifty thinks they will go to hell. http://www.harrisinteractive.com/harris_poll/index.asp?PID=167 (accessed February 1, 2005).

Taylor, H. 2000. No significant changes in the large majorities who believe in God, heaven, the resurrection, survival of soul, miracles and virgin birth. http://www.harrisinteractive.com/harris_poll/index.asp?PID=112 (accessed February 1, 2005).

Taylor, H. 2003. The religious and other beliefs of Americans 2003. http://www.harrisinteractive.com/harris_poll/index.asp?PID=359 (accessed February 1, 2005).

Thomas, A. and S. Chess. 1984. Genesis and evolution of behavioral disorders: from infancy to early adult life. *American Journal of Psychiatry* 141: 1-9.

Tucker, J. B. 2000. A scale to measure the strength of children's claims of previous lives: Methodology and initial findings. *Journal of Scientific Exploration* 14(4): 571-581.

Tucker, J. B. and H. H. J. Keil. 2001. Can cultural beliefs cause a gender identity disorder? *Journal of Psychology & Human Sexuality* 13(2): 21-30.

Tucker, J. B. and H. H. J. Keil. in press. Experimental birthmarks: New cases of an Asian practice. *International Journal of Parapsychology*.

Walter, T. and H. Waterhouse. 1999. A very private belief: Reincarnation in contemporary England. *Sociology of Religion* 60(2): 187-197.

Wilson, E. O. 1998. *Consilience: The unity of knowledge*. New York: Alfred A. Knopf.